应用型本科院校特色教材

高等数学
（下册）

主　编　叶海江　孙晓祥
副主编　杜凤娥　陈晓弟　张书欣

中国人民大学出版社
·北京·

图书在版编目（CIP）数据

高等数学（下册）/叶海江，孙晓祥主编. —北京：中国人民大学出版社，2016.8
ISBN 978-7-300-23238-6

Ⅰ.①高… Ⅱ.①叶…②孙… Ⅲ.①高等数学-高等学校-教材 Ⅳ.①013

中国版本图书馆 CIP 数据核字（2016）第 185458 号

应用型本科院校特色教材

高等数学（下册）

主　编　叶海江　孙晓祥
副主编　杜凤娥　陈晓弟　张书欣

Gaodeng Shuxue（Xiace）

出版发行	中国人民大学出版社		
社　　址	北京中关村大街 31 号	**邮政编码**	100080
电　　话	010－62511242（总编室）		010－62511770（质管部）
	010－82501766（邮购部）		010－62514148（门市部）
	010－62515195（发行公司）		010－62515275（盗版举报）
网　　址	http://www.crup.com.cn		
	http://www.ttrnet.com（人大教研网）		
经　　销	新华书店		
印　　刷	北京鑫丰华彩印有限公司		
规　　格	185 mm×260 mm　16 开本	**版　　次**	2016 年 8 月第 1 版
印　　张	10.75	**印　　次**	2020 年 10 月第 5 次印刷
字　　数	248 000	**定　　价**	27.00 元

前　言

本书是吉林省教育科学“十二五”规划课题《应用型本科院校高等数学教学中学生创新能力培养的研究与实践》的主要成果，是项目组在多年应用型本科数学教学改革与实践的基础上，运用集体智慧，通力合作的结晶。

本书在编写中注意贯彻“加强基础、注重应用、增加弹性、兼顾体系”的原则。编写中紧密结合大众化高等教育背景下应用型本科院校生源的实际，注重理论联系实际、深入浅出、删繁就简、重点突出、难点分散并兼顾直观性；着重讲清问题的思路和方法的应用，变严格的理论证明为通俗的语言描述说明，降低理论难度，强化实际运用，使教材具有易教、易自学的特点。本教材体现了以下特点：

一是兼顾与中学数学的过渡与衔接。由于高考大纲以及中学教材体系的调整，对于反三角函数和极坐标内容中学都没有学习，本教材做了及时补充。

二是本书注重数学思想方法的渗透，注重数学在各方面的应用。不过于强调理论上的推导，淡化繁杂的数学计算，同时追求科学性与实用性的双重目标，以利于应用型本科院校学生掌握数学的基本思想与方法，提高科学素质，增强运用数学来进行分析和解决实际问题的能力。

三是本教材适合于应用型本科院校的不同专业、不同学时高等数学课程的教学使用。应用型本科院校基本上都是多学科型院校，如果不同专业选择不同类别的教材，会给教材订购和教学带来诸多不便。然而纵观工科类、理工类、经济类、农科类等高等数学教材，内容体系大体相同，无外乎就是应用部分的案例不同而已。本教材顺应上述需求，将各种应用基本全部列出，供不同专业、不同学时的课程使用时选择。

四是本教材配备学习指导书，含有内容提要、基本要求、疑难解析、典型范例、习题选解等环节。能够帮助学生很快地掌握教材中的重点、难点，了解习题的类型及解题思想方法，同时进一步补充理论和习题的深度。

本书执笔与统稿者分工如下：

第五章——张书欣；第六章——陈晓弟；第七章——孙晓祥；第八章——叶海江；第九章——杜凤娥。全书由叶海江教授策划与统稿。

本书内容丰富，应用背景广泛，为应用型本科院校不同专业的教学提供充分的选择余地，对超出“教学基本要求”的部分标*号注明，在教学实际中可视情况选用，教学时数亦可灵活安排。本教材也可作为其他理工科院校的教学参考书。

在多年的改革实践中，项目组得到了吉林农业科技学院广大师生的热情支持，受到许多专家与院校同行的关注和鼓励。对此我们表示衷心的感激！

中国人民大学出版社以严谨的科学态度和高度的责任心对书稿严格把关，并确保印刷质量，力求把精品教材呈献给广大师生，作者对此表示由衷的谢意！

由于编写时间仓促，书中难免存在疏漏和不足，我们真诚地欢迎专家与广大师生多提宝贵意见，以利在今后的改革中不断完善。

吉林省教育科学规划课题项目组
暨《高等数学》教材编写组
2016年8月

目 录

第五章

向量代数与空间解析几何

我们知道，代数学的优越性在于推理方法的程序化. 鉴于这种优越性，人们产生了用代数方法研究几何问题的思想，这就是解析几何的基本思想.

在平面解析几何中，通过坐标法把平面上的点与一对有序的数对应起来，把平面上的图形和方程对应起来，从而可以用代数方法来研究几何问题. 空间解析几何也是按照类似的方法建立起来的.

本章先引进向量的概念及运算，然后介绍空间解析几何. 正如平面解析几何的知识对于学习一元函数微积分是不可缺少的一样，空间解析几何的知识对于以后学习多元函数微积分学也将起到重要作用. 所以本章可看作学习多元函数微积分的预备知识.

第一节　向量及其线性运算

一、向量概念

在日常生活中，常遇到两种量，一种是只需用大小就能表示的量，如温度、质量、体积、功等，这种量称为数量(标量)；另一种是既需要大小表示，同时还要指明方向的量，如力、位移、速度、电场强度等，这种量称为向量(矢量).

在数学上，常用一条有方向的线段，即有向线段来表示向量. 在选定长度单位后，这个有向线段的长度表示向量的大小，有向线段的方向表示向量的方向. 如图 5—1 所示，以 A 为起点、B 为终点的有向线段所表示的向量记作$\overrightarrow{AB}$. 为简便起见，亦可用一个粗体字母表示向量，如 $\boldsymbol{a}$, $\boldsymbol{b}$, $\boldsymbol{F}$ 或 $\vec{a}$, $\vec{b}$, $\vec{F}$ 等.

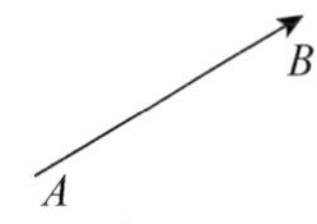

图 5—1

向量的大小称为向量的**模**,记为$|\overrightarrow{AB}|$,$|\vec{a}|$,$|\vec{b}|$. 模等于1的向量称为**单位向量**,记作:$\vec{e}$. 模等于零的向量称为**零向量**,记作 $\mathbf{0}$ 或 $\vec{0}$. 零向量的方向可看作是任意的.

在实际问题中,有些向量与其起点有关(如一个力与该力的作用点的位置有关,质点运动的速度与该质点的位置有关),有些向量与其起点无关. 我们把与起点无关的向量称为**自由向量**. 以后如无特别说明,我们所讨论的向量都是自由向量. 由于自由向量只考虑其大小和方向. 因此,我们可以把一个向量自由平移,而使它的起点位置为任意点,这样,今后如有必要,就可以把几个向量移到同一个起点.

如果向量 $\boldsymbol{a}$ 与 $\boldsymbol{b}$ 的大小相等且方向相同,则称向量 $\boldsymbol{a}$ 与 $\boldsymbol{b}$ **相等**. 记为 $\boldsymbol{a}=\boldsymbol{b}$. 于是,一个向量与它经过平移以后所得的向量是相等的.

与向量 $\boldsymbol{a}$ 的模相等而方向相反的向量,称为 $\boldsymbol{a}$ 的**负向量**,记为 $-\boldsymbol{a}$.

设两非零向量 $\boldsymbol{a}$,$\boldsymbol{b}$. 任取空间一点 o,作$\overrightarrow{OA}=\boldsymbol{a}$, $\overrightarrow{OB}=\boldsymbol{b}$. 规定不超过 π 的$\angle AOB$ (设$\theta=\angle AOB$,$0\leqslant\theta\leqslant\pi$)称为向量 $\boldsymbol{a}$ 与 $\boldsymbol{b}$ 的**夹角**(见图 5—2),记作$(\widehat{a,b})=\theta$ 或$(\widehat{b,a})=\theta$. 特别地,当 $\boldsymbol{a}$ 与 $\boldsymbol{b}$ 同向时,$(\widehat{a,b})=0$;当 $\boldsymbol{a}$ 与 $\boldsymbol{b}$ 反向时,$(\widehat{a,b})=\pi$.

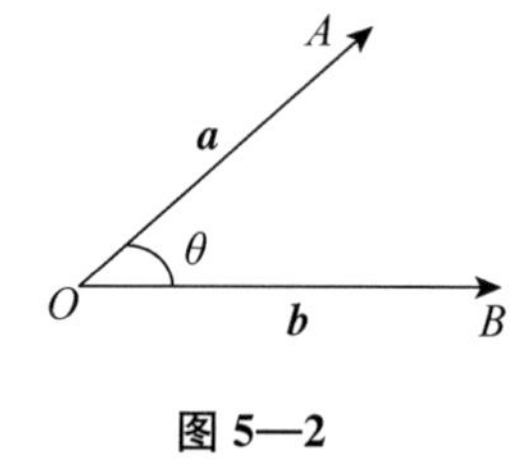

图 5—2

如果两个非零向量 $\boldsymbol{a}$ 与 $\boldsymbol{b}$ 的方向相同或相反,则称这**两个向量平行**. 当两个平行向量的起点放在同一点时,它们的终点和公共起点应在同一条直线上. 因此,两向量平行,又称为**两向量共线**.

类似地,设有 $k(k\geqslant3)$ 个向量,当把它们的起点放在同一点时. 如 K 个终点和公共起点在一个平面上,则称这 k **个向量共面**.

二、向量的线性运算

向量的加法、减法以及向量与数的乘法运算统称为向量的线性运算.

1. 向量的加法与减法

根据力学中关于力的合成法则,可以用平行四边形法则或三角形法则求两个力的合力. 对速度、位移等的合成均可按这两种方法进行. 因此,我们规定如下:

设有两个向量 $\boldsymbol{a}$,$\boldsymbol{b}$,任取一点 A,作$\overrightarrow{AB}=\boldsymbol{a}$,再以 B 为起点,作$\overrightarrow{BC}=\boldsymbol{b}$. 连接 AC(见图 5—3),则向量$\overrightarrow{AC}=\boldsymbol{c}$ 称为向量 $\boldsymbol{a}$ 与 $\boldsymbol{b}$ 的和,记作 $\boldsymbol{a}+\boldsymbol{b}$,即 $\boldsymbol{c}=\boldsymbol{a}+\boldsymbol{b}$.

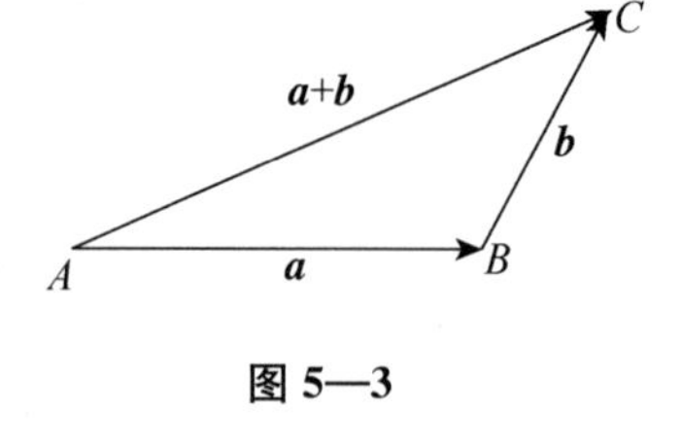

图 5—3

求 $\boldsymbol{a}+\boldsymbol{b}$ 也可用下述的平行四边形法则:当向量 $\boldsymbol{a}$ 与 $\boldsymbol{b}$ 不平行时,作$\overrightarrow{AB}=\boldsymbol{a}$,$\overrightarrow{AD}=\boldsymbol{b}$,以 AB,AD 为边作一平行四边形 $ABCD$,连接对角线 AC(见图 5—4),则向量$\overrightarrow{AC}$即等于向量 $\boldsymbol{a}$ 与 $\boldsymbol{b}$ 的和 $\boldsymbol{a}+\boldsymbol{b}$.

向量的加法满足下列运算规律:

(1)**交换律** $\boldsymbol{a}+\boldsymbol{b}=\boldsymbol{b}+\boldsymbol{a}$

(2)**结合律** $(\boldsymbol{a}+\boldsymbol{b})+\boldsymbol{c}=\boldsymbol{a}+(\boldsymbol{b}+\boldsymbol{c})$

由向量相加的三角形法则,如图 5—4 所示,$\boldsymbol{a}+\boldsymbol{b}=\overrightarrow{AB}+\overrightarrow{BC}=\overrightarrow{AC}$

$\boldsymbol{b}+\boldsymbol{a}=\overrightarrow{AD}+\overrightarrow{DC}=\overrightarrow{AC}$,所以向量加法的交换律成立. 又如图 5—5 所示,先作 $\boldsymbol{a}+\boldsymbol{b}$,再加上 $\boldsymbol{c}$,即得和$(\boldsymbol{a}+\boldsymbol{b})+\boldsymbol{c}$,而先

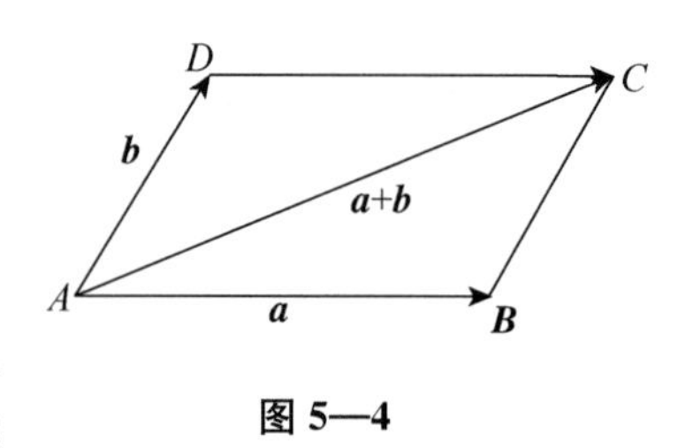

图 5—4

作 $\boldsymbol{b}+\boldsymbol{c}$，再加上 $\boldsymbol{a}$，即 $\boldsymbol{a}+(\boldsymbol{b}+\boldsymbol{c})$，则得到同一结果. 所以向量加法的结合律成立.

由于向量加法满足交换律与结合律，故 n 个向量 $\boldsymbol{a}_1,\boldsymbol{a}_2,\cdots,\boldsymbol{a}_n$ $(n\geqslant 3)$ 相加可写成 $\boldsymbol{a}_1+\boldsymbol{a}_2+\cdots+\boldsymbol{a}_n$，并可按向量相加的三角形法则相加如下：以前一个向量的终点作为下一个向量的起点，相继作向量 $\boldsymbol{a}_1$，$\boldsymbol{a}_2,\cdots,\boldsymbol{a}_n$，再以第一个向量的起点为起点，最后一向量的终点为终点作一向量，这个向量即为所求的和. 如图 5—6 所示，有 $\boldsymbol{S}=\boldsymbol{a}_1+\boldsymbol{a}_2+\boldsymbol{a}_3+\boldsymbol{a}_4+\boldsymbol{a}_5$.

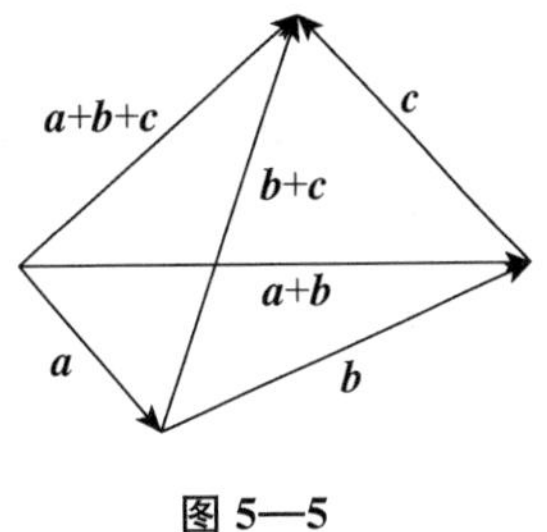

图 5—5

向量的减法是向量加法的逆运算，我们规定两个向量 $\boldsymbol{b}$ 与 $\boldsymbol{a}$ 的差 $\boldsymbol{b}-\boldsymbol{a}=\boldsymbol{b}+(-\boldsymbol{a})$. 由此知，向量 $\boldsymbol{b}$ 与 $\boldsymbol{a}$ 的差就是向量 $\boldsymbol{b}$ 与 $-\boldsymbol{a}$ 的和（见图 5—7）.

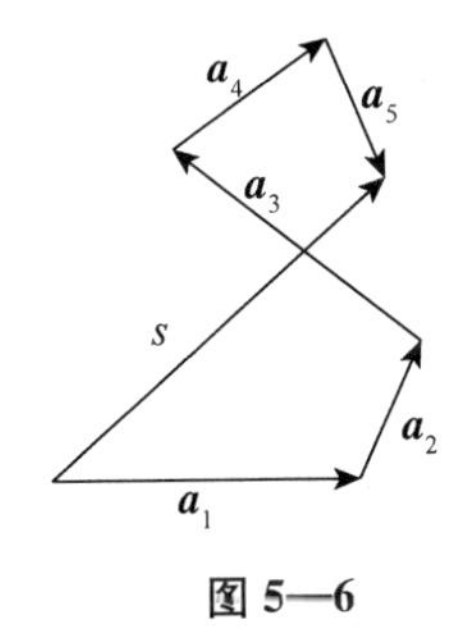

图 5—6

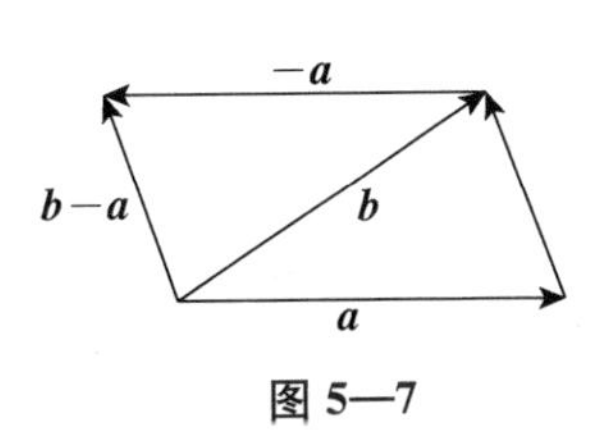

图 5—7

特别地，当 $\boldsymbol{a}=\boldsymbol{b}$ 时，有 $\boldsymbol{a}-\boldsymbol{a}=\boldsymbol{a}+(-\boldsymbol{a})=\boldsymbol{0}$.

显然，任意向量 $\overrightarrow{AB}$ 及点 O，有 $\overrightarrow{AB}=\overrightarrow{AO}+\overrightarrow{OB}=\overrightarrow{OB}-\overrightarrow{OA}$.

因此，若把向量 $\boldsymbol{a}$ 与 $\boldsymbol{b}$ 移到同一起点 O，则从 $\boldsymbol{a}$ 的终点 A 向 $\boldsymbol{b}$ 的终点 B 所引向量就是 $\boldsymbol{b}$ 与 $\boldsymbol{a}$ 的差 $\boldsymbol{b}-\boldsymbol{a}$（见图 5—8）.

由于三角形两边之和不小于第三边，则有

$$|\boldsymbol{a}+\boldsymbol{b}|\leqslant|\boldsymbol{a}|+|\boldsymbol{b}| \text{ 及 } |\boldsymbol{a}-\boldsymbol{b}|\leqslant|\boldsymbol{a}|+|\boldsymbol{b}|$$

其中等号当且仅当 **a** 与 **b** 共线时成立.

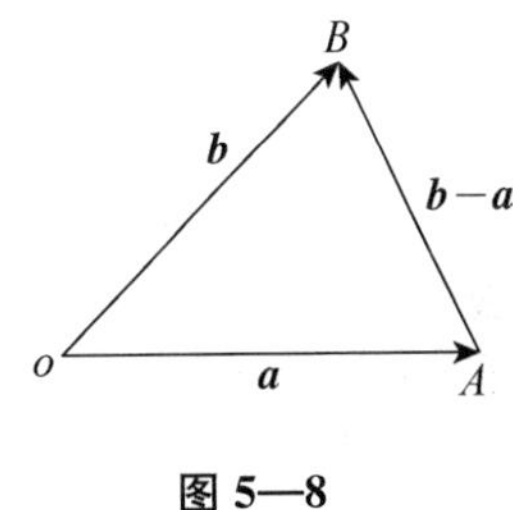

图 5—8

例 1　对角线互相平分的四边形是平行四边形

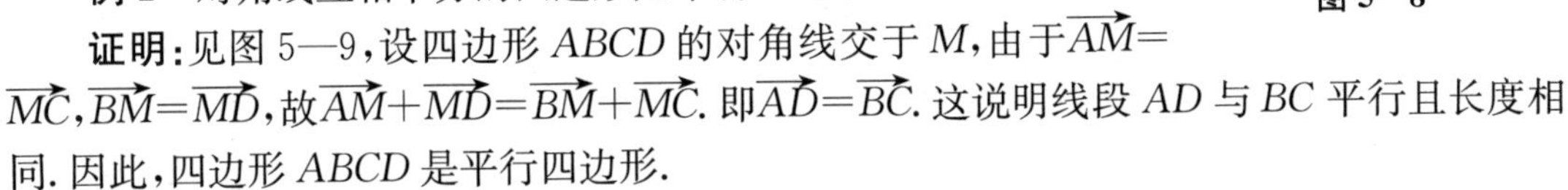

证明：见图 5—9，设四边形 $ABCD$ 的对角线交于 M，由于 $\overrightarrow{AM}=\overrightarrow{MC}$，$\overrightarrow{BM}=\overrightarrow{MD}$，故 $\overrightarrow{AM}+\overrightarrow{MD}=\overrightarrow{BM}+\overrightarrow{MC}$. 即 $\overrightarrow{AD}=\overrightarrow{BC}$. 这说明线段 AD 与 BC 平行且长度相同. 因此，四边形 $ABCD$ 是平行四边形.

2. 向量与数的乘法

实数 λ 与向量 $\boldsymbol{a}$ 乘积记作 $\lambda\boldsymbol{a}$，$\lambda\boldsymbol{a}$ 是按下面规定所确定的一个向量：

(1) $|\lambda\boldsymbol{a}|=|\lambda||\boldsymbol{a}|$. 即向量 $\lambda\boldsymbol{a}$ 的模是向量 $\boldsymbol{a}$ 的模的 $|\lambda|$ 倍.

(2) 当 $\lambda>0$ 时，向量 $\lambda\boldsymbol{a}$ 与向量 $\boldsymbol{a}$ 方向相同；当 $\lambda<0$ 时，向量 $\lambda\boldsymbol{a}$ 与向量 $\boldsymbol{a}$ 方向相反；当 $\lambda=0$ 时，向量 $\lambda\boldsymbol{a}=\boldsymbol{0}$.

特别的，当 $\lambda=\pm1$ 时，有 $1\cdot\boldsymbol{a}=\boldsymbol{a}$，$(-1)\boldsymbol{a}=-\boldsymbol{a}$.

数与向量的乘法简称为向量的**数乘**，它满足下面的运算规律：

设 $\lambda.\mu$ 为实数，对向量 $\boldsymbol{a}$ 与 $\boldsymbol{b}$ 有

(1) **结合律**：$\lambda(\mu\boldsymbol{a})=(\lambda\mu)\boldsymbol{a}$

(2) **分配律**：$(\lambda+\mu)\boldsymbol{a}=\lambda\boldsymbol{a}+\mu\boldsymbol{a}$. $\lambda(\boldsymbol{a}+\boldsymbol{b})=\lambda\boldsymbol{a}+\lambda\boldsymbol{b}$

由向量的数乘规定来证明以上两定律,这里从略了.

例 2　在平行四边形 $ABCD$ 中,设$\overrightarrow{AB}=\boldsymbol{a}$,$\overrightarrow{AD}=\boldsymbol{b}$. 试用 $\boldsymbol{a}$ 与 $\boldsymbol{b}$ 表示向量$\overrightarrow{MA}$, $\overrightarrow{MB}$, $\overrightarrow{MC}$和$\overrightarrow{MD}$,这里 M 为平行四边形对角线的交点,如图 5—9 所示.

解　由于平行四边形的对角线相互平分,则 $\boldsymbol{a}+\boldsymbol{b}=\overrightarrow{AC}=2\overrightarrow{AM}$,即$-(\boldsymbol{a}+\boldsymbol{b})=2\overrightarrow{MA}$. 故$\overrightarrow{MA}=-\frac{1}{2}(\boldsymbol{a}+\boldsymbol{b})$;$\overrightarrow{MC}=-\overrightarrow{MA}=\frac{1}{2}(\boldsymbol{a}+\boldsymbol{b})$;

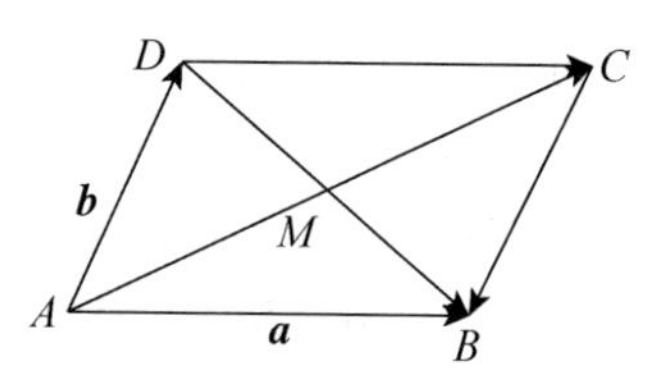

图 5—9

同理,$\overrightarrow{MD}=\frac{1}{2}\overrightarrow{BD}=\frac{1}{2}(-\boldsymbol{a}+\boldsymbol{b})$;$\overrightarrow{MB}=-\overrightarrow{MD}=\frac{1}{2}(\boldsymbol{a}-\boldsymbol{b})$

由于向量 $\lambda\boldsymbol{a}$ 与 $\boldsymbol{a}$ 平行,因此常用向量与数的乘积来说明两个向量的平行关系,即有

定理 1　设 $\boldsymbol{a}$ 为非零向量,则向量 $\boldsymbol{b}//\boldsymbol{a}$ 的充要条件是:存在唯一的实数 λ,使 $\boldsymbol{b}=\lambda\boldsymbol{a}$.

证明　条件的充分性是显然的,下面证明条件的必要性,

设 $\boldsymbol{b}//\boldsymbol{a}$,取$|\lambda|=\frac{|\boldsymbol{b}|}{|\boldsymbol{a}|}$,当 $\boldsymbol{b}$ 与 $\boldsymbol{a}$ 同向时 λ 取正值,当 $\boldsymbol{b}$ 与 $\boldsymbol{a}$ 反向时 λ 取负值,即有 $\boldsymbol{b}=\lambda\boldsymbol{a}$,这是由于此时 $\boldsymbol{b}$ 与 $\lambda\boldsymbol{a}$ 同向,且$|\lambda\boldsymbol{a}|=|\lambda||\boldsymbol{a}|=\frac{|\boldsymbol{b}|}{|\boldsymbol{a}|}|\boldsymbol{a}|=|\boldsymbol{b}|$.

再证实数 λ 的唯一性,设 $\boldsymbol{b}=\lambda\boldsymbol{a}$,又设 $\boldsymbol{b}=\mu\boldsymbol{a}$,两式相减,便得$(\lambda-\mu)\boldsymbol{a}=0$ 即$|\lambda-\mu||\boldsymbol{a}|=0$,因$|\boldsymbol{a}|\neq 0$,故$|\lambda-\mu|=0$,即 $\lambda=\mu$,证毕.

例 3　证明平行四边形的对角线互相平分.

证明　如图 5—10 所示,$\overrightarrow{AB}=\boldsymbol{a}$,$\overrightarrow{AD}=\boldsymbol{b}$. 设 E 为对角线 AC 与 BD 的交点,则存在实数 λ,μ,使得$\overrightarrow{AE}=\lambda\overrightarrow{AC}=\lambda(\boldsymbol{a}+\boldsymbol{b})$; $\overrightarrow{ED}=\mu\overrightarrow{BD}=\mu(\boldsymbol{b}-\boldsymbol{a})$

又因为$\overrightarrow{AD}=\overrightarrow{AE}+\overrightarrow{ED}$故 $\boldsymbol{b}=\lambda(\boldsymbol{a}+\boldsymbol{b})+\mu(\boldsymbol{b}-\boldsymbol{a})$

即$(1-\lambda-\mu)\boldsymbol{b}=(\lambda-\mu)\boldsymbol{a}$.

因向量 $\boldsymbol{a}$ 与 $\boldsymbol{b}$ 不平行,从而使上式成立的 λ 和 μ 要满足方程组$\begin{cases}1-\lambda-\mu=0\\ \lambda-\mu=0\end{cases}$因此 $\mu=\frac{1}{2}$,$\lambda=\frac{1}{2}$. 即 E 是对角线 AC 与 BD 中点.

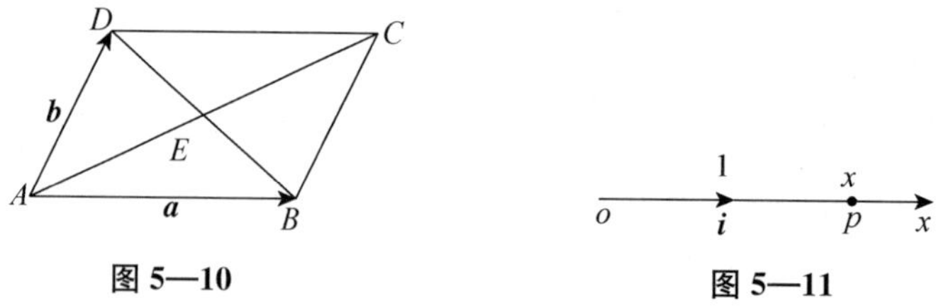

图 5—10　　图 5—11

定理 1 是建立数轴的理论依据,确定一数轴,需一定点、一定方向及单位长度,而一个单位向量既确定了方向,又确定了单位长度,因此,给定一个点及一单位向量就能确定一条数轴.

设点 O 及单位向量 $\boldsymbol{i}$ 确定数轴 ox(见图 5—11),则对于轴上任一点 p,对应一向量$\overrightarrow{OP}$. 由于$\overrightarrow{OP}//\boldsymbol{i}$,故必存在唯一实数 x,使得$\overrightarrow{OP}=x\boldsymbol{i}$,其中 x 称为数轴上有向线段$\overrightarrow{OP}$的值,此时,$\overrightarrow{OP}$与实数 x 一一对应了,从而

点 $p\leftrightarrow$向量$\overrightarrow{OP}=x\boldsymbol{i}\leftrightarrow$实数 x

即数轴上的点 p 与实数 x 一一对应. 定义实数 x 为数轴上点 p 的坐标. 由此知，轴上点 p 的坐标为 x 的充要条件是$\overrightarrow{OP}=x\boldsymbol{i}$.

习题 5—1

1. 用向量法证明：连结三角形两边中点的线段平行于第三边且等于第三边的一半.
2. 要使$|\boldsymbol{a}+\boldsymbol{b}|=|\boldsymbol{a}-\boldsymbol{b}|$成立，向量 $\boldsymbol{a},\boldsymbol{b}$ 应满足(　　　　　)；
要使$|\boldsymbol{a}+\boldsymbol{b}|=|\boldsymbol{a}|+|\boldsymbol{b}|$成立，向量 $\boldsymbol{a},\boldsymbol{b}$ 应满足(　　　　　).
3. 设 ΔABC 的三条中线为 AD,BE,CF. 证明：$\overrightarrow{AD}+\overrightarrow{BE}+\overrightarrow{CF}=\mathbf{0}$.
4. 设两个非零向量 $\boldsymbol{b}$ 与 $\boldsymbol{a}$ 共起点，求与它们的夹角的平分线平行的向量.

第二节　点的坐标与向量的坐标

许多关于向量的问题仅靠几何方法是很难解决的，只有将向量与数量联系起来，把向量的运算归结为相应的数的代数运算，向量理论才能得到广泛的应用，为此我们在空间中引进空间直角坐标系，建立空间中点与实数的关系，并由此建立向量与有序实数组的关系.

一、空间直角坐标系与点的坐标

在空间取一个定点 O，过点 O 作三个两两垂直的单位向量 $\boldsymbol{i},\boldsymbol{j},\boldsymbol{k}$，就确定了三条都以 O 为原点的两两垂直的数轴，依次记为 x 轴(横轴)，y 轴(纵轴)，z 轴(竖轴)，统称为**坐标轴**，此三条坐标轴的正向符合右手法则，即右手握住 z 轴，当右手的四个手指从 x 轴的正向转过$\frac{\pi}{2}$角度后指向 y 轴正向时，竖起的大拇指的指向就是 z 轴的正向. 这样三条坐标轴就组成了**空间直角坐标系**，$Oxyz$ 坐标系或$[o;\boldsymbol{i},\boldsymbol{j},\boldsymbol{k}]$坐标系(见图 5—12)$O$ 称为**坐标原点**.

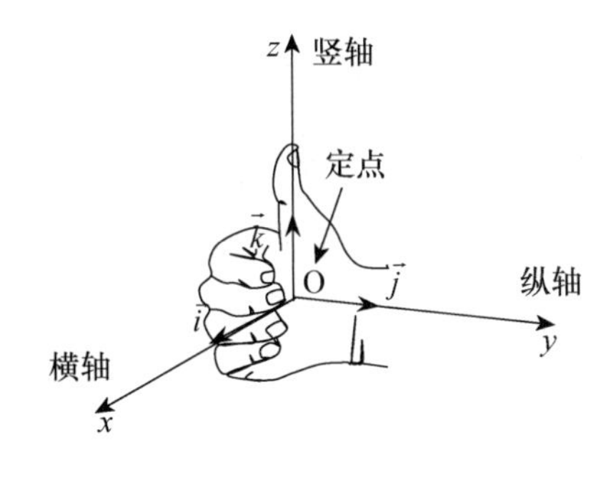

图 5—12

每两条坐标轴确定的平面称为坐标平面，简称为**坐标面**. 例如，x 轴与 y 轴所确定的坐标面称为 xoy 面，类似的有 yoz 面，zox 面. 这三个坐标面将空间分成八个部分，每一部分称为一个**卦限**，其中 $x>0,y>0,z>0$ 部分为第Ⅰ卦限，第Ⅱ，Ⅲ，Ⅳ卦限在 xoy 面的上方，按逆时针方向确定，第Ⅴ，Ⅵ，Ⅶ，Ⅷ卦限在 xoy 面的下方，由第Ⅰ卦限正下方的第Ⅴ卦限，按逆时针方向确定(见图 5—13).

定义了空间直角坐标系后，即可利用一组有序实数来确定空间点的位置. 设 M 为空间

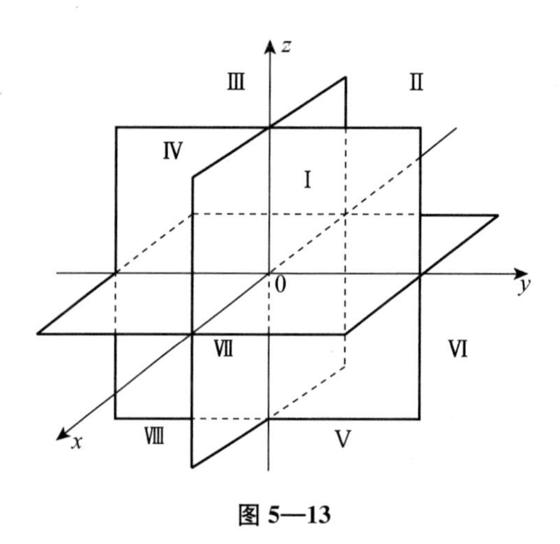

图 5—13

的一点,过点 M 分别作垂直于三个坐标轴的平面,与三个坐标轴分别相交于 P,Q,R 三点,且这三点在 x 轴,y 轴,z 轴上的坐标依次为 x,y,z,则点 M 唯一地确定了一个有序数组(x,y,z);反之,设给定一个有序数组(x,y,z),且它们分别在 x 轴,y 轴,z 轴上依次对应于 P,Q 和 R 点,若过 P,Q 和 R 点分别作平面垂直于所在坐标轴,则这三个平面确定了唯一的交点.这样,空间的点就与有序数组(x,y,z)之间建立了一一对应关系(见图 5—14).有序数组(x,y,z)就称为**点 M 的坐标**,记为 $M(x,y,z)$,x,y,z 依次分别称为横坐标,纵坐标和竖坐标.

坐标面和坐标轴上的点,其坐标各有一定的特征.如 xoy 面上的点,有 $z=0$;xoz 面上的点,有 $y=0$;yoz 面上的点,有 $x=0$.又如 x 轴上的点,有 $y=z=0$;y 轴上的点,有 $x=z=0$;z 轴上的点,有 $x=y=0$.而坐标原点 O 的坐标为$(0,0,0)$.

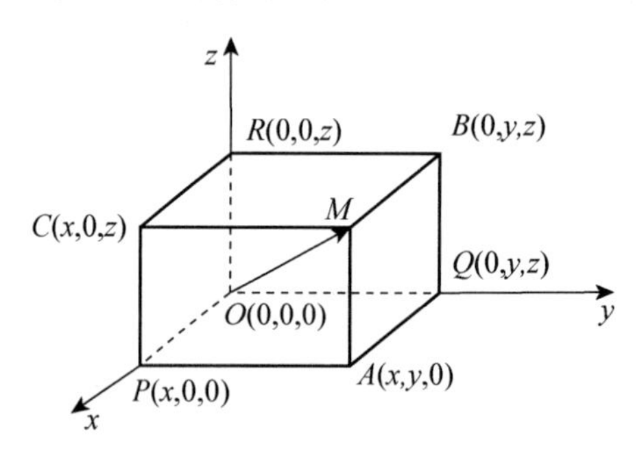

图 5—14

二、空间两点间的距离公式

空间两点 $M_1(x_1,y_1,z_1)M_2(x_2,y_2,z_2)$,求它们之间的距离 $d=|M_1M_2|$.过点 M_1,M_2 各作三个平面分别垂直与三条坐标轴,形成如图 5—15 所示的长方体,则

$$\begin{aligned}d^2&=|M_1M_2|^2=|M_1Q|^2+|QM_2|^2=|M_1P|^2+|PQ|^2+|QM_2|^2\\&=|M'_1P'|^2+|P'M'_2|^2+|QM_2|^2=(x_2-x_1)^2+(y_2-y_1)^2+(z_2-z_1)^2\end{aligned}$$

所以 $d=\sqrt{(x_2-x_1)^2+(y_2-y_1)^2+(z_2-z_1)^2}$

特别地,点 $M(x,y,z)$与坐标原点 $O(0,0,0)$的距离为:

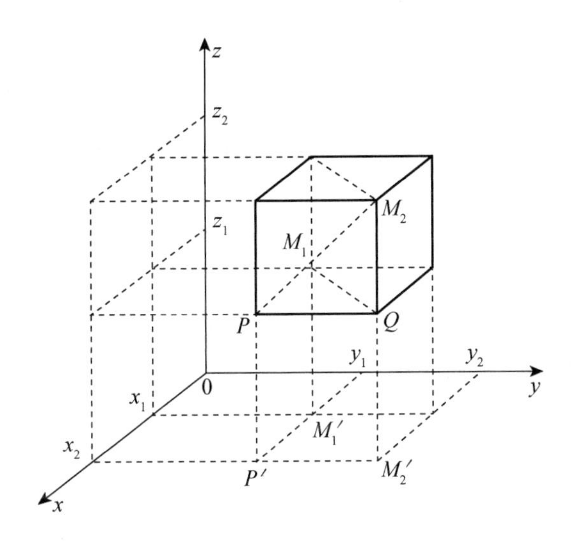

图 5—15

$$d=|OM|=\sqrt{x^2+y^2+z^2}.$$

例 1 在 y 轴上求与点 $A(3,-1,1)$ 和点 $B(0,1,2)$ 等距离的点.

解 因所求点 M 在 y 轴上,可设其坐标为 $(0,y,0)$ 依题意有 $|MA|=|MB|$. 即

$$\sqrt{(0-3)^2+(y+1)^2+(0-1)^2}=\sqrt{(0-0)^2+(y-1)^2+(0-2)^2}$$

解得 $y=-\frac{3}{2}$,故所求点为 $M(0,-\frac{3}{2},0)$.

三、向量的坐标及向量线性运算的坐标表示

为实现向量运算的代数化,我们将向量按三个坐标轴方向进行分解,并且用坐标来表示向量.

任给向量 $\boldsymbol{r}$,将 $\boldsymbol{r}$ 平行移动,使其起点与坐标原点重合,终点记为 M,则有 $\overrightarrow{OM}=\boldsymbol{r}$. 以 OM 为对角线,三条坐标轴为棱作长方体 $RCMB-OPAQ$(见图 5—14).

由向量的加法法则,有 $\boldsymbol{r}=\overrightarrow{OM}=\overrightarrow{OP}+\overrightarrow{PA}+\overrightarrow{AM}=\overrightarrow{OP}+\overrightarrow{OQ}+\overrightarrow{OR}$

设 $\overrightarrow{OP}=x\boldsymbol{i}$, $\overrightarrow{OQ}=y\boldsymbol{j}$, $\overrightarrow{OR}=z\boldsymbol{k}$,则 $\boldsymbol{r}=\overrightarrow{OM}=x\boldsymbol{i}+y\boldsymbol{j}+z\boldsymbol{k}$

上式称为向量 r 的坐标分解式,$x\boldsymbol{i}$, $y\boldsymbol{j}$, $z\boldsymbol{k}$ 称为向量 $\boldsymbol{r}$ 沿 x 轴,y 轴,z 轴方向的分向量.

显然,给定向量 $\boldsymbol{r}$,就确定了点 M 及 $\overrightarrow{OP}$, $\overrightarrow{OQ}$, $\overrightarrow{OR}$ 三个分向量,进而确定了 x,y,z 三个有序数;反之,给定三个有序数 x,y,z,也就确定了向量 $\boldsymbol{r}$ 与点 M,于是点 M、向量 $\boldsymbol{r}$ 与三个有序数 x,y,z 之间存在一一对应关系

$$M\leftrightarrow\boldsymbol{r}=\overrightarrow{OM}=x\boldsymbol{i}+y\boldsymbol{j}+z\boldsymbol{k}\leftrightarrow(x,y,z)$$

称有序数 x,y,z 为**向量 $\boldsymbol{r}$ 的坐标**,记为 $\boldsymbol{r}=(x,y,z)$

向量 $\boldsymbol{r}=\overrightarrow{OM}$,称为点 M 关于原点 O 的**向径**.

由上知,一个点与该点的向径有相同的坐标,这里的记号 (x,y,z) 既表示点 M,又表示向量 $\overrightarrow{OM}$,因此,在看到记号 (x,y,z) 时,要注意从上下文去认清它是表示向量 $\overrightarrow{OM}$,还是表示点 M.

如图 5—14 所示,向量 $\boldsymbol{r}=(x,y,z)$ 的模为

$$|\boldsymbol{r}|=|\overrightarrow{OM}|=\sqrt{|\overrightarrow{OP}|^2+|\overrightarrow{OQ}|^2+|\overrightarrow{OR}|^2}=\sqrt{x^2+y^2+z^2}$$

如在空间直角坐标系 $Oxyz$ 中任给定两点 $M_1(x_1,y_1,z_1)$,$M_2(x_2,y_2,z_2)$,则有:

$$\overrightarrow{M_1M_2}=\overrightarrow{OM_2}-\overrightarrow{OM_1}=(x_2\boldsymbol{i}+y_2\boldsymbol{j}+z_2\boldsymbol{k})-(x_1\boldsymbol{i}+y_1\boldsymbol{j}+z_1\boldsymbol{k})$$
$$=(x_2-x_1)\boldsymbol{i}+(y_2-y_1)\boldsymbol{j}+(z_2-z_1)\boldsymbol{k}=(x_2-x_1,y_2-y_1,z_2-z_1)$$
$$|\overrightarrow{M_1M_2}|=\sqrt{(x_2-x_1)^2+(y_2-y_1)^2+(z_2-z_1)^2}$$

现在来推导向量线性运算的坐标表示式

设 $\boldsymbol{a}=(a_x,a_y,a_z)$,$\boldsymbol{b}=(b_x,b_y,b_z)$,即 $\boldsymbol{a}=a_x\boldsymbol{i}+a_y\boldsymbol{j}+a_z\boldsymbol{k}$,$\boldsymbol{b}=b_x\boldsymbol{i}+b_y\boldsymbol{j}+b_z\boldsymbol{k}$

由向量的加法与数乘的运算律,有

$$\boldsymbol{a}+\boldsymbol{b}=(a_x+b_x)\boldsymbol{i}+(a_y+b_y)\boldsymbol{j}+(a_z+b_z)\boldsymbol{k}$$
$$\boldsymbol{a}-\boldsymbol{b}=(a_x-b_x)\boldsymbol{i}+(a_y-b_y)\boldsymbol{j}+(a_z-b_z)\boldsymbol{k}$$
$$\lambda\boldsymbol{a}=(\lambda a_x)\boldsymbol{i}+(\lambda a_y)\boldsymbol{j}+(\lambda a_z)\boldsymbol{k},(\lambda \text{ 为实数})$$

从而有 $\boldsymbol{a}+\boldsymbol{b}=(a_x+b_x,a_y+b_y,a_z+b_z)$

$$\boldsymbol{a}-\boldsymbol{b}=(a_x-b_x,a_y-b_y,a_z-b_z)$$
$$\lambda\boldsymbol{a}=(\lambda a_x,\lambda a_y,\lambda a_z).$$

由此可见,对向量进行加减及数乘运算,只需对向量的各个坐标分别进行相应的数量运算即可.

由上一节定理 1 知,当向量 $\boldsymbol{a}\neq 0$ 时,向量 $\boldsymbol{b}$ 平行于 $\boldsymbol{a}$ 等价于 $\boldsymbol{b}=\lambda\boldsymbol{a}$($\lambda$ 为实数). 按坐标表示即为 $(b_x,b_y,b_z)=\lambda(a_x,a_y,a_z)$,

由此说明向量 $\boldsymbol{b}$ 与 $\boldsymbol{a}$ 对应坐标成比例,$\dfrac{b_x}{a_x}=\dfrac{b_y}{a_y}=\dfrac{b_z}{a_z}$

例 2 已知 $A(1,2,-1)$,$B(0,3,2)$ 及 $C(0,0,4)$. 求 $\triangle ABC$ 的重心坐标.

解 如图 5—16 所示,

设 D,E 分别是 BC,AC 的中点,则 AD 与 BE 的交点 G 为 $\triangle ABC$ 的重心. $\overrightarrow{AG}=\dfrac{2}{3}\overrightarrow{AD}$,而

$$\overrightarrow{AD}=\overrightarrow{AB}+\overrightarrow{BD}=\overrightarrow{AB}+\frac{1}{2}\overrightarrow{BC}=(-1,1,3)+\frac{1}{2}(0,-3,2)$$
$$=\left(-1,-\frac{1}{2},4\right)$$

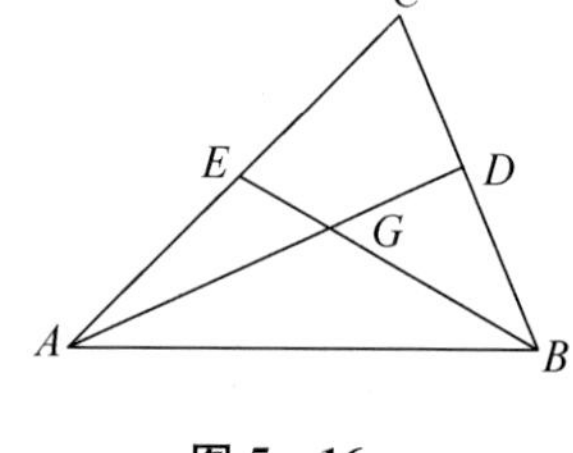

图 5—16

于是 $\overrightarrow{OG}=\overrightarrow{OA}+\overrightarrow{AG}=(1,2,-1)+\dfrac{2}{3}\left(-1,-\dfrac{1}{2},4\right)=\left(\dfrac{1}{3},\dfrac{5}{3},\dfrac{5}{3}\right)$

即 $\triangle ABC$ 的重心坐标为 $\left(\dfrac{1}{3},\dfrac{5}{3},\dfrac{5}{3}\right)$.

例 3 已知两点 $A(x_1,y_1,z_1)$ 和 $B(x_2,y_2,z_2)$ 以及实数 $\lambda\neq-1$,在直线 AB 上求点 M,使 $\overrightarrow{AM}=\lambda\overrightarrow{MB}$.

解 如图 5—17 所示,

由于 $\overrightarrow{AM}=\overrightarrow{OM}-\overrightarrow{OA}$, $\overrightarrow{MB}=\overrightarrow{OB}-\overrightarrow{OM}$

因此 $\overrightarrow{OM}-\overrightarrow{OA}=\lambda(\overrightarrow{OB}-\overrightarrow{OM})$,从而 $\overrightarrow{OM}=\dfrac{1}{1+\lambda}(\overrightarrow{OA}+\lambda\overrightarrow{OB})$,以 $\overrightarrow{OA}$、$\overrightarrow{OB}$ 的坐标(即点 A、

点 B 的坐标)代入，即得$\overrightarrow{OM}=\left(\dfrac{x_1+\lambda x_2}{1+\lambda},\dfrac{y_1+\lambda y_2}{1+\lambda},\dfrac{z_1+\lambda z_2}{1+\lambda}\right)$这就是点 M 的坐标.

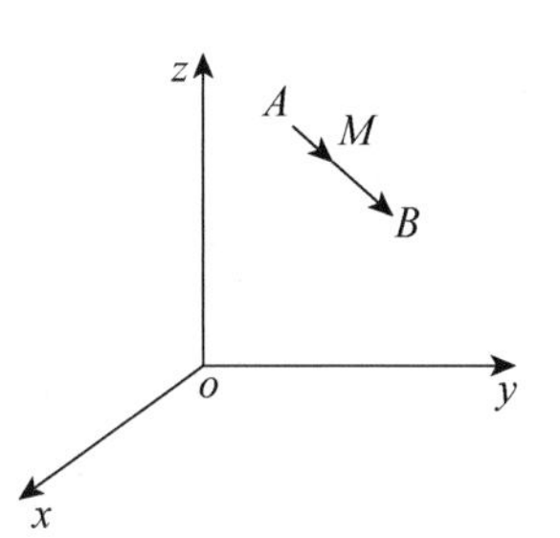

图 5—17

本例中的点 M 称为有向线段$\overrightarrow{AB}$的定比分点，特别地，当 $\lambda=1$ 时，得线段$\overrightarrow{AB}$的中点$M=\left(\dfrac{x_1+x_2}{2},\dfrac{y_1+y_2}{2},\dfrac{z_1+z_2}{2}\right)$.

例 4　设空间两点 $A(3,-1,2)$，$B(1,1,0)$，求和$\overrightarrow{AB}$平行的单位向量 $\boldsymbol{e}$.

解　$\overrightarrow{AB}=(1-3,1-(-1),0-2)=(-2,2,-2)$

$|\overrightarrow{AB}|=\sqrt{(-2)^2+2^2+(-2)^2}=2\sqrt{3}$

于是和$\overrightarrow{AB}$平行的单位向量为$\boldsymbol{e}=\pm\dfrac{1}{|\overrightarrow{AB}|}\overrightarrow{AB}=\pm\left(-\dfrac{1}{\sqrt{3}},\dfrac{1}{\sqrt{3}},-\dfrac{1}{\sqrt{3}}\right)$.

四、方向角、方向余弦

为了表示非零向量 $\boldsymbol{r}$ 的方向，我们把 $\boldsymbol{r}$ 与 x 轴、y 轴、z 轴正向的夹角分别记为 α,β,γ，称为向量 $\boldsymbol{r}$ 的**方向角**. 方向角的余弦 $\cos\alpha,\cos\beta,\cos\gamma$ 叫做 $\boldsymbol{r}$ 的**方向余弦**.

设向量 $r=\overrightarrow{OM}=(x,y,z)$，如图 5—18 所示，

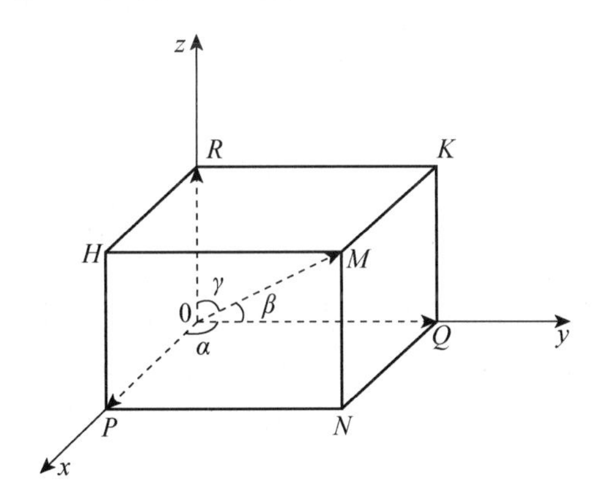

图 5—18

$$\cos\alpha=\frac{x}{|\boldsymbol{r}|}=\frac{x}{\sqrt{x^2+y^2+z^2}},\cos\beta=\frac{y}{|\boldsymbol{r}|},\cos\gamma=\frac{z}{|\boldsymbol{r}|}$$

易见$\cos^2\alpha+\cos^2\beta+\cos^2\gamma=1$，而与 $\boldsymbol{r}$ 同方向的单位向量为 $\boldsymbol{r}^0=\dfrac{\boldsymbol{r}}{|\boldsymbol{r}|}=\dfrac{1}{|\boldsymbol{r}|}(x,y,z)=(\cos\alpha,\cos\beta,\cos\gamma)$.

例 5　设已知两点 $M_1(4,\sqrt{2},1)$ 和 $M_2(3,0,2)$. 计算向量$\overrightarrow{M_1M_2}$的模，方向余弦和方向角.

解　$|\overrightarrow{M_1M_2}|=\sqrt{(3-4)^2+(0-\sqrt{2})^2+(2-1)^2}=2$

$\overrightarrow{M_1M_2}=(-1,-\sqrt{2},1)=2\left(-\dfrac{1}{2},-\dfrac{\sqrt{2}}{2},\dfrac{1}{2}\right)$

所以 $\cos\alpha=-\frac{1}{2}$，$\cos\beta=-\frac{\sqrt{2}}{2}$，$\cos\gamma=\frac{1}{2}$

$\alpha=\frac{2}{3}\pi$，$\beta=\frac{3}{4}\pi$，$\gamma=\frac{\pi}{3}$.

例6 设向量 $\boldsymbol{a}$ 的两个方向余弦为 $\cos\alpha=\frac{1}{3}$，$\cos\beta=\frac{2}{3}$，又 $|\boldsymbol{a}|=6$. 求向量 $\boldsymbol{a}$ 的坐标.

解 因为 $\cos\alpha=\frac{1}{3}$，$\cos\beta=\frac{2}{3}$，

所以 $\cos\gamma=\pm\sqrt{1-\cos^2\alpha-\cos^2\beta}=\pm\sqrt{1-\left(\frac{1}{3}\right)^2-\left(\frac{2}{3}\right)^2}=\pm\frac{2}{3}$

$a_x=|\boldsymbol{a}|\cos\alpha=6\cdot\frac{1}{3}=2$

$a_y=|\boldsymbol{a}|\cos\beta=6\cdot\frac{2}{3}=4$

$a_z=|\boldsymbol{a}|\cos\gamma=6\cdot\left(\pm\frac{2}{3}\right)=\pm4$

即 $\boldsymbol{a}=(2,4,4)$ 或 $\boldsymbol{a}=(2,4,-4)$.

五、向量在轴上的投影

设点 O 及单位向量 $\boldsymbol{e}$ 确定了 $\boldsymbol{u}$ 轴(见图 5—19).

任给定向量 $\boldsymbol{r}$，作 $\overrightarrow{OM}=\boldsymbol{r}$，再过点 M 作与 $\boldsymbol{u}$ 轴垂直的平面，交 $\boldsymbol{u}$ 轴于点 M'，则称点 M' 为点 M 在 $\boldsymbol{u}$ 轴上的投影，而向量 $\overrightarrow{OM'}$ 称为向量 $\boldsymbol{r}$ 在 $\boldsymbol{u}$ 轴上的分向量. 设 $\overrightarrow{OM'}=\lambda\boldsymbol{e}$，则数 λ 称为向量 $\boldsymbol{r}$ 在 $\boldsymbol{u}$ 轴上的**投影**，记为 $prj_u\boldsymbol{r}$ 或 $\boldsymbol{r}_u$.

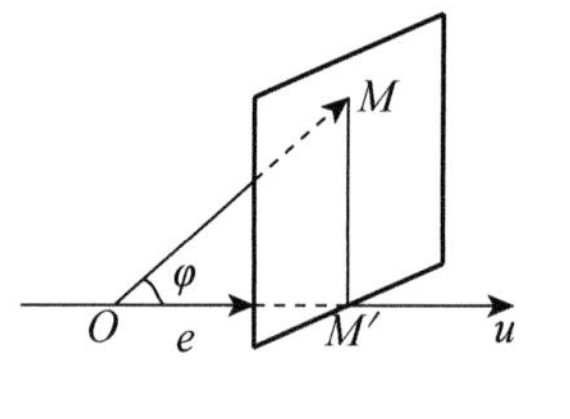

图 5—19

由此定义，向量 $\boldsymbol{a}$ 在直角坐标系 $Oxyz$ 中的坐标 a_x, a_y, a_z，分别是向量在 x 轴，y 轴，z 轴上的投影，即 $a_x=prj_x\boldsymbol{a}$，$a_y=prj_y\boldsymbol{a}$，$a_z=prj_z\boldsymbol{a}$.

向量的投影具有与坐标相同的性质.

性质1 $prj_u\boldsymbol{a}=|\boldsymbol{a}|\cos\varphi$ (φ 为向量 $\boldsymbol{a}$ 与 $\boldsymbol{u}$ 轴的夹角)

性质2 $prj_u(\boldsymbol{a}+\boldsymbol{b})=prj_u\boldsymbol{a}+prj_u\boldsymbol{b}$

性质3 $prj_u(\lambda\boldsymbol{a})=\lambda prj_u\boldsymbol{a}$ (λ 为实数)

例7 向量的终点在点 $B(2,-1,7)$，它在 x 轴，y 轴，z 轴上的投影依次为 4，-4 和 7，求这向量的起点 A 的坐标.

解 设起点 A 的坐标为 (x,y,z)，则 $\overrightarrow{AB}=(2-x,-1-y,7-z)$

由题意，得 $2-x=4$，$-1-y=-4$，$7-z=7$

所以 $x=-2$，$y=-3$，$z=0$

故起点 A 为 $(-2,3,0)$.

例8 设立方体的一条对角线为 OM，一条棱为 OA，且 $|OA|=a$. 求 $\overrightarrow{OA}$ 在 $\overrightarrow{OM}$ 方向上的投影 $prj_{\overrightarrow{OM}}\overrightarrow{OA}$.

解 如图 5—20 所示，

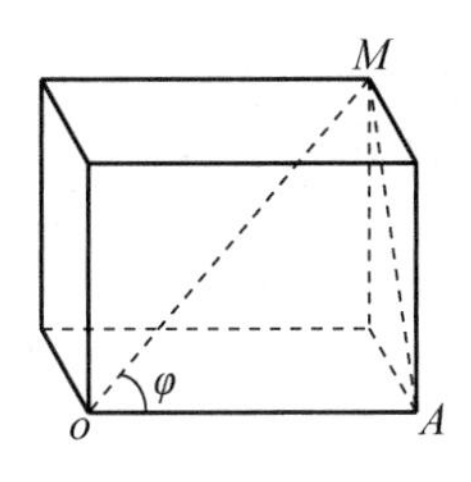

图 5—20

记$\angle MOA=\varphi$，有$\cos\varphi=\frac{|OA|}{|OM|}=\frac{1}{\sqrt{3}}$，于是$prj_{\overrightarrow{OM}}\overrightarrow{OA}=|\overrightarrow{OA}|\cos\varphi=\frac{a}{\sqrt{3}}$.

习题 5—2

1. 求点$P(1,2,3)$关于(1)各坐标面，(2)各坐标轴，(3)坐标原点的对称点的坐标.

2. 在空间直角坐标系中，指出下列各点在哪个卦限？

$A(4,3,1)$，$B(5,1,-2)$，$C(5,-2,-1)$，$D(-1,-2,7)$

3. 指出下列各点的位置.

$A(4,3,0)$，$B(0,7,6)$，$C(5,0,0)$，$D(0,-1,0)$

4. 过点$p_0(x_0,y_0,z_0)$分别作平行于z轴的直线和平行于xoy面的平面，问在它们上面的点的坐标各有什么特点？

5. 已知ΔABC的顶点为$A(3,2,-1)$，$B(5,-4,7)$和$C(-1,1,2)$. 求从顶点C所引中线的长度.

6. 在yoz面上，求与三点$A(3,1,2)$，$B(4,-2,-2)$和$C(0,5,1)$等距离的点.

7. 已知向量$\boldsymbol{a}$在坐标轴上的投影为$a_x=1$，$a_y=-1$，$a_z=1$，向量$\boldsymbol{a}$的终点为$M_2(1,-1,1)$. 求向量$\boldsymbol{a}$的起点M_1，及$\boldsymbol{a}$的方向角.

8. 设点A位于第一卦限，向径$\overrightarrow{OA}$与x轴，y轴的夹角依次为$\frac{\pi}{3}$和$\frac{\pi}{4}$，且$|\overrightarrow{OA}|=6$. 求点A的坐标.

9. 求与向量$\boldsymbol{a}=(16,-15,12)$平行，方向相反，且长度为 75 的向量$\boldsymbol{b}$.

10. 已知$|\boldsymbol{r}|=4$，$\boldsymbol{r}$与轴$\boldsymbol{u}$的夹角是$60°$，求$prj_u\boldsymbol{r}$.

第三节　向量的数量积和向量积

一、向量的数量积

设一物体在力$\boldsymbol{F}$的作用下沿直线从点M_0到点M_1. 如用$\boldsymbol{S}$表示位移$\overrightarrow{M_0M_1}$，则力$\boldsymbol{F}$所做的功为$W=|\boldsymbol{F}|\,|\boldsymbol{S}|\cos\theta$. 其中$\theta$为$\boldsymbol{F}$与$\boldsymbol{S}$的夹角(见图 5—21).

由此可见，功的数量是由$\boldsymbol{F}$与$\boldsymbol{S}$这两个向量所唯一确定的. 在物理学和力学的其它问题中，也常常会遇到此类情况. 在数学中，我们把这种运算抽象成两个向量的数量积的概念.

定义 1　设$\boldsymbol{a}$，$\boldsymbol{b}$为任意两个向量，$\theta=\widehat{(\boldsymbol{a},\boldsymbol{b})}$，则称数$|\boldsymbol{a}|\cdot|\boldsymbol{b}|\cdot\cos\theta$为向量$\boldsymbol{a}$与$\boldsymbol{b}$的

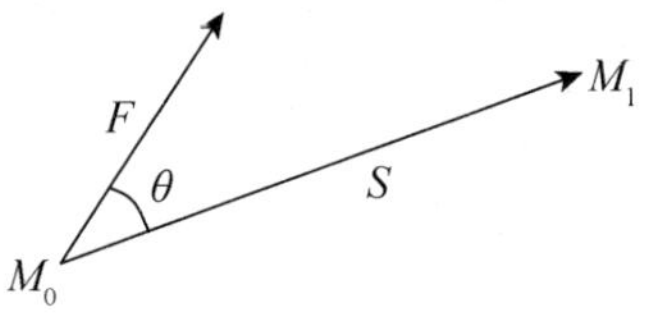

数量积(或内积,点积),记为 $\boldsymbol{a}\cdot\boldsymbol{b}$ 即 $\boldsymbol{a}\cdot\boldsymbol{b}=|\boldsymbol{a}|\cdot|\boldsymbol{b}|\cdot\cos\theta$

由定义知,上述问题中力所做的功 W 是力 $\boldsymbol{F}$ 与位移 $\boldsymbol{S}$ 的数量积,即

$$W=|\boldsymbol{F}||\boldsymbol{S}|\cos\theta=\boldsymbol{F}\cdot\boldsymbol{S}$$

图 5—21

由数量积的定义可以推得

(1) 当 $\boldsymbol{a}\neq\boldsymbol{0}$ 时 $\boldsymbol{a}\cdot\boldsymbol{b}=|\boldsymbol{a}|prj_a\boldsymbol{b}$;当 $\boldsymbol{b}\neq\boldsymbol{0}$ 时 $\boldsymbol{a}\cdot\boldsymbol{b}=|\boldsymbol{b}|prj_b\boldsymbol{a}$.

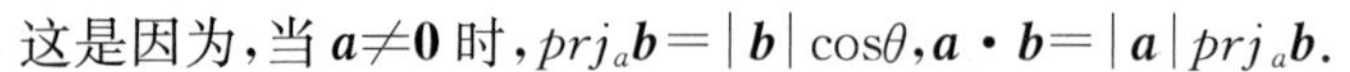

这是因为,当 $\boldsymbol{a}\neq\boldsymbol{0}$ 时,$prj_a\boldsymbol{b}=|\boldsymbol{b}|\cos\theta,\boldsymbol{a}\cdot\boldsymbol{b}=|\boldsymbol{a}|prj_a\boldsymbol{b}$.

当 $\boldsymbol{b}\neq 0$ 时,$prj_b\boldsymbol{a}=|\boldsymbol{a}|\cos\theta,\boldsymbol{a}\cdot\boldsymbol{b}=|\boldsymbol{b}|prj_b\boldsymbol{a}$.

(2)$\boldsymbol{a}\cdot\boldsymbol{a}=|\boldsymbol{a}|^2$

这是因为此时 $\theta=0$,所以 $\boldsymbol{a}\cdot\boldsymbol{a}=|\boldsymbol{a}|^2\cos\theta=|\boldsymbol{a}|^2$.

(3)对于两个非零向量 $\boldsymbol{a},\boldsymbol{b}$ 则 $\boldsymbol{a}\perp\boldsymbol{b}$ 的充要条件是 $\boldsymbol{a}\cdot\boldsymbol{b}=0$

这是因为,如果 $\boldsymbol{a}\perp\boldsymbol{b}$ 则 $\theta=\frac{\pi}{2}$,$\cos\theta=0$,于是 $\boldsymbol{a}\cdot\boldsymbol{b}=|\boldsymbol{a}|\cdot|\boldsymbol{b}|\cdot\cos\theta=0$;

反之,如果 $\boldsymbol{a}\cdot\boldsymbol{b}=0$ 由于 $|\boldsymbol{a}|\neq 0,|\boldsymbol{b}|\neq 0$,所以 $\cos\theta=0$,从而 $\theta=\frac{\pi}{2}$ 即 $\boldsymbol{a}\perp\boldsymbol{b}$.

由于可以认为零向量与任意向量都垂直,因此,上述结论可叙述为:向量 $\boldsymbol{a}\perp\boldsymbol{b}$ 的充要条件是 $\boldsymbol{a}\cdot\boldsymbol{b}=0$.

向量的数量积符合下列运算规律:

(1)**交换律** $\boldsymbol{a}\cdot\boldsymbol{b}=\boldsymbol{b}\cdot\boldsymbol{a}$

(2)**分配律** $(\boldsymbol{a}+\boldsymbol{b})\cdot\boldsymbol{c}=\boldsymbol{a}\cdot\boldsymbol{c}+\boldsymbol{b}\cdot\boldsymbol{c}$

(3)**结合律** $(\lambda\boldsymbol{a})\cdot\boldsymbol{b}=\lambda(\boldsymbol{a}\cdot\boldsymbol{b})$ (λ 为实数)

证明 (1)$\boldsymbol{a}\cdot\boldsymbol{b}=|\boldsymbol{a}||\boldsymbol{b}|\cos(\widehat{\boldsymbol{a},\boldsymbol{b}})$,$\boldsymbol{b}\cdot\boldsymbol{a}=|\boldsymbol{b}||\boldsymbol{a}|\cos(\widehat{\boldsymbol{b},\boldsymbol{a}})$ 而 $\cos(\widehat{\boldsymbol{a},\boldsymbol{b}})=\cos(\widehat{\boldsymbol{b},\boldsymbol{a}})$ 所以 $\boldsymbol{a}\cdot\boldsymbol{b}=\boldsymbol{b}\cdot\boldsymbol{a}$.

(2)当 $\boldsymbol{c}=\boldsymbol{0}$ 时上式显然成立;当 $\boldsymbol{c}\neq\boldsymbol{0}$ 时有 $(\boldsymbol{a}+\boldsymbol{b})\cdot\boldsymbol{c}=|\boldsymbol{c}|prj_c(\boldsymbol{a}+\boldsymbol{b})$,因为 $prj_c(\boldsymbol{a}+\boldsymbol{b})=prj_c\boldsymbol{a}+prj_c\boldsymbol{b}$.

所以 $(\boldsymbol{a}+\boldsymbol{b})\cdot\boldsymbol{c}=|\boldsymbol{c}|(prj_c\boldsymbol{a}+prj_c\boldsymbol{b})=|\boldsymbol{c}|prj_c\boldsymbol{a}+|\boldsymbol{c}|prj_c\boldsymbol{b}=\boldsymbol{a}\cdot\boldsymbol{c}+\boldsymbol{b}\cdot\boldsymbol{c}$.

(3)当 $\boldsymbol{b}=\boldsymbol{0}$ 时,上式显然成立,当 $\boldsymbol{b}\neq\boldsymbol{0}$ 时

$$(\lambda\boldsymbol{a})\cdot\boldsymbol{b}=|\boldsymbol{b}|prj_b(\lambda\boldsymbol{a})=|\boldsymbol{b}|\lambda prj_b\boldsymbol{a}=\lambda|\boldsymbol{b}|prj_b\boldsymbol{a}=\lambda(\boldsymbol{a}\cdot\boldsymbol{b})$$

由上述结合律,利用交换律,容易推得

$$\boldsymbol{a}\cdot(\lambda\boldsymbol{b})=\lambda(\boldsymbol{a}\cdot\boldsymbol{b}) \text{及} (\lambda\boldsymbol{a})\cdot(u\boldsymbol{b})=\lambda u(\boldsymbol{a}\cdot\boldsymbol{b}).(\lambda,u \text{ 均为实数})$$

这是因为 $\boldsymbol{a}\cdot(\lambda\boldsymbol{b})=(\lambda\boldsymbol{b})\cdot\boldsymbol{a}=\lambda(\boldsymbol{b}\cdot\boldsymbol{a})=\lambda(\boldsymbol{a}\cdot\boldsymbol{b})$

$(\lambda\boldsymbol{a})\cdot(\mu\boldsymbol{b})=\lambda[\boldsymbol{a}\cdot(\mu\boldsymbol{b})]=\lambda[\mu(\boldsymbol{a}\cdot\boldsymbol{b})]=\lambda\mu(\boldsymbol{a}\cdot\boldsymbol{b})$.

例 1 证明在 ΔABC 中,$AB^2=AC^2+BC^2-2AC\cdot BC\cdot\cos\theta$ 其中 AC 与 BC 间的夹角为 θ.

证明 在 ΔABC 中引入向量 $\overrightarrow{AB}=\boldsymbol{c},\overrightarrow{CA}=\boldsymbol{b},\overrightarrow{CB}=\boldsymbol{a}$(见图 5—22) 且 $(\widehat{\boldsymbol{a},\boldsymbol{b}})=\theta$ 于是 $\boldsymbol{c}=\overrightarrow{AB}=\overrightarrow{CB}-\overrightarrow{CA}=\boldsymbol{a}-\boldsymbol{b}$

$AB=|\overrightarrow{AB}|=|\boldsymbol{c}|,AC=|\overrightarrow{CA}|=|\boldsymbol{b}|,BC=|\overrightarrow{CB}|=|\boldsymbol{a}|$

故 $AB^2=|\boldsymbol{c}|^2=\boldsymbol{c}\cdot\boldsymbol{c}=(\boldsymbol{a}-\boldsymbol{b})\cdot(\boldsymbol{a}-\boldsymbol{b})=\boldsymbol{a}^2-\boldsymbol{a}\cdot\boldsymbol{b}-\boldsymbol{b}\cdot\boldsymbol{a}+\boldsymbol{b}^2=\boldsymbol{a}^2+\boldsymbol{b}^2-2\boldsymbol{a}\cdot\boldsymbol{b}$

$=|\boldsymbol{a}|^2+|\boldsymbol{b}|^2-2|\boldsymbol{a}||\boldsymbol{b}|\cos\theta=AC^2+BC^2-2AC\cdot BC\cdot\cos\theta.$

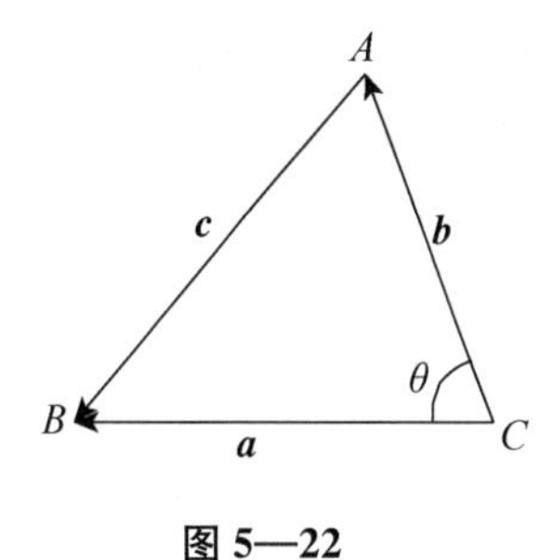

图 5—22

下面我们来推导数量积的坐标表达式

设 $\boldsymbol{a}=a_x\boldsymbol{i}+a_y\boldsymbol{j}+a_z\boldsymbol{k}$，$\boldsymbol{b}=b_x\boldsymbol{i}+b_y\boldsymbol{j}+b_z\boldsymbol{k}$

则 $\boldsymbol{a}\cdot\boldsymbol{b}=(a_x\boldsymbol{i}+a_y\boldsymbol{j}+a_z\boldsymbol{k})\cdot(b_x\boldsymbol{i}+b_y\boldsymbol{j}+b_z\boldsymbol{k})$

$=a_xb_x\boldsymbol{i}\cdot\boldsymbol{i}+a_xb_y\boldsymbol{i}\cdot\boldsymbol{j}+a_xb_z\boldsymbol{i}\cdot\boldsymbol{k}+a_yb_x\boldsymbol{j}\cdot\boldsymbol{i}+$
$a_yb_y\boldsymbol{j}\cdot\boldsymbol{j}+a_yb_z\boldsymbol{j}\cdot\boldsymbol{k}+a_zb_x\boldsymbol{k}\cdot\boldsymbol{i}+a_zb_y\boldsymbol{k}\cdot\boldsymbol{j}+$
$a_zb_z\boldsymbol{k}\cdot\boldsymbol{k}$

由于 $\boldsymbol{i},\boldsymbol{j},\boldsymbol{k}$ 互相垂直，且模均为 1，所以

$\boldsymbol{i}\cdot\boldsymbol{j}=\boldsymbol{j}\cdot\boldsymbol{k}=\boldsymbol{k}\cdot\boldsymbol{i}=0$；$\boldsymbol{j}\cdot\boldsymbol{i}=\boldsymbol{k}\cdot\boldsymbol{j}=\boldsymbol{i}\cdot\boldsymbol{k}=0$；$\boldsymbol{i}\cdot\boldsymbol{i}=\boldsymbol{j}\cdot\boldsymbol{j}=\boldsymbol{k}\cdot\boldsymbol{k}=1$

则向量积的坐标表达式 $\boldsymbol{a}\cdot\boldsymbol{b}=a_xb_x+a_yb_y+a_zb_z$.

由向量的数量积坐标表达式可得

(1)两个非零向量 $\boldsymbol{a}=(a_x,a_y,a_z)$，$\boldsymbol{b}=(b_x,b_y,b_z)$

$$\cos\theta=\cos(\widehat{\boldsymbol{a},\boldsymbol{b}})=\frac{\boldsymbol{a}\cdot\boldsymbol{b}}{|\boldsymbol{a}||\boldsymbol{b}|}=\frac{a_xb_x+a_yb_y+a_zb_z}{\sqrt{a_x^2+a_y^2+a_z^2}\sqrt{b_x^2+b_y^2+b_z^2}}$$

或 $\cos\theta=\cos(\widehat{\boldsymbol{a},\boldsymbol{b}})=\boldsymbol{a}^0\cdot\boldsymbol{b}^0=\cos\alpha_1\cos\alpha_2+\cos\beta_1\cos\beta_2+\cos\gamma_1\cos\gamma_2$

其中；$\boldsymbol{a}^0=(\cos\alpha_1,\cos\beta_1,\cos\gamma_1)$，$\boldsymbol{b}^0=(\cos\alpha_2,\cos\beta_2,\cos\gamma_2)$

分别是向量 $\boldsymbol{a}$ 和 $\boldsymbol{b}$ 的同方向的单位向量.

(2)$\boldsymbol{a}\perp\boldsymbol{b}$ 的充要条件是 $a_xb_x+a_yb_y+a_zb_z=0$.

例 2　设力 $\boldsymbol{F}=2\boldsymbol{i}-3\boldsymbol{j}+4\boldsymbol{k}$ 作用在一质点上，质点由 $A(1,2,-1)$ 沿直线移动到 $B(3,1,2)$，求力 $\boldsymbol{F}$ 所做的功以及力 $\boldsymbol{F}$ 与位移 $\overrightarrow{AB}$ 的夹角(力的单位为牛顿，位移的单位为米).

解　$\boldsymbol{F}=2\boldsymbol{i}-3\boldsymbol{j}+4\boldsymbol{k}$，$\overrightarrow{AB}=(3-1)\boldsymbol{i}+(1-2)\boldsymbol{j}+(2+1)\boldsymbol{k}=2\boldsymbol{i}-\boldsymbol{j}+3\boldsymbol{k}$

所以力 $\boldsymbol{F}$ 所做的功 $W=\boldsymbol{F}\cdot\overrightarrow{AB}=2\cdot2+(-3)\cdot(-1)+4\cdot3=19$(焦耳)

又因为 $\cos(\widehat{\boldsymbol{F},\overrightarrow{AB}})=\dfrac{\boldsymbol{F}\cdot\overrightarrow{AB}}{|\boldsymbol{F}|\cdot|\overrightarrow{AB}|}=\dfrac{19}{\sqrt{2^2+(-3)^2+4^2}\sqrt{2^2+(-1)^2+3^2}}\approx0.9429$

所以，力 $\boldsymbol{F}$ 与位移 $\overrightarrow{AB}$ 的夹角约为 $19°27'$.

例 3　设 $\boldsymbol{a}+3\boldsymbol{b}$ 与 $7\boldsymbol{a}-5\boldsymbol{b}$ 垂直，$\boldsymbol{a}-4\boldsymbol{b}$ 与 $7\boldsymbol{a}-2\boldsymbol{b}$ 垂直，求 $\boldsymbol{a}$ 与 $\boldsymbol{b}$ 之间的夹角 θ.

解　因为$(\boldsymbol{a}+3\boldsymbol{b})\perp(7\boldsymbol{a}-5\boldsymbol{b})$所以$(\boldsymbol{a}+3\boldsymbol{b})\cdot(7\boldsymbol{a}-5\boldsymbol{b})=0$

即 $7|\boldsymbol{a}|^2-15|\boldsymbol{b}|^2+16\boldsymbol{a}\cdot\boldsymbol{b}=0$

又因为$(\boldsymbol{a}-4\boldsymbol{b})\perp(7\boldsymbol{a}-2\boldsymbol{b})$，所以$(\boldsymbol{a}-4\boldsymbol{b})\cdot(7\boldsymbol{a}-2\boldsymbol{b})=0$

即 $7|\boldsymbol{a}|^2+8|\boldsymbol{b}|^2-30\boldsymbol{a}\cdot\boldsymbol{b}=0$ 联立方程得

$|\boldsymbol{a}|^2=|\boldsymbol{b}|^2=2\boldsymbol{a}\cdot\boldsymbol{b}$ 所以 $\cos\theta=\dfrac{\boldsymbol{a}\cdot\boldsymbol{b}}{|\boldsymbol{a}||\boldsymbol{b}|}=\dfrac{1}{2}$ 即 $\theta=\dfrac{\pi}{3}$.

二、向量的向量积

如同两向量的数量积一样，两向量的向量积的概念也是从物理学中的某些概念中抽象出来的，例如在研究物体的转动问题时，不但要考虑此物体所受的力，还要分析这些力所产生的力矩.

设 O 为一杠杆 L 的支点，有一个力 $\boldsymbol{F}$ 作用于这杠杆上 P 点处，$\boldsymbol{F}$ 与 $\overrightarrow{OP}$ 的夹角为 θ(如图

5—23 所示),由力学规定,力 $\boldsymbol{F}$ 对支点 O 的力矩是一向量 $\boldsymbol{M}$,它的模是 $|\boldsymbol{M}|=|OQ||\boldsymbol{F}|=|\overrightarrow{OP}|\cdot|\boldsymbol{F}|\sin\theta$,而 $\boldsymbol{M}$ 的方向垂直于 $\overrightarrow{OP}$ 与 $\boldsymbol{F}$ 所决定的平面,$\boldsymbol{M}$ 的指向是按右手规则从 $\overrightarrow{OP}$ 以不超过 π 的角转向 $\boldsymbol{F}$ 握拳时,大拇指的指向就是 $\boldsymbol{M}$ 的指向(如图 5—24 所示),由此我们在数学中根据这种运算抽象出两向量的向量积的概念.

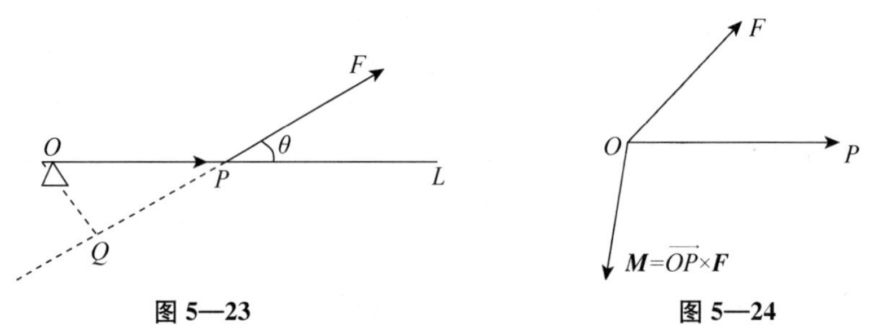

图 5—23　　图 5—24

定义 2　若由向量 $\boldsymbol{a}$ 与 $\boldsymbol{b}$ 所决定的一个向量 $\boldsymbol{c}$ 满足下列条件:

(1) $\boldsymbol{c}$ 的方向既垂直于 $\boldsymbol{a}$ 又垂直于 $\boldsymbol{b}$,$\boldsymbol{c}$ 的指向按右手规则从 $\boldsymbol{a}$ 转向 $\boldsymbol{b}$ 来确定(见图 5—25).

(2) $\boldsymbol{c}$ 的模 $|\boldsymbol{c}|=|\boldsymbol{a}||\boldsymbol{b}|\sin\theta$(其中 θ 为 $\boldsymbol{a}$ 与 $\boldsymbol{b}$ 的夹角). 则称向量 $\boldsymbol{c}$ 为向量 $\boldsymbol{a}$ 与 $\boldsymbol{b}$ 的**向量积**(或称外积、叉积)记为 $\boldsymbol{c}=\boldsymbol{a}\times\boldsymbol{b}$.

由向量积定义知,上述的力矩 $\boldsymbol{M}$ 等于 $\overrightarrow{OP}$ 与 $\boldsymbol{F}$ 的向量积. 即 $\boldsymbol{M}=\overrightarrow{OP}\times\boldsymbol{F}$.

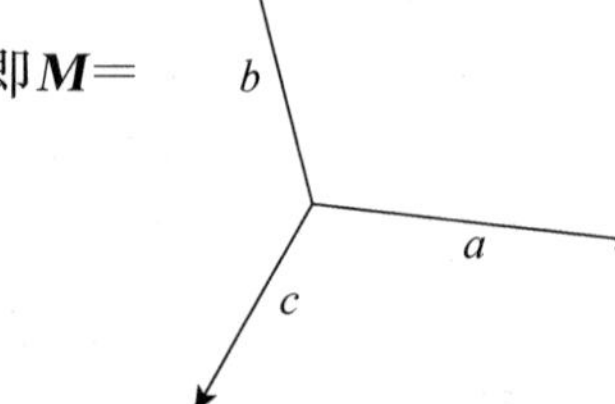

图 5—25

由向量积定义可以推得:

(1) $\boldsymbol{0}\times\boldsymbol{a}=\boldsymbol{a}\times\boldsymbol{0}=\boldsymbol{0}$

(2) $\boldsymbol{a}\times\boldsymbol{a}=\boldsymbol{0}$

(3) $\boldsymbol{a}/\!/\boldsymbol{b}\Leftrightarrow\boldsymbol{a}\times\boldsymbol{b}=\boldsymbol{0}$

当 $\boldsymbol{a},\boldsymbol{b}$ 中至少有一个为非零向量时,该结论显然正确.

当 $\boldsymbol{a},\boldsymbol{b}$ 均为非零向量时,

$$\boldsymbol{a}\times\boldsymbol{b}=0\Leftrightarrow|\boldsymbol{a}\times\boldsymbol{b}|=0\Leftrightarrow|\boldsymbol{a}||\boldsymbol{b}|\sin\theta=0\Leftrightarrow\sin\theta=0\Leftrightarrow\theta=0\text{ 或 }\theta=\pi\Leftrightarrow\boldsymbol{a}/\!/\boldsymbol{b}.$$

向量积符合下列运算律:

(1)**反交换律**　$\boldsymbol{a}\times\boldsymbol{b}=-\boldsymbol{b}\times\boldsymbol{a}$

(2)**分配律**　$(\boldsymbol{a}+\boldsymbol{b})\times\boldsymbol{c}=\boldsymbol{a}\times\boldsymbol{c}+\boldsymbol{b}\times\boldsymbol{c}$

(3)**结合律**　$(\lambda\boldsymbol{a})\times\boldsymbol{b}=\boldsymbol{a}\times(\lambda\boldsymbol{b})=\lambda(\boldsymbol{a}\times\boldsymbol{b})$ (λ 为实数)

设 $\boldsymbol{a}=a_x\boldsymbol{i}+a_y\boldsymbol{j}+a_z\boldsymbol{k},\boldsymbol{b}=b_x\boldsymbol{i}+b_y\boldsymbol{j}+b_z\boldsymbol{k}$,则

$$\begin{aligned}\boldsymbol{a}\times\boldsymbol{b}&=(a_x\boldsymbol{i}+a_y\boldsymbol{j}+a_z\boldsymbol{k})\times(b_x\boldsymbol{i}+b_y\boldsymbol{j}+b_z\boldsymbol{k})\\&=a_xb_x(\boldsymbol{i}\times\boldsymbol{i})+a_xb_y(\boldsymbol{i}\times\boldsymbol{j})+a_xb_z(\boldsymbol{i}\times\boldsymbol{k})\\&\quad+a_yb_x(\boldsymbol{j}\times\boldsymbol{i})+a_yb_y(\boldsymbol{j}\times\boldsymbol{j})+a_yb_z(\boldsymbol{j}\times\boldsymbol{k})\\&\quad+a_zb_x(\boldsymbol{k}\times\boldsymbol{i})+a_zb_y(\boldsymbol{k}\times\boldsymbol{j})+a_zb_z(\boldsymbol{k}\times\boldsymbol{k})\end{aligned}$$

由于 $\boldsymbol{i}\times\boldsymbol{i}=\boldsymbol{j}\times\boldsymbol{j}=\boldsymbol{k}\times\boldsymbol{k}=\boldsymbol{0}$

$$\boldsymbol{i}\times\boldsymbol{j}=\boldsymbol{k},\boldsymbol{j}\times\boldsymbol{k}=\boldsymbol{i},\boldsymbol{k}\times\boldsymbol{i}=\boldsymbol{j}$$

$$\boldsymbol{j}\times\boldsymbol{i}=-\boldsymbol{k},\boldsymbol{k}\times\boldsymbol{j}=-\boldsymbol{i},\boldsymbol{i}\times\boldsymbol{k}=-\boldsymbol{j}$$

由整理可得 $\boldsymbol{a}\times\boldsymbol{b}=(a_yb_z-a_zb_y)\boldsymbol{i}+(a_zb_x-a_xb_z)\boldsymbol{j}+(a_xb_y-a_yb_x)\boldsymbol{k}$

或用二阶行列式记号，得 $\boldsymbol{a}\times\boldsymbol{b}=\begin{vmatrix} a_y & a_z \\ b_y & b_z \end{vmatrix}\boldsymbol{i}+\begin{vmatrix} a_z & a_x \\ b_z & b_x \end{vmatrix}\boldsymbol{j}+\begin{vmatrix} a_x & a_y \\ b_x & b_y \end{vmatrix}\boldsymbol{k}$

也可利用三阶行列式，写成 $\boldsymbol{a}\times\boldsymbol{b}=\begin{vmatrix} \boldsymbol{i} & \boldsymbol{j} & \boldsymbol{k} \\ a_x & a_y & a_z \\ b_x & b_y & b_z \end{vmatrix}$

由此进一步得到 $\boldsymbol{a}//\boldsymbol{b}$ 的充要条件为 $\frac{a_x}{b_x}=\frac{a_y}{b_y}=\frac{a_z}{b_z}$，其中 b_x,b_y,b_z 不能同时为零.

例 4 求以 $A(1,-1,2),B(3,3,1),C(3,1,3)$ 为顶点的三角形的面积 S.

解 $S=\frac{1}{2}|\overrightarrow{AB}|\cdot|\overrightarrow{AC}|\cdot\sin(\widehat{\overrightarrow{AB},\overrightarrow{AC}})=\frac{1}{2}|\overrightarrow{AB}\times\overrightarrow{AC}|$

因为 $\overrightarrow{AB}=(2,4,-1),\overrightarrow{AC}=(2,2,1)$

所以 $\overrightarrow{AB}\times\overrightarrow{AC}=\begin{vmatrix} \boldsymbol{i} & \boldsymbol{j} & \boldsymbol{k} \\ 2 & 4 & -1 \\ 2 & 2 & 1 \end{vmatrix}=6\boldsymbol{i}-4\boldsymbol{j}-4\boldsymbol{k}$

$S=\frac{1}{2}|\overrightarrow{AB}\times\overrightarrow{AC}|=\frac{1}{2}\sqrt{6^2+(-4)^2+(-4)^2}=\sqrt{17}.$

例 5 求同时垂直于向量 $\boldsymbol{a}-(4,5,3)$ 和 $\boldsymbol{b}=(2,2,1)$ 的单位向量 $\boldsymbol{e}_c$.

解 由向量积定义知，若 $\boldsymbol{a}\times\boldsymbol{b}=\boldsymbol{c}$，则 $\boldsymbol{c}$ 同时垂直于 $\boldsymbol{a}$ 与 $\boldsymbol{b}$.

而 $\boldsymbol{c}=\boldsymbol{a}\times\boldsymbol{b}=\begin{vmatrix} \boldsymbol{i} & \boldsymbol{j} & \boldsymbol{k} \\ 4 & 5 & 3 \\ 2 & 2 & 1 \end{vmatrix}=-\boldsymbol{i}+2\boldsymbol{j}-2\boldsymbol{k}$

$\boldsymbol{e}_c=\pm\frac{\boldsymbol{c}}{|\boldsymbol{c}|}=\pm\frac{1}{3}(-\boldsymbol{i}+2\boldsymbol{j}-2\boldsymbol{k}).$

例 6 已知 $\boldsymbol{a}+\boldsymbol{b}+\boldsymbol{c}=\boldsymbol{0}$，证明 $\boldsymbol{a}\times\boldsymbol{b}=\boldsymbol{b}\times\boldsymbol{c}=\boldsymbol{c}\times\boldsymbol{a}$

证明 因为 $\boldsymbol{a}+\boldsymbol{b}+\boldsymbol{c}=\boldsymbol{0}$，所以 $\boldsymbol{a}=-(\boldsymbol{b}+\boldsymbol{c})$

从而 $\boldsymbol{a}\times\boldsymbol{b}=-(\boldsymbol{b}+\boldsymbol{c})\times\boldsymbol{b}=-(\boldsymbol{b}\times\boldsymbol{b}+\boldsymbol{c}\times\boldsymbol{b})=-\boldsymbol{c}\times\boldsymbol{b}=\boldsymbol{b}\times\boldsymbol{c}$

同理可证 $\boldsymbol{b}\times\boldsymbol{c}=\boldsymbol{c}\times\boldsymbol{a}$，所以 $\boldsymbol{a}\times\boldsymbol{b}=\boldsymbol{b}\times\boldsymbol{c}=\boldsymbol{c}\times\boldsymbol{a}$.

三、向量的混合积

定义 3 设 $\boldsymbol{a},\boldsymbol{b},\boldsymbol{c}$ 为任意三个向量，则称数量 $(\boldsymbol{a}\times\boldsymbol{b})\cdot\boldsymbol{c}$ 为向量 $\boldsymbol{a},\boldsymbol{b},\boldsymbol{c}$ 的**混合积**. 记为 $[\boldsymbol{abc}]=(\boldsymbol{a}\times\boldsymbol{b})\cdot\boldsymbol{c}$

下面推导向量的混合积的坐标表达式

设 $\boldsymbol{a}=(a_x,a_y,a_z),\boldsymbol{b}=(b_x,b_y,b_z),\boldsymbol{c}=(c_x,c_y,c_z)$

因为 $\boldsymbol{a}\times\boldsymbol{b}=\begin{vmatrix} \boldsymbol{i} & \boldsymbol{j} & \boldsymbol{k} \\ a_x & a_y & a_z \\ b_x & b_y & b_z \end{vmatrix}=\begin{vmatrix} a_y & a_z \\ b_y & b_z \end{vmatrix}\boldsymbol{i}+\begin{vmatrix} a_z & a_x \\ b_z & b_x \end{vmatrix}\boldsymbol{j}+\begin{vmatrix} a_x & a_y \\ b_x & b_y \end{vmatrix}\boldsymbol{k}$

所以 $(\boldsymbol{a}\times\boldsymbol{b})\cdot c=\begin{vmatrix} a_y & a_z \\ b_y & b_z \end{vmatrix}c_x+\begin{vmatrix} a_z & a_x \\ b_z & b_x \end{vmatrix}c_y+\begin{vmatrix} a_x & a_y \\ b_x & b_y \end{vmatrix}c_z$

利用三阶行列式，可得到混合积的便于记忆的坐标表达式

$$(\boldsymbol{a}\times\boldsymbol{b})\cdot\boldsymbol{c}=\begin{vmatrix} a_x & a_y & a_z \\ b_x & b_y & b_z \\ c_x & c_y & c_z \end{vmatrix}$$

由于行列式经过两次行变换不改变行列式的值.故混合积有以下的置换规律:$[\boldsymbol{abc}]=[\boldsymbol{bca}]=[\boldsymbol{cab}]$.

混合积有如下的**几何意义**:如果把向量 $\boldsymbol{a},\boldsymbol{b},\boldsymbol{c}$ 看作一个平行六面体的相邻三棱,则 $|\boldsymbol{a}\times\boldsymbol{b}|$ 是该平行六面体的底面积,而 $\boldsymbol{a}\times\boldsymbol{b}$ 垂直于 $\boldsymbol{a},\boldsymbol{b}$ 所在底面.若以 φ 表示向量 $\boldsymbol{a}\times\boldsymbol{b}$ 与 $\boldsymbol{c}$ 的夹角.则当 $0\leqslant\varphi\leqslant\frac{\pi}{2}$ 时,$|\boldsymbol{c}|\cos\varphi$ 就是该平行六面体的高 h(见图 5—26),于是

$$(\boldsymbol{a}\times\boldsymbol{b})\cdot\boldsymbol{c}=|\boldsymbol{a}\times\boldsymbol{b}|\,|\boldsymbol{c}|\cos\varphi=|\boldsymbol{a}\times\boldsymbol{b}|h=V$$

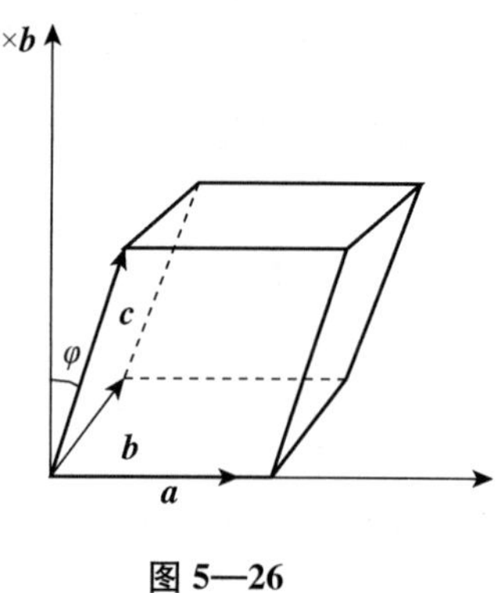

图 5—26

V 表示平行六面体的体积.显然,当 $\frac{\pi}{2}\leqslant\varphi\leqslant\pi$ 时,$(\boldsymbol{a}\times\boldsymbol{b})\cdot\boldsymbol{c}=-V$.由此可见,混合积$[\boldsymbol{abc}]$的绝对值是以 $\boldsymbol{a},\boldsymbol{b},\boldsymbol{c}$ 为相邻三棱的平行六面体的体积.

$[\boldsymbol{abc}]=0$ 时,平行六面体的体积为零,即该六面体的三条棱落在一个平面上,也就是说,向量 $\boldsymbol{a},\boldsymbol{b},\boldsymbol{c}$ 共面,反之显然也成立.由此可得以下结论:

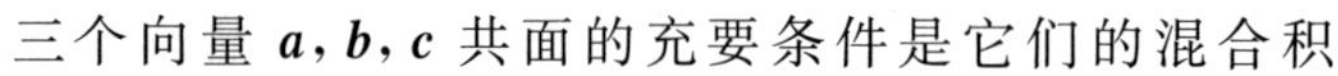
三个向量 $\boldsymbol{a},\boldsymbol{b},\boldsymbol{c}$ 共面的充要条件是它们的混合积 $[\boldsymbol{abc}]=0$,即 $\begin{vmatrix} a_x & a_y & a_z \\ b_x & b_y & b_z \\ c_x & c_y & c_z \end{vmatrix}=0$.

例 7 设向量 $\vec{a}=(1,2,1)$,$\vec{b}=(0,3,1)$,$\vec{c}=(2,0,3)$,$\vec{d}=(-1,-3,1)$,那么

(1)问 $\vec{a},\vec{b},\vec{c}$ 是否共面

(2)求 x,y,z,使得 $\vec{d}=x\vec{a}+y\vec{b}+z\vec{c}$

解 (1)因为 $(\boldsymbol{a}\times\boldsymbol{b})\cdot\boldsymbol{c}=\begin{vmatrix} 1 & 2 & 1 \\ 0 & 3 & 1 \\ 2 & 0 & 3 \end{vmatrix}=7\neq0$,则 $\vec{a},\vec{b},\vec{c}$ 不共面.

(2)因为 $\vec{d}=x\vec{a}+y\vec{b}+z\vec{c}$,所以$\begin{cases} x+2z=-1 \\ 2x+3y=-3 \\ x+y+3z=1 \end{cases}$,解得 $x=-3,y=1,z=1$.

例 8 已知空间中不在同一平面上的四点:$A(1,0,-1)$,$B(3,1,2)$,$C(0,-1,1)$,$D(1,2,4)$,求四面体 $ABCD$ 的体积 V.

解 由向量混合积的几何意义及立体几何知识可知,四面体 $ABCD$ 的体积等于以$\overrightarrow{AB}$,$\overrightarrow{AC}$,$\overrightarrow{AD}$为棱的平行六面体体积的六分之一,而

$\overrightarrow{AB}=(2,1,3)$,$\overrightarrow{AC}=(-1,-1,2)$,$\overrightarrow{AD}=(0,2,5)$

故 $V=\frac{1}{6}|(\overrightarrow{AB}\times\overrightarrow{AC})\cdot\overrightarrow{AD}|=\frac{1}{6}\begin{vmatrix} 2 & 1 & 3 \\ -1 & -1 & 2 \\ 0 & 2 & 5 \end{vmatrix}=\frac{19}{6}$.

习题 5—3

1. 已知：$\boldsymbol{a}=(2,1,-1)$，$\boldsymbol{b}=(1,-1,2)$，求

(1)$\boldsymbol{a}\cdot\boldsymbol{b}$；(2)$\boldsymbol{a}\times\boldsymbol{b}$；(3)$\cos(\widehat{\boldsymbol{a},\boldsymbol{b}})$；(4)$prj_{\boldsymbol{a}}\boldsymbol{b}$；(5)$prj_{\boldsymbol{b}}\boldsymbol{a}$.

2. 设 $\boldsymbol{a}=(2,-3,1)$，$\boldsymbol{b}=(1,-1,3)$，$\boldsymbol{c}=(1,-2,0)$求

(1)$(\boldsymbol{a}\times\boldsymbol{b})\cdot\boldsymbol{c}$；(2)$(\boldsymbol{a}\times\boldsymbol{b})\times\boldsymbol{c}$；(3)$\boldsymbol{a}\times(\boldsymbol{b}\times\boldsymbol{c})$；(4)$(\boldsymbol{a}\cdot\boldsymbol{b})\boldsymbol{c}-(\boldsymbol{a}\cdot\boldsymbol{c})\boldsymbol{b}$.

3. 已知 $\boldsymbol{a},\boldsymbol{b},\boldsymbol{c}$ 为单位向量，且满足 $\boldsymbol{a}+\boldsymbol{b}+\boldsymbol{c}=\boldsymbol{0}$，求 $\boldsymbol{a}\cdot\boldsymbol{b}+\boldsymbol{b}\cdot\boldsymbol{c}+\boldsymbol{c}\cdot\boldsymbol{a}$.

4. 已知 $M_1(1,-1,2)$，$M_2(3,3,1)$和 $M_3(3,1,3)$，求与$\overrightarrow{M_1M_2}$，$\overrightarrow{M_2M_3}$同时垂直的单位向量.

5. 设向量 $\boldsymbol{a}$ 与 $\boldsymbol{b}$ 不共线，问 λ 为何值时，向量 $\boldsymbol{p}=\lambda\boldsymbol{a}+5\boldsymbol{b}$ 与 $\boldsymbol{q}=3\boldsymbol{a}-\boldsymbol{b}$ 共线？

6. 已知向量 $\boldsymbol{a}$ 与 $\boldsymbol{b}$ 的夹角为$\frac{\pi}{6}$，且$|\boldsymbol{a}|=\sqrt{3}$，$|\boldsymbol{b}|=1$，计算向量 $\boldsymbol{p}=\boldsymbol{a}+\boldsymbol{b}$ 与 $\boldsymbol{q}=\boldsymbol{a}-\boldsymbol{b}$ 的夹角.

7. 已知$|\boldsymbol{a}|=6$，$|\boldsymbol{b}|=3$，$|\boldsymbol{c}|=3$，$(\widehat{\boldsymbol{a},\boldsymbol{b}})=\frac{\pi}{6}$. $\boldsymbol{c}\perp\boldsymbol{a}$，$\boldsymbol{c}\perp\boldsymbol{b}$. 求$[\boldsymbol{abc}]$.

8. 设 A,B,C 三点的向径依次为 r_1,r_2,r_3，试用 r_1,r_2,r_3 表示 ΔABC 的面积. 并证明：A，B，C 三点共线的充要条件是 $\boldsymbol{r}_1\times\boldsymbol{r}_2+\boldsymbol{r}_2\times\boldsymbol{r}_3+\boldsymbol{r}_3\times\boldsymbol{r}_1=\boldsymbol{0}$.

9. 设$|\boldsymbol{a}|=1$，$|\boldsymbol{b}|=2$，$(\widehat{\boldsymbol{a},\boldsymbol{b}})=60°$，求以向量 $\boldsymbol{a}+2\boldsymbol{b}$ 和 $2\boldsymbol{a}+\boldsymbol{b}$ 为边的平行四边形的面积.

10. 用向量方法证明正弦定理.

11. 已知 $\boldsymbol{a}\times\boldsymbol{b}+\boldsymbol{b}\times\boldsymbol{c}+\boldsymbol{c}\times\boldsymbol{a}=\boldsymbol{0}$，证明 $\boldsymbol{a},\boldsymbol{b},\boldsymbol{c}$ 共面.

第四节　平面及其方程

本章从第四节起讨论空间的几何图形及其方程，这些几何图形包括平面、曲面、直线及曲线.

一、平面的方程

1. 平面的点法式方程

如果一非零向量垂直于一平面，这向量就叫做该平面的法线向量，简称法向量，记作 $\boldsymbol{n}$，容易知道，平面上的任一向量均与该平面的法向量垂直.

因为过空间一点可作且只可作一个平面垂直于已知直线，所以若已知平面 Π 上一点和它的一个法向量 $\boldsymbol{n}=(A,B,C)$时，平面 Π 的位置就完全确定了.

设 $M_0(x_0,y_0,z_0)$为平面 Π 上一已知点，$\boldsymbol{n}=(A,B,C)$为 Π 的一个法向量，对 Π 上任一点 $M(x,y,z)$，由图 5—27 知$\overrightarrow{M_0M}$与 $\boldsymbol{n}$ 垂直，即$\overrightarrow{M_0M}\cdot\boldsymbol{n}=0$.

所以有
$$A(x-x_0)+B(y-y_0)+C(z-z_0)=0 \tag{1}$$

这就是平面 Π 上任一点 M 的坐标所满足的方程，反之，不在该平面上的点的坐标都不满足方程(1)，因为这样的点 M_0 所构成的向量$\overrightarrow{M_0M}$与法向量 $\boldsymbol{n}$ 不垂直，因此，方程(1)称为平面 Π 的**点法式方程**，而平面 Π 就是方程(1)的图形.

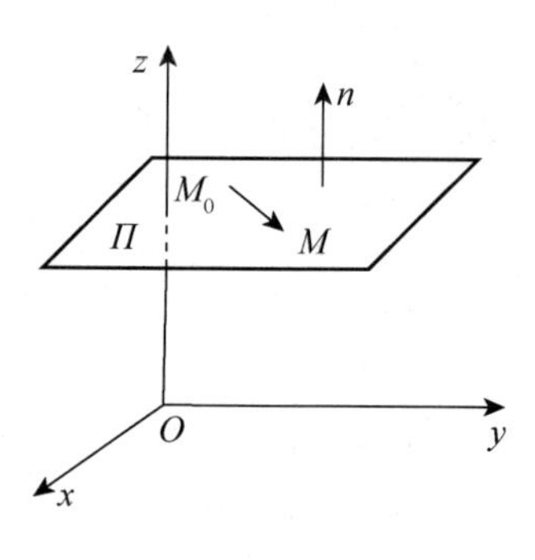

图 5—27

例 1 求过点 $M_0(2,3,-1)$ 且垂直于向量 $\boldsymbol{a}=\boldsymbol{i}-\boldsymbol{j}+4\boldsymbol{k}$ 的平面方程.

解 取平面法向量 $\boldsymbol{n}=\boldsymbol{a}=(1,-1,4)$. 由平面的点法式方程,所求平面方程为 $(x-2)-(y-3)+4(z+1)=0$ 即 $x-y+4z+5=0$.

例 2 平面 Π 过点 $A(1,0,-1)$,$B(1,-1,0)$ 且与向量 $\boldsymbol{a}=(2,1,2)$ 平行,求平面 Π 的方程.

解: 先求平面法向量 $\boldsymbol{n}$,由于 $\boldsymbol{n}$ 既垂直于 $\overrightarrow{AB}=(0,-1,1)$,又垂直于 $\boldsymbol{a}=(2,1,2)$,故可取 $\boldsymbol{n}=\overrightarrow{AB}\times\boldsymbol{a}$,且 $\overrightarrow{AB}\times\boldsymbol{a}=\begin{vmatrix}\boldsymbol{i} & \boldsymbol{j} & \boldsymbol{k}\\ 0 & -1 & 1\\ 2 & 1 & 2\end{vmatrix}=-3\boldsymbol{i}+2\boldsymbol{j}+2\boldsymbol{k}$,即 $\boldsymbol{n}=(-3,2,2)$

于是,平面 Π 的方程为 $-3(x-1)+2y+2(z+1)=0$ 即 $-3x+2y+2z+5=0$.

2. 平面的三点式方程

众所周知,不共线的三个点可以唯一确定一个平面,如果已知平面 Π 上不共线的三个点 $M_1(x_1,y_1,z_1)$,$M_2(x_2,y_2,z_2)$,$M_3(x_3,y_3,z_3)$ 那么在平面 Π 上任取一点 $M(x,y,z)$,则向量 $\overrightarrow{M_1M}$, $\overrightarrow{M_1M_2}$, $\overrightarrow{M_1M_3}$ 共面,即有

$$\begin{vmatrix}x-x_1 & y-y_1 & z-z_1\\ x_2-x_1 & y_2-y_1 & z_2-z_1\\ x_3-x_1 & y_3-y_1 & z_3-z_1\end{vmatrix}=0 \tag{2}$$

方程(2)称为平面的三点式方程,此时 $\boldsymbol{n}=\overrightarrow{M_1M_2}\times\overrightarrow{M_1M_3}$ 是该平面的一个法向量.

例 3 求过点 $M_1(2,-1,4)$,$M_2(-1,3,-2)$,$M_3(0,2,3)$ 的平面方程.

解法 1 设 $M(x,y,z)$ 为平面上任一点,由三点式方程得所求平面方程为

$$\begin{vmatrix}x-2 & y+1 & z-4\\ -3 & 4 & -6\\ -2 & 3 & -1\end{vmatrix}=0,\text{即 } 14x+9y-z-15=0.$$

解法 2 因为 $\overrightarrow{M_1M_2}=(-3,4,-6)$,$\overrightarrow{M_1M_3}=(-2,3,-1)$ 故平面法向量

$$\boldsymbol{n}=\overrightarrow{M_1M_2}\times\overrightarrow{M_1M_3}=\begin{vmatrix}\boldsymbol{i} & \boldsymbol{j} & \boldsymbol{k}\\ -3 & 4 & -6\\ -2 & 3 & -1\end{vmatrix}=14\boldsymbol{i}+9\boldsymbol{j}-\boldsymbol{k}.$$

由平面的点法式方程得所求平面方程为 $14(x-2)+9(y+1)-(z-4)=0$ 即 $14x+9y-z-15=0$.

3. 平面的截距式方程

如果平面 Π 在 x,y,z 轴上分别有截距 $OA=a$,$OB=b$,$OC=c$(其中 $a\neq0,b\neq0,c\neq0$)(见图 5—28),则平面 Π 过点 $A(a,0,0)B(0,b,0)$,及 $C(0,0,c)$,于是平面 Π 的方程是 $\begin{vmatrix}x-a & y & z\\ -a & b & 0\\ -a & 0 & c\end{vmatrix}=0$. 即 $bcx+acy+abz-abc=0$,又因 $abc\neq0$,

即　　$\dfrac{x}{a}+\dfrac{y}{b}+\dfrac{z}{c}=1.$　　(3)

方程(3)称为平面的**截距式方程.**

例 4　一平面与 x 轴，y 轴，z 轴分别交于点 $A(-2,0,0)$，$B(0,4,0)$，$C(0,0,3)$. 求此平面的方程.

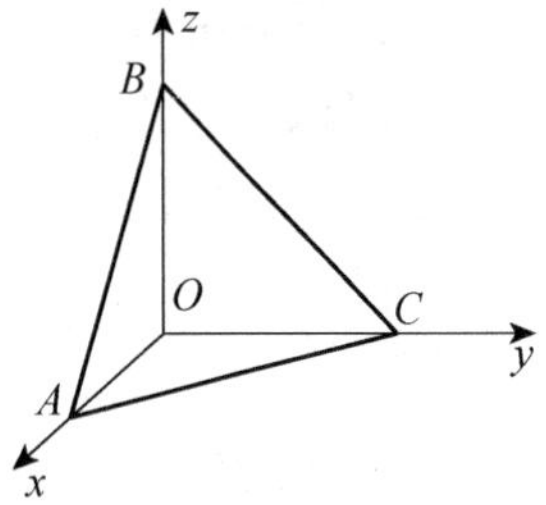

解　由于平面在三个坐标轴上的截距依次为 $a=-2,b=4,c=3$

故此平面的方程为 $\dfrac{x}{-2}+\dfrac{y}{4}+\dfrac{z}{3}=1.$

图 5—28

4. 平面的一般方程

由于平面的点法式方程是 x,y,z 的一次方程，而任一平面都可以用它上面的一点及它的法向量来确定，所以任一平面都可用三元方程来表示.

反之，设有三元一次方程

$$Ax+By+Cz+D=0 \quad (4)$$

在取满足该方程的一组数 x_0,y_0,z_0，即 $Ax_0+By_0+Cz_0+D=0$. 将上述两式相减得

$$A(x-x_0)+B(y-y_0)+C(z-z_0)=0 \quad (5)$$

此式表示过点 $M_0(x_0,y_0,z_0)$ 且以 $\boldsymbol{n}=(A,B,C)$ 为法向量的平面方程. 因方程(4)与方程(5)同解，所以任一三元一次方程(4)的图形总是一个平面，方程(4)称为**平面的一般方程**，其中 x,y,z 的系数就是该平面的一个法向量 $\boldsymbol{n}$ 的坐标，即 $\boldsymbol{n}=(A,B,C)$.

例如，方程 $5x+7y+9z-2=0$ 表示一个平面，$\boldsymbol{n}=(5,7,9)$ 是这个平面的一个法向量.

下面讨论几种特殊的三元一次方程所示的平面的特点：

(1) 当 $D=0$ 时，$Ax+By+Cz=0$ 表示过原点的平面.

(2) 当 $A=0$ 时，方程 $By+Cz+D=0$(缺 x 项)，$\boldsymbol{n}=(0,B,C)$ 由于 $\boldsymbol{n}$ 垂直于 x 轴，所以方程表示一个平行于 x 轴的平面. 同理，$Ax+Cz+D=0$(缺 y 项)和 $Ax+By+D=0$(缺 z 项)分别表示平行于 y 轴和 z 轴的平面.

(3) 当 $A=B=0$ 时，方程 $Cz+D=0$(缺 x,y 项)或 $z=-\dfrac{D}{C}$，$\boldsymbol{n}=(0,0,C)$ 垂直于 xoy 面，所以方程表示一个平行于 xoy 面的平面.

同理，$Ax+D=0$(缺 y,z 项)和 $By+D=0$(缺 x,z 项)，分别表示平行于 yoz 面和 zox 面的平面.

例 5　求过 y 轴和点 $M_0(4,-3,-1)$ 的平面方程.

解　平面过 y 轴，即法向量 $\boldsymbol{n}$ 垂直于 y 轴，它在 y 轴上投影为零，即 $\boldsymbol{n}=(A,0,C)$，又平面过原点，故可设平面方程为 $Ax+Cz=0$，将点 $(4,-3,-1)$ 代入有 $4A-C=0$，$C=4A$，代入方程 $Ax+Cz=0$，并消去 A，可得所求平面的方程 $x+4z=0$.

例 6　设平面过原点及点 $(6,-3,2)$，且与平面 $4x-y+2z=8$ 互相垂直，求此平面方程.

解　设所求平面方程为 $Ax+By+Cz+D=0$

因为平面过原点，故 $D=0$，又平面过点 $(6,-3,2)$ 故 $6A-3B+2C=0$

因为 $(A,B,C)\perp(4,-1,2)$ 所以 $(A,B,C)\cdot(4,-1,2)=0$ 即 $4A-B+2C=0$，联立方程

得 $A=B=-\frac{2}{3}C$

故所求平面方程为 $2x+2y-3z=0$.

二、两平面的夹角以及点到平面的距离

1. 两平面的夹角

两平面法向量的夹角(通常指锐角)称为**两平面的夹角**.

若两平面的方程为:$\Pi_1: A_1x+B_1y+C_1z+D_1=0$, $\boldsymbol{n}_1=(A_1,B_1,C_1)$

$\Pi_2: A_2y+B_2y+C_2z+D_2=0$, $\boldsymbol{n}_2=(A_2,B_2,C_2)$

则平面 Π_1 和 Π_2 的夹角 θ 应是 $(\widehat{\boldsymbol{n}_1,\boldsymbol{n}_2})$ 和 $\pi-(\widehat{\boldsymbol{n}_1,\boldsymbol{n}_2})$ 两者中的锐角,因此

$$\cos\theta=|\cos(\widehat{\boldsymbol{n}_1,\boldsymbol{n}_2})|=\frac{|A_1A_2+B_1B_2+C_1C_2|}{\sqrt{A_1^2+B_1^2+C_1^2}\cdot\sqrt{A_2^2+B_2^2+C_2^2}}$$

由向量垂直和平行的充要条件,可推出:

(1) $\Pi_1\perp\Pi_2\Leftrightarrow A_1A_2+B_1B_2+C_1C_2=0$.

(2) $\Pi_1//\Pi_2\Leftrightarrow\frac{A_1}{A_2}=\frac{B_1}{B_2}=\frac{C_1}{C_2}$.

(3) Π_1 与 Π_2 重合 $\frac{A_1}{A_2}=\frac{B_1}{B_2}=\frac{C_1}{C_2}=\frac{D_1}{D_2}$.

例 7 求两平面 $-x+2y-z+1=0$ 与 $y+3z-1=0$ 的夹角 θ.

解 $\cos\theta=\frac{|-1\times0+2\times1+(-1)\times3|}{\sqrt{1+4+1}\cdot\sqrt{0+1+9}}=\frac{1}{\sqrt{60}}$

所以两平面的夹角 $\theta=\arccos\frac{1}{\sqrt{60}}$.

例 8 已知平面 Π 过点 $P_0(4,-3,-2)$ 且垂直于平面 Π_1 和 Π_2,其中

$\Pi_1: x+2y-z=0$, $\Pi_2: 2x-3y+4z-5=0$,求平面 Π 的方程.

解 设所求平面 Π 的方程为 $Ax+By+Cz+D=0$ 因为过点 P_0,所以 $4A-3B-2C+D=0$;因为 Π 与 Π_1 垂直,所以 $A+2B-C=0$;因为 Π 与 Π_2 垂直,所以 $2A-3B+4C=0$;联立三方程,解得 $A=-\frac{5}{7}C, B=\frac{6}{7}C, D=\frac{52}{7}C$ 代入 Π 中消 C 得所求平面方程为 $5x-6y-7z-52=0$.

注 本例也可直接取平面法向量 $\boldsymbol{n}=\boldsymbol{n}_1\times\boldsymbol{n}_2=(1,2,-1)\times(2,-3,4)$.

2. 点到平面的距离

已知平面 $\Pi: Ax+By+Cz+D=0$ 外一点 $P_0(x_0,y_0,z_0)$,任取 Π 上一点 $P_1(x_1,y_1,z_1)$,并做向量 $\overrightarrow{P_1P_0}$,设 $\overrightarrow{P_1P_0}$ 与平面 Π 法向量 $\boldsymbol{n}=(A,B,C)$ 的夹角为 θ,则如图 5—29 所示,P_0 到平面 Π 的距离为:

$$d=|\overrightarrow{P_1P_0}||\cos\theta|=|\overrightarrow{P_1P_0}|\frac{|\overrightarrow{P_1P_0}\cdot\boldsymbol{n}|}{|\overrightarrow{P_1P_0}|\cdot|\boldsymbol{n}|}=\frac{|\overrightarrow{P_1P_0}\cdot\boldsymbol{n}|}{|\boldsymbol{n}|}$$

由于 $\overrightarrow{P_1P_0}\cdot\boldsymbol{n}=A(x_0-x_1)+B(y_0-y_1)+C(z_0-z_1)$

$=Ax_0+By_0+Cz_0-(Ax_1+By_1+Cz_1)$.

而点 $P_1(x_1,y_1,z_1)$ 在平面 Π 上,

故 $Ax_1+By_1+Cz_1+D=0$ 即 $-(Ax_1+By_1+Cz_1)=D$. 从而

$$\overrightarrow{P_1P_0}\cdot\boldsymbol{n}=Ax_0+By_0+Cz_0+D.$$

于是点 $P_0(x_0,y_0,z_0)$ 到平面 $\Pi:Ax+By+Cz+D=0$ 的距离为

$$d=\frac{|Ax_0+By_0+Cz_0+D|}{\sqrt{A^2+B^2+C^2}}.$$

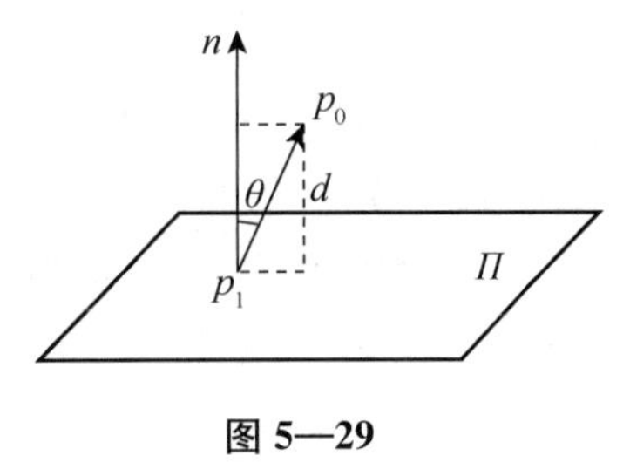

图 5—29

例 9　求两平行平面 $\Pi_1:10x+2y-2z-5=0$ 和 $\Pi_2:5x+y-z-1=0$ 之间的距离 d.

解　在平面 Π_2 上任取一点(0,1,0),则

$$d=\frac{|10\times0+2\times1+(-2)\times0-5|}{\sqrt{10^2+2^2+(-2)^2}}=\frac{3}{\sqrt{108}}=\frac{\sqrt{3}}{6}.$$

习题 5—4

1. 求过点(1,−2,3)且与平面 $3x-2y+5z+4=0$ 平行的平面方程.

2. 求过点 $P_0(-3,1,-2)$ 和 y 轴的平面方程.

3. 平面过点 $P_1(1,1,1)$,$P_2(2,2,3)$,且垂直于平面 $x+2y-z=0$,求平面方程.

4. 指出下列各平面的特殊位置,并画出各平面.

(1)$y=0$;(2)$4y-3=0$;(3)$7y-6z-2=0$;(4)$7x+\sqrt{2}y=0$;(5)$x+2y=1$;(6)$x-2z=0$;(7)$3x+2y-z=0$.

5. 求过点(1,−1,0),(2,3,−1),(−1,0,2)的平面方程.

6. 求通过 z 轴,且与平面 $\Pi:2x+y-\sqrt{5}z-7=0$ 的夹角为 $\frac{\pi}{3}$ 的平面方程.

7. 求平面 $2x-2y+z+5=0$ 与各坐标面的夹角的余弦.

8. 已知 $A(-5,-11,3)$,$B(7,10,-6)$ 和 $C(1,-3,-2)$. 求平行于 ΔABC 所在平面方程且与它的距离等于 2 的平面的方程.

9. 求平行于平面 $6x+y+6z+5=0$ 且与三个坐标面所围成的四面体体积为一个单位的平面方程.

10. 求平分平面 $x+2y-2z+6=0$ 和平面 $4x-y+8z-8=0$ 的交角的平面方程.

第五节　空间直线及其方程

一、空间直线方程

1. 空间直线的一般方程

空间直线 L 可以看作是两平面 Π_1、Π_2 的交线,如图 5—30 所示,设两平面方程

$$\Pi_1:A_1x+B_1y+C_1z+D_1=0,\Pi_2:A_2x+B_2y+C_2z+D_2=0$$

那么直线 L 上任意一点坐标应同时满足这两个平面的方程,即应满足方程组

$$\begin{cases} A_1x+B_1y+C_1z+D_1=0 \\ A_2x+B_2y+C_2z+D_2=0 \end{cases} \tag{1}$$

反之,如一个点不在直线 L 上,则它不可能同时在平面 Π_1 和 Π_2 上,它的坐标就不可能满足方程组(1),因此直线 L 可以用方程组(1)来表示,方程组(1)称为**空间直线的一般方程**.

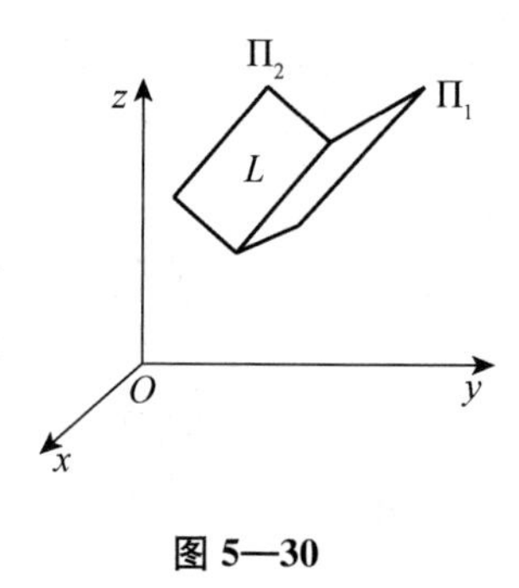

图 5—30

由于通过直线 L 的平面有无穷个,从这无穷多个平面中任取两个不平行的平面,将它们的方程联立,就得到了直线 L 的一般方程,这就说明直线 L 的一般方程在形式上并不唯一,但都表示同一条直线,

例如,方程组 $\begin{cases} x+y=0 \\ x-y=0 \end{cases}$ 和方程组 $\begin{cases} x=0 \\ y=0 \end{cases}$,虽形式不同,但都表示 Z 轴.

2. 空间直线的对称式方程与参数方程

如果一个非零向量平行于一条已知直线,这个向量就叫做这条直线的方向向量,显然,直线的方向向量有无穷多个.

我们知道,过空间一点可以作而且只能作一条直线平行于已知直线,因此当直线 L 上一点 $M_0(x_0,y_0,z_0)$ 和它的一个方向向量 $\boldsymbol{S}=(m,n,p)$ 已知,直线 L 就可以完全确定,现在我们仍来建立该直线的方程,在 L 上任取一点 $M(x,y,z)$,作向量 $\overrightarrow{M_0M_1}=(x-x_0,y-y_0,z-z_0)$,则由 $\overrightarrow{M_0M}/\!/\boldsymbol{S}$,

得 $$\frac{x-x_0}{m}=\frac{y-y_0}{n}=\frac{z-z_0}{p} \tag{2}$$

反之,如点 M_1 不在 L 上,$\overrightarrow{M_0M_1}$ 就不可能与 $\boldsymbol{S}$ 平行,M_1 的坐标就不满足方程(2),所以方程(2)就是直线 $\boldsymbol{L}$ 的方程,由于方程在形式上对称,我们称它为直线 $\boldsymbol{L}$ 的**对称式方程**,方向向量 $\boldsymbol{s}$ 的坐标 m,n,p 称为直线 $\boldsymbol{L}$ 的一组方向数,或**点向式方程**,方向向量 $\boldsymbol{s}$ 的方向余弦称为直线的方向余弦.

因 $\boldsymbol{s}$ 是非零向量,它的方向数 m,n,p 不会同时为零,但可能有其中一个或两个为零的情形,例如,当 $m=0$ 时,说明 $\boldsymbol{s}$ 在 x 轴上投影为 0,即 $\boldsymbol{s}$ 垂直于 x 轴,此时为了保持方程的对称式,我们仍写成 $\frac{x-x_0}{0}=\frac{y-y_0}{n}=\frac{z-z_0}{p}$,

但这时方程应理解为 $\begin{cases} x-x_0=0 \\ \frac{y-y_0}{n}=\frac{z-z_0}{p} \end{cases}$

而当 $m=n=0$ 时,方程应理解为 $\begin{cases} x=x_0 \\ y=y_0 \end{cases}$

由直线的对称式方程可容易推得直线的参数式方程

令 $\frac{x-x_0}{m}=\frac{y-y_0}{n}=\frac{z-z_0}{p}=t$

得 $$\begin{cases} x=x_0+mt \\ y=y_0+nt \\ z=z_0+pt \end{cases} \tag{3}$$

即直线 L 上动点的坐标 x,y,z 可表示为变量 t(称为参变量)的函数,当 t 取遍全体实数时,由方程(3)所确定的点 $M(x,y,z)$ 的轨迹就形成了直线 L,方程(3)称为**直线的参数方程**.

例 1　求过点$(1,-2,3)$且与平面 $2x+y-5z=1$ 垂直的直线的参数方程及对称式方程.

解　由于所求直线与平面 $2x+y-5z=1$ 垂直,故可取平面的法向量作为直线的方向向量,即取 $\boldsymbol{s}=\boldsymbol{n}=(2,1,-5)$,可得直线的参数方程$\begin{cases}x=1+2t\\y=-2+t\\z=3-5t\end{cases}$　及对称式方程$\frac{x-1}{2}=\frac{y+2}{1}=\frac{z-3}{-5}$.

例 2　求与两平面 $x-4z=3$ 和 $2x-y-5z=1$ 的交线平行,且过点$(1,3,-2)$的直线方程.

解　所求直线的方向向量为

$$\boldsymbol{s}=\boldsymbol{n}_1\times\boldsymbol{n}_2=\begin{vmatrix}\boldsymbol{i} & \boldsymbol{j} & \boldsymbol{k}\\1 & 0 & -4\\2 & -1 & -5\end{vmatrix}=(-4,-3,-1)$$

则直线方程为　$\frac{x-1}{-4}=\frac{y-3}{-3}=\frac{z+2}{-1}$.

例 3　求直线$\frac{x-2}{1}=\frac{y-3}{1}=\frac{z-4}{2}$与平面 $2x+y-2z-7=0$ 的交点.

解　化直线方程为参数方程$\begin{cases}x=2+t\\y=3+t\\z=4+2t\end{cases}$

代入平面 $2x+y-2z-7=0$ 得 $t=-8$,从而直线与平面交点为$(-6,-5,-12)$.

二、两直线的夹角、直线与平面的夹角

1. 两直线的夹角

两直线的方向向量的夹角(通常指锐角)称为**两直线的夹角**.

设 $\boldsymbol{S}_1=(m_1,n_1,p_1)$,$\boldsymbol{S}_2=(m_2,n_2,p_2)$分别为直线 L_1,L_2 的方向向量,L_1 与 L_2 的夹角为 θ,故

(1)$\cos\theta=|\cos(\widehat{\boldsymbol{S}_1,\boldsymbol{S}_2})|=\left|\frac{\boldsymbol{S}_1\cdot\boldsymbol{S}_2}{|\boldsymbol{S}_1|\cdot|\boldsymbol{S}_2|}\right|=\frac{|m_1m_2+n_1n_2+p_1p_2|}{\sqrt{m_1^2+n_1^2+p_1^2}\sqrt{m_2^2+n_2^2+p_2^2}}$.

(2)直线 L_1,L_2 垂直的充要条件为 $\boldsymbol{S}_1\cdot\boldsymbol{S}_2=0$ 或 $m_1m_2+n_1n_2+p_1p_2=0$;

平行的充要条件为 $\boldsymbol{S}_1\times\boldsymbol{S}_2=\boldsymbol{0}$ 或$\frac{m_1}{m_2}=\frac{n_1}{n_2}=\frac{p_1}{p_2}$.

(3)L_1 与 L_2 共面$\Leftrightarrow[\overrightarrow{M_1M_2}\boldsymbol{S}_1\boldsymbol{S}_2]=0$,其中 $M_1(x_1,y_1,z_1)$为 L_1 上的点,$M_2(x_2,y_2,z_2)$为 L_2 上的点.

L_1 与 L_2 为异面直线$\Leftrightarrow[\overrightarrow{M_1M_2}\boldsymbol{S}_1\boldsymbol{S}_2]\neq0$.

例 4　判定直线$\begin{cases}x=t\\y=2t+1\\z=-t-2\end{cases}$与直线$\frac{x-1}{4}=\frac{y-4}{7}=\frac{z+2}{-5}$是否共面.

解:取 $M_1(0,1,-2)$,$S_1(1,2,\ 1)$,$M_2(1,4,-2)$,$S_2(4,7,-5)$

因 $[\overrightarrow{M_1M_2}\boldsymbol{S}_1\boldsymbol{S}_2]=\begin{vmatrix}1 & 3 & 0\\1 & 2 & -1\\4 & 7 & -5\end{vmatrix}=0$,则两直线共面.

例 5 求直线 L_1:$\dfrac{x-1}{1}=\dfrac{y}{1}=\dfrac{z+1}{-1}$,$L_2$:$\dfrac{x}{1}=\dfrac{y-1}{-1}=\dfrac{z+1}{0}$的夹角与交点.

解 L_1 的方向向量 $\boldsymbol{S}_1=(1,1,-1)$;$L_2$ 的方向向量 $\boldsymbol{S}_2=(1,-1,0)$

则 $\cos\theta=\dfrac{|1\cdot 1+1\cdot(-1)+(-1)\cdot 0|}{\sqrt{1^2+1^2+(-1)^2}\sqrt{1^2+(-1)^2+0^2}}=0$

则 $\theta=\dfrac{\pi}{2}$;即 L_1 与 L_2 垂直相交.

将 L_1 参数方程$\begin{cases}x=1+t\\y=t\\z=-1-t\end{cases}$代入 L_2 中,得 $t=0$,故交点坐标为(1,0,−1).

2. 直线与平面的夹角

直线和它在平面上的投影直线的夹角称为**直线与平面的夹角**(见图 5—31).

设 $\boldsymbol{s}=(m,n,p)$为直线 L 的方向向量,$\boldsymbol{n}=(A,B,C)$为平面 Π 的法向量,直线 L 与平面 Π 的夹角为 φ,则 $\varphi=\left|\dfrac{\pi}{2}-(\widehat{\boldsymbol{s},\boldsymbol{n}})\right|$,故

(1)$\sin\varphi=|\cos(\widehat{\boldsymbol{s},\boldsymbol{n}})|=\dfrac{|Am+Bn+Cp|}{\sqrt{A^2+B^2+C^2}\sqrt{m^2+n^2+p^2}}$.

(2)$L\perp\Pi\Leftrightarrow\dfrac{A}{m}=\dfrac{B}{n}=\dfrac{C}{p}$.

(3)$L//\Pi\Leftrightarrow Am+Bn+Cp=0$.

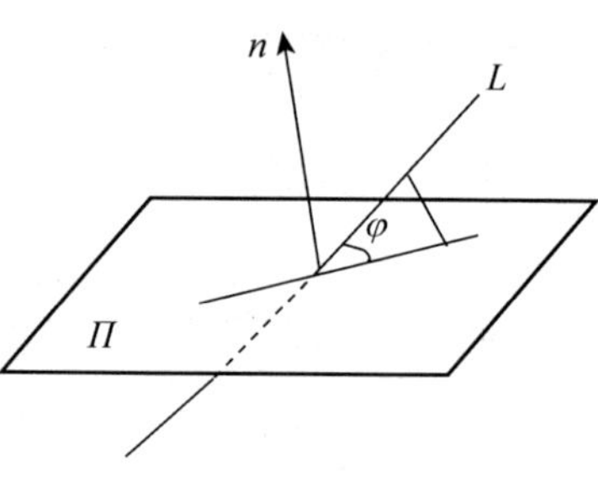

图 5—31

例 6 直线 $x=\dfrac{y+7}{2}=\dfrac{z-3}{-1}$上与点(3,2,6)距离最近的点的坐标.

解 过点(3,2,6)作与已知直线垂直的平面,则有

$(x-3)+2(y-2)-(z-6)=0$

即 $x+2y-z-1=0$

化直线方程为参数方程$\begin{cases}x=t\\y=-7+2t\\z=3-t\end{cases}$,代入平面方程,得 $t=3$

因此直线与平面的交点(3,−1,0)即为直线上与点(3,2,6)距离最近的点.

三、平面束

通过一直线可作无穷多个平面,通过同一直线的所有平面构成一个平面束,有时用平面束方法处理直线或平面问题,会比较方便.

设空间直线 L 的一般方程为$\begin{cases}A_1x+B_1y+C_1z+D_1=0\\A_2x+B_2y+C_2z+D_2=0\end{cases}$,其中 A_1,B_1,C_1 与 A_2,B_2,C_2

不成比例.

则方程

$$A_1x+B_1y+C_1z+D_1+\lambda(A_2x+B_2y+C_2z+D_2)=0 \tag{4}$$

称为过直线 L 的**平面束方程**,其中 λ 为任意常数,容易验证方程(4)表示所有过直线 L 的平面(除平面 $A_2x+B_2y+C_2z+D_2=0$ 外).

例 7　求直线 $L:\begin{cases}x+y-1=0\\y+z+1=0\end{cases}$在平面 $\Pi:2x+y+2z=0$ 上的投影直线的方程.

解　只需求出过直线 L 且与平面 Π 垂直的平面 Π_1 的方程,然后与平面 Π 的方程联立即得投影直线的一般方程.

设过直线 L 的平面束方程为 $x+y-1+\lambda(y+z+1)=0$

即 $x+(1+\lambda)y+\lambda z+(\lambda-1)=0$,其中 λ 为待定常数,这平面与平面 Π 垂直的充要条件为 $1\cdot 2+(1+\lambda)\cdot 1+\lambda\cdot 2=0$,解得 $\lambda=-1$.

于是得与平面 Π 垂直且过直线 L 的平面 Π_1 的方程为 $x-z-2=0$

故投影直线方程为$\begin{cases}x-z-2=0\\2x+y+2z=0\end{cases}$.

例 8　求过点 $A(3,1,-2)$且通过直线$\dfrac{x-4}{5}=\dfrac{y+3}{2}=\dfrac{z}{1}$的平面方程.

解　化直线为一般方程$\begin{cases}\dfrac{x-4}{5}=\dfrac{y+3}{2}\\ \dfrac{y+3}{2}=\dfrac{z}{1}\end{cases}$,即$\begin{cases}2x-5y-23=0\\y-2z+3=0\end{cases}$

由过直线的平面束方程,令所求平面 $2x-5y-23+\lambda(y-2z+3)=0$

代入 $A(3,1,-2)$得 $\lambda=\dfrac{11}{4}$　则所求平面方程为 $2x-5y-23+\dfrac{11}{4}(y-2z+3)=0$

即 $8x-9y-22z-59=0$.

思考:本题是否还有另种解法.

习题 5—5

1. 求过点 $M_1(x_1,y_1,z_1)$,$M_2(x_2,y_2,z_2)$的直线方程.

2. 用对称式方程及参数式方程表示直线$\begin{cases}x+y+z+1=0\\2x-y+3z+4=0\end{cases}$

3. 求过点$(3,2,-5)$且平行于直线$\dfrac{x+1}{2}=\dfrac{y-3}{1}=\dfrac{z+2}{3}$的直线方程.

4. 试确定下列各组中直线和平面的关系.

(1)$\dfrac{x+3}{-2}=\dfrac{y+4}{-7}=\dfrac{z}{3}$和 $2x+y-2z-7=0$;

(2)$\dfrac{x}{3}=\dfrac{y}{-2}=\dfrac{z}{7}$和 $3x-2y+7z=8$;

(3)$\dfrac{x-2}{3}=\dfrac{y+2}{1}=\dfrac{z-3}{-4}$和 $x+y+z=3$.

5. 求点 $P(1,1,4)$ 到直线 L：$\frac{x-2}{1}=\frac{y-3}{1}=\frac{z-4}{2}$ 的距离.

6. 求直线 $\begin{cases}5x-3y+3z-9=0\\3x-2y+z-1=0\end{cases}$ 与 $\begin{cases}2x+2y-z+23=0\\3x+8y+z-18=0\end{cases}$ 的夹角.

7. 求直线 $\frac{x-1}{2}=\frac{y}{-1}=\frac{z+1}{2}$ 与平面 $x-y+2z=3$ 之间的夹角.

8. 求点 $(-1,2,0)$ 在平面 $x+2y-z+1=0$ 的投影.

9. 过点 $(0,2,4)$ 且与两平面 $x+2z=1$ 和 $y-3z=2$ 平行的直线方程.

10. 已知直线 L 过点 $M(1,1,1)$ 且与直线 L_1：$x=\frac{y}{2}=\frac{z}{3}$ 相交，又与直线 L_2：$\frac{x-1}{2}=\frac{y-2}{1}=\frac{z-3}{4}$ 垂直，求 L 的方程.

11. 直线与直线 L_1：$\begin{cases}x+y-1=0\\x-y+z+1=0\end{cases}$ 及 L_2：$\begin{cases}2x-y+z-1=0\\x+y-z+1=0\end{cases}$ 都相交，且在平面 Π：$x+y+z=0$ 上，求其方程.

第六节　曲面与曲线

一、空间曲面及其方程

在科学研究和日常生活中，我们常会遇到各种曲面. 例如，反光镜面、圆柱面、球面、一些建筑物的表面等，与在平面解析几何中把平面曲线看作是动点的轨迹类似，在空间解析几何中，曲面也可看作是具有某种性质的动点的轨迹.

定义 1　如曲面 S 与三元方程 $F(x,y,z)=0$（见图 5—32）有下述关系：

(1)曲面 S 上任一点的坐标都满足方程 $F(x,y,z)=0$

(2)不在曲面 S 上的点的坐标都不满足方程 $F(x,y,z)=0$，则方程 $F(x,y,z)=0$ 就叫做曲面 S 的方程，而曲面 S 就叫做方程 $F(x,y,z)=0$ 的图形.

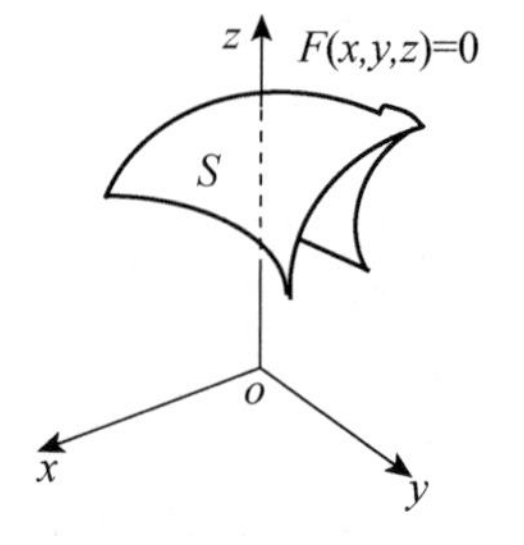

图 5—32

对于空间曲面的研究，我们要解决下面两个问题：

(1)已知作为具有某种性质的点的几何轨迹的曲面，建立该曲面的方程.

(2)已知曲面的方程，研究曲面的几何形状和性质.

例 1　建立球心在点 $M_0(x_0,y_0,z_0)$，半径为 R 的球面方程.

解　设 $M(x,y,z)$ 是球面上任一点，则 $|M_0M|=R$，由于 $|M_0M|=\sqrt{(x-x_0)^2+(y-y_0)^2+(z-z_0)^2}$，所以 $\sqrt{(x-x_0)^2+(y-y_0)^2+(z-z_0)^2}=R$.
即 $(x-x_0)^2+(y-y_0)^2+(z-z_0)^2=R^2$

特别地，如球心在原点，则球面方程为 $x^2+y^2+z^2=R^2$，而 $z=\sqrt{R^2-x^2-y^2}$ 表示上半球面，$z=-\sqrt{R^2-x^2-y^2}$ 表示下半球面.

例 2　设有点 $M_1(2,1,3)$ 与点 $M_2(0,1,4)$，求线段 M_1M_2 的垂直平分面.

解　由题意知，所求平面就是与 M_1 和 M_2 等距的点的轨迹，

设 $M(x,y,z)$ 为所求平面上任一点，由于 $|M_1M|=|M_2M|$，

所以 $\sqrt{(x-2)^2+(y-1)^2+(z-3)^2}=\sqrt{(x-0)^2+(y-1)^2+(z-4)^2}$，

化简得 $4x-2z+3=0$.

例 3　方程 $x^2+y^2+z^2-4x+8y=0$ 表示怎样的曲面？

解　通过配方，得 $(x-2)^2+(y+4)^2+z^2=20$. 表示球心在点 $(2,-4,0)$，半径为 $\sqrt{20}$ 的球面.

注：一般的，设有三元方程 $Ax^2+Ay^2+Az^2+Dx+Ey+Fz+G=0(A\neq 0)$，这方程的特点是缺 xy,yz,zx 各项，且各平方项系数相同，可通过配方研究它的图形，其图形可能是球面，点或虚轨迹.

下面介绍两类特殊的空间曲面.

1. 柱面

定义 2　与一条定直线平行的直线 L，沿曲线 C 平行移动所生成的曲面称为柱面，其中直线 L 称为柱面的母线，曲线 C 称为柱面的准线，如图 5—33 所示.

这里我们只讨论母线平行于坐标轴的柱面.

先来考察方程 $x^2+y^2=R^2$ 在空间中表示怎样的曲面.

在 xoy 面上，它表示圆心在原点 O、半径为 R 的圆；

在空间直角系中，方程中不含竖坐标 z，因此，对空间一点 (x,y,z)，不论其竖坐标 z 是什么，只要它的横坐标 x 和纵坐标 y 能满足方程，这一点就落到曲面上，即凡通过 xoy 面内圆 $x^2+y^2=R^2$ 上一点 $M(x,y,0)$，且平行于 z 轴的直线 L 都在该曲面上，因此，该曲面可以看作是平行于 z 轴的直线 L 沿 xoy 面上的圆 $x^2+y^2=R^2$ 移动而形成(见图 5—34)，称该曲面为圆柱面.

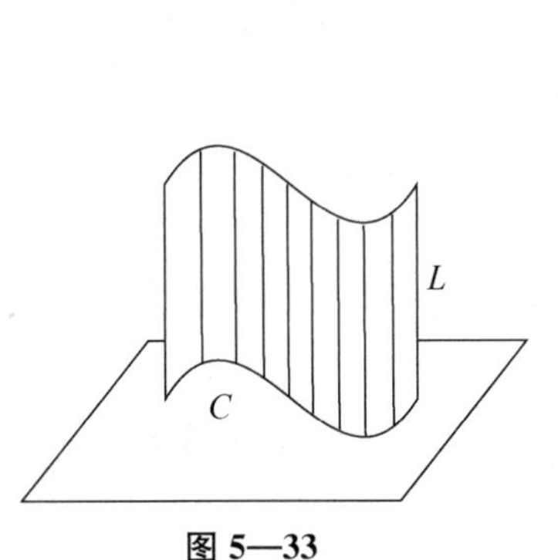

图 5—33

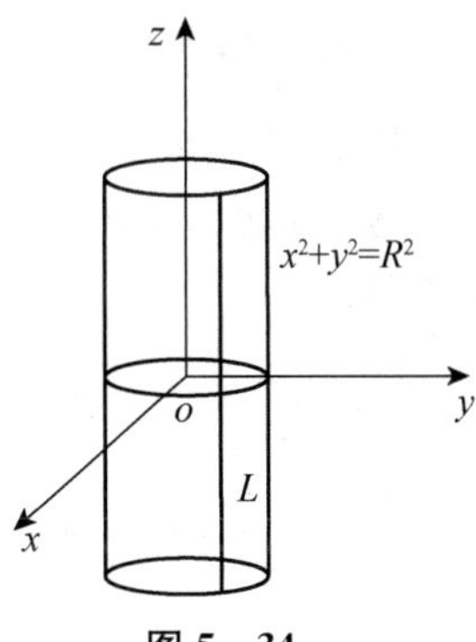

图 5—34

一般地，只含 x,y 而缺 z 的方程 $F(x,y)=0$，在空间直角坐标系中表示母线平行于 z 轴的柱面，其准线为 xoy 面上的曲线 $F(x,y)=0,z=0$.

类似地，只含 x,z 而缺 y 的方程 $G(x,z)=0$ 与只含 y,z 而缺 x 的方程 $H(y,z)=0$ 分别表示母线平行于 y 轴和 x 轴的柱面.

例如，$\dfrac{x^2}{a^2}+\dfrac{y^2}{b^2}=1$ 表示母线平行于 z 轴的椭圆柱面(见图 5—35)；

$x^2=2pz$ 表示母线平行于 y 轴的抛物柱面(见图 5—36);

$x-y=0$ 表示母线平行于 z 轴的柱面(见图 5—37).

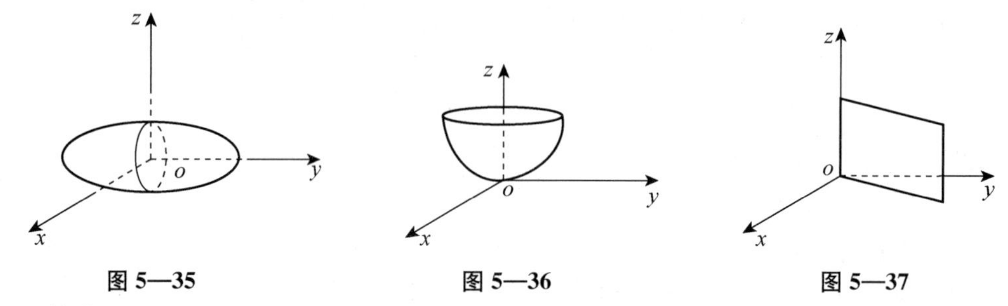

图 5—35　　图 5—36　　图 5—37

2. 旋转曲面

定义 3　平面上的曲线 C 绕该平面上一条定直线 L 旋转一周而形成的曲面叫做旋转曲面. 该平面曲线 C 叫做旋转曲面的母线,定直线 L 叫做旋转曲面的轴.

设 C 为 yoz 面上的已知曲线,曲线 C 的方程为 $f(y,z)=0$,曲线 C 围绕 z 轴旋转一周得一旋转曲面(见图 5—38).

下面我们来推导这个旋转曲面的方程.

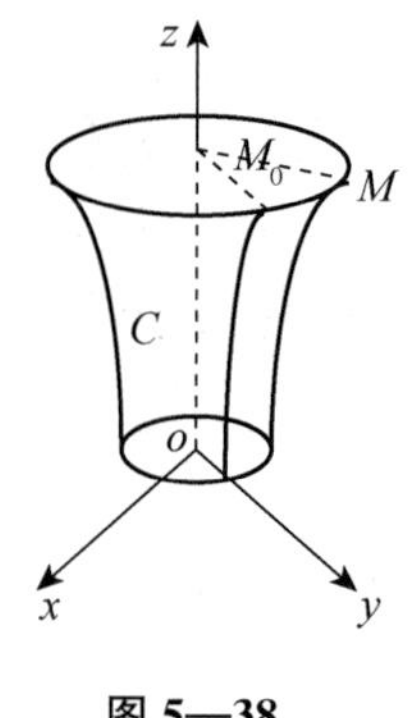

图 5—38

设 $M(x,y,z)$ 为曲面上任一点,则该点是由 yoz 平面上曲线 C 上一点 $M_0(0,y_0,z_0)$ 绕 z 轴旋转得到,$M(x,y,z)$ 与 $M_0(0,y_0,z_0)$ 的坐标关系是 $z=z_0$,$\sqrt{x^2+y^2}=|y_0|$ 而点 M_0 在 C 上,故有 $f(y_0,z_0)=0$. 于是将 z_0 及 y_0 的表达式代入,得旋转曲面方程 $f(\pm\sqrt{x^2+y^2},z)=0$.

一般地,若在曲线 C 的方程 $f(y,z)=0$ 中 z 保持不变,而将 y 改写成 $\pm\sqrt{x^2+y^2}$,就得到曲线 C 绕 z 轴旋转而成的旋转曲面方程 $f(\pm\sqrt{x^2+y^2},z)=0$.

若 $f(y,z)=0$ 中 y 保持不变,将 z 改写成 $\pm\sqrt{x^2+z^2}$,就得到曲线 C 绕 y 轴旋转而成的曲面的方程 $f(y,\pm\sqrt{x^2+z^2})=0$.

类似可推 xoy 坐标面上的曲线绕 x 轴或 y 轴旋转,zox 面上的曲线绕 x 轴或 z 轴旋转,所得旋转曲面方程.

例如:zox 面的双曲线 $\frac{x^2}{a^2}-\frac{z^2}{c^2}=1$. 绕 z 轴旋转,得旋转曲面 $\frac{x^2+y^2}{a^2}-\frac{z^2}{c^2}=1$—**旋转单叶双曲面**,如图 5—39 所示. 绕 x 轴旋转,得旋转曲面 $\frac{x^2}{a^2}-\frac{y^2+z^2}{c^2}=1$—**旋转双叶双曲面**,如图 5—40 所示.

例 4　直线 L 绕另一条与 L 相交的直线旋转一周,所得旋转曲面叫做圆锥面,两直线的交点叫做圆锥面的顶点,两直线的夹角 $\alpha(0<\alpha<\frac{\pi}{2})$ 叫做圆锥面的半顶角(见图 5—41),试建立顶点在坐标原点 O,轴为 z 轴,半顶角为 α 的圆锥面方程.

解　在 yoz 坐标面上,直线 L 的方程为 $z=y\cot\alpha$,因为轴为 z 轴,所以圆锥面方程为 $z=\pm\sqrt{x^2+y^2}\cot\alpha$ 或 $z^2=a^2(x^2+y^2)$ 其中 $a=\cot\alpha$.

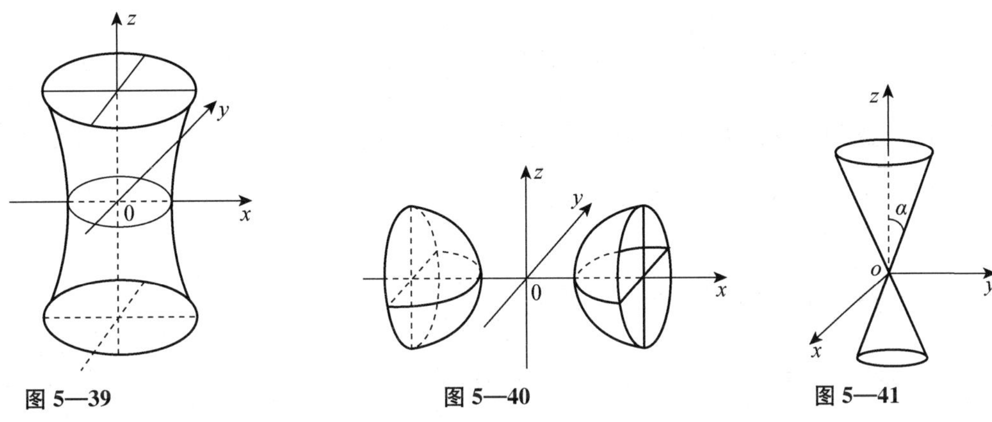

图 5—39　　图 5—40　　图 5—41

3. 二次曲面

称三元二次方程所表示的曲面为二次曲面. 下面给出几种常见的二次曲面的标准方程，并用平面截痕法来讨论它们的形状.

(1)椭球面.

$\frac{x^2}{a^2}+\frac{y^2}{b^2}+\frac{z^2}{c^2}=1(a>0,b>0,c>0)$表示的曲面称为椭球面.

下面用截痕法考察它的形状.

由方程知$|x|\leqslant a,|y|\leqslant b,|z|\leqslant c$，这就说明椭球面包含在由$x=\pm a,y=\pm b,z=\pm c$围成的长方体内.

先考虑椭球面与三个坐标面的截痕.

$\begin{cases}\frac{x^2}{a^2}+\frac{y^2}{b^2}=1\\ z=0\end{cases}$，$\begin{cases}\frac{y^2}{b^2}+\frac{z^2}{c^2}=1\\ x=0\end{cases}$，$\begin{cases}\frac{x^2}{a^2}+\frac{z^2}{c^2}=1\\ y=0\end{cases}$. 这些截痕均为椭圆.

再用平行于 xoy 面的平面 $z=h(0<|h|<c)$ 去截这个曲面，所得截痕方程为 $\begin{cases}\frac{x^2}{a^2}+\frac{y^2}{b^2}=1-\frac{h^2}{c^2}\\ z=h\end{cases}$ 此截痕也为椭圆，易见，当$|h|$由 0 变到 c 时，椭圆由大变小，最后缩成一点 $(0,0,\pm c)$.

同样地用平行于 yoz 面或 zox 面的平面去截这个曲面，也有类似的结果，由此得如图 5—42 所示的椭球面.

在椭球面方程中，a,b,c 按其大小，分别称为椭球面的长半轴、中半轴、短半轴. 如有两个半轴相等，如 $a=b$，则$\frac{x^2}{a^2}+\frac{y^2}{b^2}+\frac{z^2}{c^2}=1$ 为旋转椭球面. 如 $a=b=c$，则 $x^2+y^2+z^2=a^2$ 表示一球面.

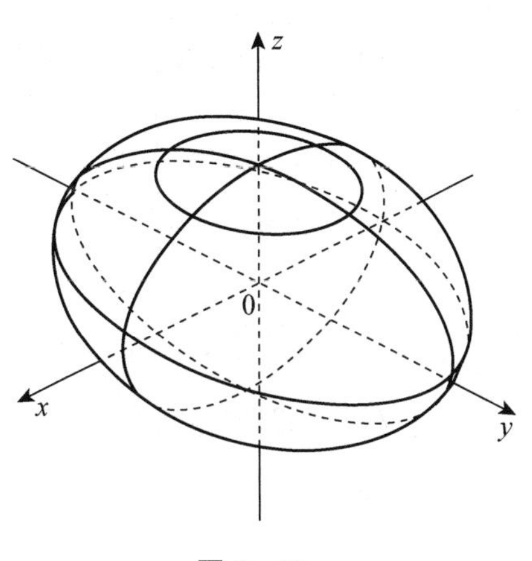

图 5—42

(2)椭圆抛物面.

方程$\frac{x^2}{a^2}+\frac{y^2}{b^2}=\pm z$ 所表示的曲面称为椭圆抛物面.

用平面 $z=0$ 截此曲面，截痕为原点

用平面 $z=h(h>0)$ 截此曲面，截痕为椭圆 $\begin{cases}\dfrac{x^2}{a^2}+\dfrac{y^2}{b^2}=h\\ z=h\end{cases}$，当 $h\to 0$ 时，截痕退缩为原点；当 $h<0$ 时，截痕不存在，原点称为椭圆抛物面的顶点.

用平面 $y=0$ 截此曲面，截痕为抛物线 $\begin{cases}x^2=a^2z\\ y=0\end{cases}$

用 $y=k$ 截此曲面，截痕也为抛物线 $\begin{cases}x^2=a^2(z-\dfrac{k^2}{b^2})\\ y=k\end{cases}$

类似可得平面 $x=0$ 及平面 $x=1$ 截此曲面的截痕，由此可得椭圆抛物面形状(见图 5—43).

(3)双曲抛物面.

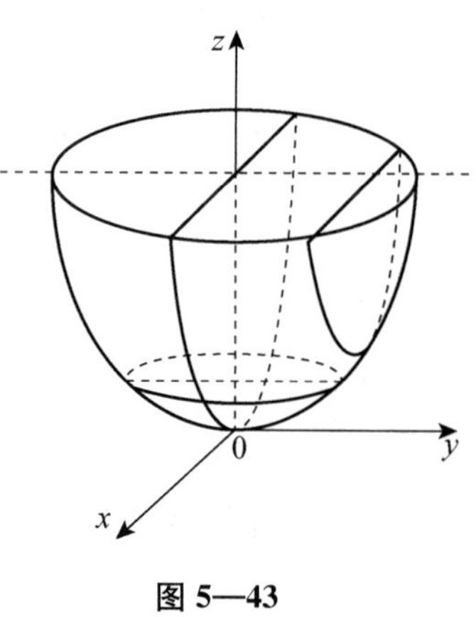

图 5—43

方程 $\dfrac{x^2}{a^2}-\dfrac{y^2}{b^2}=\pm z$ 所表示的曲面叫做双曲抛物面，设方程右端取正号，现考察其形状.

用平面 $z=h$ 去截此曲面，得截痕 $\begin{cases}\dfrac{x^2}{a^2}-\dfrac{y^2}{b^2}=h\\ z=h\end{cases}$，

当 $h>0$ 时，截痕为双曲线，其实轴平行于 x 轴；

当 $h=0$ 时，截痕为 xoy 面上两条相交于原点的直线 $\dfrac{x}{a}\pm\dfrac{y}{b}=0(z=0)$；

当 $h<0$ 时，截痕为双曲线，其实轴平行于 y 轴.

用平面 $x=k$ 去截此平面，截痕方程为 $\begin{cases}\dfrac{y^2}{b^2}=\dfrac{k^2}{a^2}-z\\ x=k\end{cases}$.

当 $k=0$ 时，截痕是 yoz 面上顶点在原点且开口向下的抛物线；

当 $k\neq 0$ 时，截痕为开口向下抛物线，抛物线顶点随 $|k|$ 增大而升高.

用平面 $y=l$ 去截此平面，截痕方程为 $\begin{cases}\dfrac{x^2}{a^2}=z+\dfrac{l^2}{b^2}\\ y=l\end{cases}$，此截痕为开口向上的抛物线.

综上，得双曲抛物面(见图 5—44)，也叫马鞍面.

(4)椭圆锥面 $\dfrac{x^2}{a^2}+\dfrac{y^2}{b^2}=z^2$(见图 5—45).

(5)单叶双曲面 $\dfrac{x^2}{a^2}+\dfrac{y^2}{b^2}-\dfrac{z^2}{c^2}=1$(见图 5—46).

(6)双叶双曲面 $\dfrac{x^2}{a^2}-\dfrac{y^2}{b^2}-\dfrac{z^2}{c^2}=1$(见图 5—47).

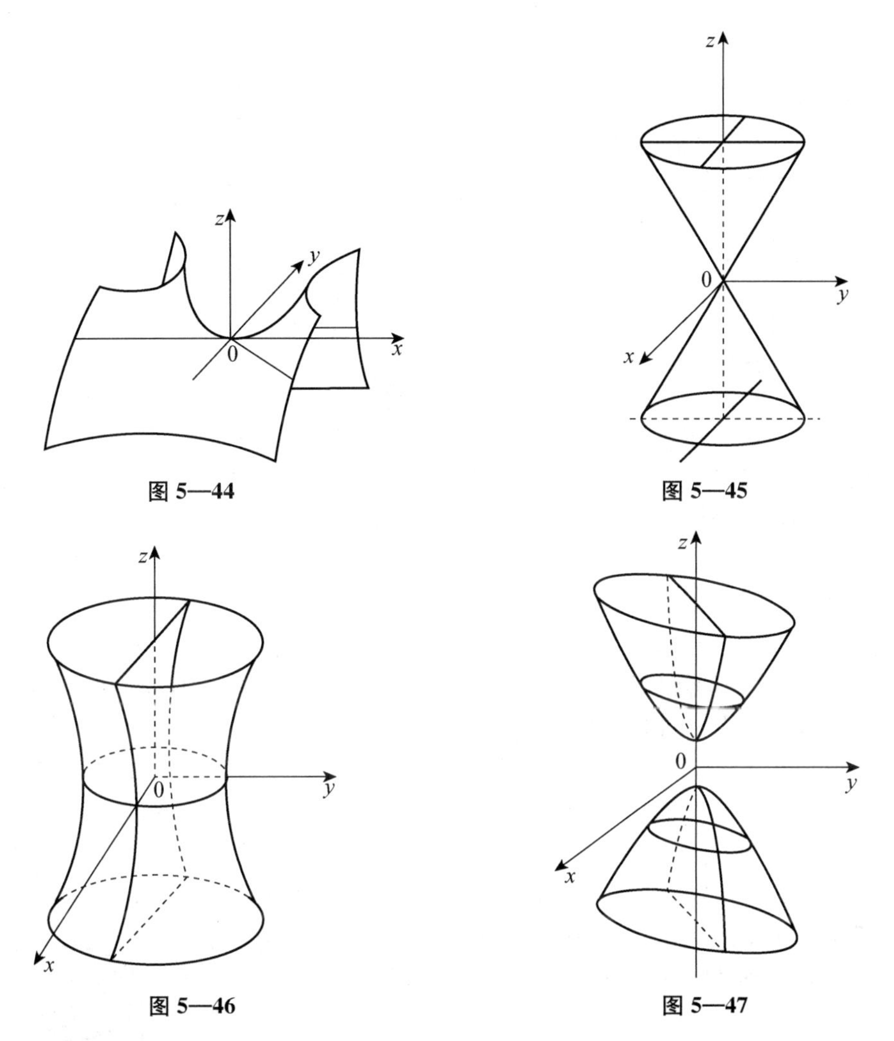

图 5—44　图 5—45

图 5—46　图 5—47

二、空间曲线的方程

1. 曲线的一般方程

空间曲线可看作两曲面的交线，设有两个曲面 $F(x,y,z)=0$ 和 $G(x,y,z)=0$，其交线 C 中的点坐标满足方程组

$$\begin{cases}F(x,y,z)=0\\G(x,y,z)=0\end{cases},\tag{1}$$

反之，若点 M 不在曲线 C 上，它不可能同时在两曲面上，则它的坐标不满足方程组(1)，因此，曲线 C 可以用方程组(1)来表示，此方程组(1)称为空间曲线 C 的一般方程.

例如，方程组 $\begin{cases}x^2+y^2=1\\2x+3z=6\end{cases}$ 表示圆柱面与平面的交线(如图 5—48 所示)；

方程组 $\begin{cases}z=\sqrt{a^2-x^2-y^2}\\\left(x-\dfrac{a}{2}\right)^2+y^2=\dfrac{a^2}{4}\end{cases}$ 表示上半球面与圆柱面的交线(如图 5—49 所示).

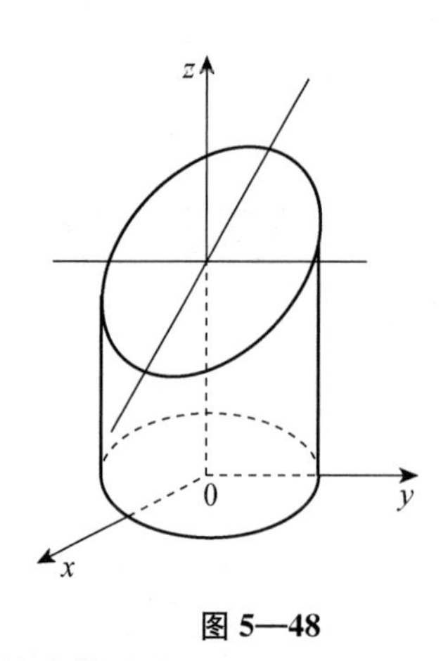

图 5—48

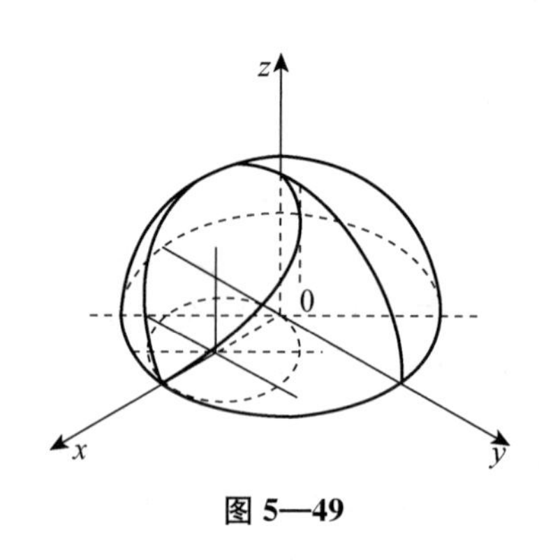

图 5—49

2. 曲线的参数方程

曲线 C 上动点的坐标 x,y,z 用参数 t 的函数表示,

$$\begin{cases} x=x(t) \\ y=y(t) \\ z=z(t) \end{cases} \tag{2}$$

当给定 $t=t_1$ 时,就得到 C 上的一个点(x_1,y_1,z_1),随着 t 的变动,即可得到曲线 C 上的全部点,方程组(2)称为空间曲线的参数方程.

例 5 若空间中的点 M 在圆柱面 $x^2+y^2=a^2$ 上以角速度 w 绕 z 轴旋转,同时又以线速度 v 沿平行于 z 轴的正方向上升(其中 w,v 为常数),则点 M 构成的图形称为螺旋线,试建立其参数方程.

解 取时间 t 为参数,当 $t=0$ 时,动点在 $A(a,0,0)$处,假设在时刻 t 动点位置为 $M(x,y,z)$(见图 5—50).点 M 在 xoy 面上投影点为 M',则 $M'(x,y,0)$,从点 A 到点 M 动点转过的角度为 $\theta=\omega t$,上升高度为 $|MM'=vt|$,故有 $\begin{cases} x=a\cos\omega t \\ y=a\sin\omega t \\ z=vt \end{cases}$,这就是螺旋线的参数方程.

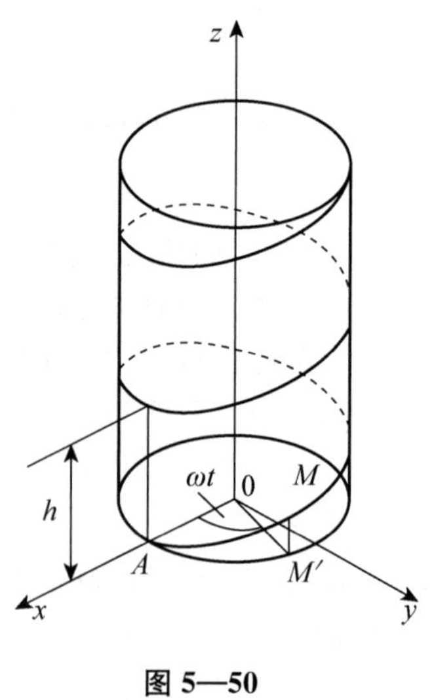

图 5—50

3. 空间曲线在坐标面上的投影

设有空间曲线 C 的一般方程 $\begin{cases} F_1(x,y,z)=0 \\ F_2(x,y,z)=0 \end{cases}$,将两方程联立消 z,得 $G(x,y)=0$.

$G(x,y)=0$ 表示一柱面,此柱面以 C 为准线,以平行于 z 轴的直线为母线,我们称这一柱面为曲线 C 到 xoy 面上的投影柱面.

平面曲线 $\begin{cases} G(x,y)=0 \\ z=0 \end{cases}$ 称为曲线 C 在 xoy 面上的投影曲线.

同样可得曲线 C 在 zox 与 yoz 面上的投影曲线：$\begin{cases}H(x,z)=0\\y=0\end{cases}$ 与 $\begin{cases}Q(y,z)=0\\x=0\end{cases}$.

例 6　求曲线 P：$\begin{cases}x^2+y^2+z^2=36\\y+z=0\end{cases}$ 在 xoy 面上和 yoz 面上的投影曲线.

解　消 z 得：$x^2+2y^2=36$，故 P 在 xoy 面上投影曲线方程为 $\begin{cases}x^2+2y^2=36\\z=0\end{cases}$

又由于 P 的第二个方程 $y+z=0$ 不含 x，故 $y+z=0$ 即为所求，它在 yoz 面上表示一条直线，而 P 在 yoz 面上的投影只是该直线的一部分，即

$$\begin{cases}y+z=0(-3\sqrt{2}\leqslant y\leqslant 3\sqrt{2})\\x=0\end{cases}.$$

例 7　设一个立体由两椭圆抛物面 $z=2x^2+y^2$ 与 $z=3-x^2-2y^2$ 所围成，求它在 xoy 面上的投影区域.

解　两曲面的交线为 P：$\begin{cases}z=2x^2+y^2\\z=3-x^2-2y^2\end{cases}$ 消 z 得 $x^2+y^2=1$

P 在 xoy 面上的投影曲线为 $\begin{cases}x^2+y^2=1\\z=0\end{cases}$

于是所求立体在 xoy 面上的投影区域为 $\begin{cases}x^2+y^2\leqslant 1\\z=0\end{cases}$.

习题 5—6

1. 求与 Z 轴和点 A(1,3,−1)等距的点的轨迹方程.

2. 指出下列方程在平面解析几何与空间解析几何中分别表示什么几何图形

(1)$y=0$；　　(2)$x-y=1$；　　(3) $x^2+y^2=6$；

(4)$x^2-2y^2=2$；　　(5)$z^2-x=0$；　　(6)$4x^2+9y^2=36$.

3. 求 xoy 坐标面上的抛物线 $y^2=5x$ 绕 x 轴旋转一周所形成的旋转曲面方程.

4. zox 平面上双曲线 $4x^2-9z^2=36$ 绕 z 轴旋转一周所形成的旋转曲面方程.

5. 说明下列旋转曲面是怎样形成的.

(1)$\frac{x^2}{9}+\frac{y^2}{4}+\frac{z^2}{4}=1$；　　(2)$x^2-\frac{y^2}{16}+z^2=1$；

(3)$x^2-y^2-z^2=1$；　　(4)$(z-a)^2=x^2+y^2$.

6. 求空间曲线 $\begin{cases}x^2+(y-1)^2+(z-1)^2=1\\x^2+y^2+z^2=1\end{cases}$ 在三坐标平面上的投影曲线.

7. 求螺旋曲线 $\begin{cases}x=a\cos\theta\\y=a\sin\theta\\z=b\theta\end{cases}$ 在三坐标平面上的投影曲线.

8. 设一立体由 $z=\sqrt{4-x^2-y^2}$ 及 $z=\sqrt{3(x^2+y^2)}$ 所围，求它在 xoy 面上的投影.

总复习题五

1. 设有点 $P(1,2,3)$,则有 xoy 平面与 P 对称的点为______;关于 yoz 平面与 P 对称的点为______;关于 zox 平面与 P 对称点为______;关于坐标原点与 P 对称的点为______.

2. 设有非零且不平行的向量 $\boldsymbol{a},\boldsymbol{b}$,则有 $\boldsymbol{a},\boldsymbol{b}$ 的夹角平分线上的一个向量为______.

3. 设 $\boldsymbol{a}=(1,0,2)$,$\boldsymbol{b}=(1,1,3)$,$\boldsymbol{d}=\boldsymbol{a}+\lambda(\boldsymbol{a}\times\boldsymbol{b})\times\boldsymbol{a}$,若 $\boldsymbol{b}\parallel\boldsymbol{d}$,则常数 λ ______.

4. 设向量 $\boldsymbol{x}$ 垂直于向量 $\boldsymbol{a}=(2,3,-1)$ 和 $\boldsymbol{b}=(1,-2,3)$ 且与 $\boldsymbol{c}=(2,-1,1)$ 的数量积等于-6,则向量 $\boldsymbol{x}$ ______.

5. 过点$(2,-3,4)$且垂直于直线 $x-2=1-y=\frac{z+5}{2}$ 和直线 $\frac{x-4}{3}=\frac{y+2}{-2}=z-1$ 的直线方程.

6. 过点 $p(0,-1,4)$和直线 $\frac{x+2}{2}=\frac{y}{5}=\frac{1-z}{-1}$ 的平面方程.

7. 两直线 $x=-1+t,y=5-2t,z=-8+t$ 和 $\begin{cases}x-y=6\\2y+z=3\end{cases}$ 的夹角.

8. 曲线 $\begin{cases}x^2+4y^2-z^2=16\\4x^2+y^2+z^2=4\end{cases}$ 在 xoy 面上投影曲线.

9. 已知$(\boldsymbol{a}\times\boldsymbol{b})\cdot\boldsymbol{c}=2$ 则$[(\boldsymbol{a}+\boldsymbol{b})\times(\boldsymbol{b}+\boldsymbol{c})]\cdot(\boldsymbol{c}+\boldsymbol{a})=$______.

10. 求直线 l_1:$\frac{x-1}{2}=\frac{y-2}{-2}=\frac{z-3}{0}$ 与直线 l_2:$\begin{cases}y+3z=4\\3y-5z=1\end{cases}$ 的距离 d.

11. $\boldsymbol{a}=(2,-1,-2)$,则 $\boldsymbol{b}=(1,1,z)$,问 z 为何值时$(\widehat{\boldsymbol{a},\boldsymbol{b}})$最小?并求出最小值.

12. 求通过点 $A(3,0,0)$和 $B(0,0,1)$且与 xoy 面成 $\frac{\pi}{3}$ 角的平面方程.

13. 设一平面垂直于平面 $z=0$,并通过从点 $M=(1,1,-1)$到直线 l:$\begin{cases}y-z+1=0\\x=0\end{cases}$ 的垂线,求该平面方程.

14. 求直线 $\frac{x-1}{0}=\frac{y}{1}=\frac{z}{1}$,绕 z 轴旋转所得旋转面方程.

15. 求锥面 $z=\sqrt{x^2+y^2}$ 与柱面 $z^2=2x$ 所围立体在三个坐标面上投影.

16. $|\boldsymbol{a}|=4,|\boldsymbol{b}|=3,(\widehat{\boldsymbol{a},\boldsymbol{b}})=\frac{\pi}{6}$,求 $\boldsymbol{a}+2\boldsymbol{b}$ 和 $\boldsymbol{a}-3\boldsymbol{b}$ 为边的平行四边形面积.

17. 求过点$(-1,0,4)$,且平行平面 $3x-4y+z-10=0$,又与直线 $\frac{x+1}{1}=\frac{y-3}{1}=\frac{z}{2}$ 相交的直线的方程.

第六章

多元函数微分学

本章主要学习多元函数的微分学，包括多元函数的极限、连续；偏导数、全微分；方向导数与梯度，以及多元函数微分学的应用. 多元微分学实际是一元微分学的自然推广与发展，在学习中既要结合它们的密切联系，又要把握分析它们之间的一些本质区别.

第一节　多元函数的基本概念

一、多元函数的概念

人们常常说的函数 $y=f(x)$，是指因变量与一个自变量之间的关系，即因变量的值只依赖于一个自变量，称为一元函数. 但在许多实际问题中往往需要研究因变量与几个自变量之间的关系，即因变量的值依赖于几个自变量.

例如，某种商品的市场需求量不仅仅与其市场价格有关，而且与消费者的收入以及这种商品的其它代用品的价格等因素有关，即决定该商品需求量的因素不止一个而是多个. 要全面研究这类问题，就需要引入多元函数的概念.

定义 1　设某一变化过程中，有变量 x,y 和 z，D 是平面 xoy 上的一个点集，如果对点集 D 内任意一点 $P(x,y)$ 所对应的一对实数 (x,y)，z 按照一定的法则，总有确定的数值与之相对应，则称 z 是变量 x,y 的**二元函数**，记为

$$z=f(x,y) \text{ 或 } z=z(x,y).$$

并称 x,y 为自变量，z 为因变量. 点集 D 称为该函数的定义域，与实数对 (x,y) 相对应的数值 $f(x,y)$ 称为二元函数在 (x,y) 处的**函数值**，函数值的取值范围称为函数的**值域**.

二元函数有两要素：定义域，对应法则.

类似地可以定义多元函数，只需将上述定义中的点集 D 换成 K^n 中的子集，D 中的点是

一个 n 维向量 $\boldsymbol{x}=(x_1,x_2,\cdots,x_n)$,则定义在 D 上的 **n 元函数**记为

$$z=f(\boldsymbol{x})=f(x_1,x_2,\cdots x_n),x\in D.$$

当 $n\geqslant 2$ 时,n 元函数统称为**多元函数**.

例 1 求下列函数的定义域.

(1)$z=\ln(x+y)$; (2)$z=\arcsin(x^2+y^2)+\dfrac{1}{x-y}$.

解 求定义域就是要使函数有意义,因此不难解得

(1)$D_1=\{(x,y)\,|\,x+y>0\}$; (2)$D_2=\{(x,y)\,|\,x^2+y^2\leqslant 1$且 $x\neq y\}$.

二、区域

定义域是多元函数的一个重要因素,因此为了讨论二元函数的需要,我们首先将一元函数时用到的邻域和区间等概念加以推广,介绍一下二元函数邻域、区域的定义.

邻域 以平面上点 $P_0(x_0,y_0)$ 为中心,以 $\delta>0$ 为半径的圆内(不含圆周)的点 $P(x,y)$ 全体,称为点 $P_0(x_0,y_0)$ 的 δ **邻域**,记为 $U(P_0,\delta)$,即

$$U(P_0,\delta)=\{(x,y)\,|\,\sqrt{(x-x_0)^2+(y-y_0)^2}<\delta\};$$

平面上点 $P_0(x_0,y_0)$ 的**去心邻域**,定义为$\overset{\circ}{U}(P_0,\delta)$

$$\overset{\circ}{U}(P_0,\delta)=\{(x,y)\,|\,0<\sqrt{(x-x_0)^2+(y-y_0)^2}<\delta\}.$$

区域 设 E 是平面上的一个点集,P 是平面上的一个点,如果存在点 P 的一个邻域 $U(P,\delta)$,使 $U(P,\delta)\subset E$,则称 P 为 E 的**内点**(见图 6—1,P_1 为 E 的内点).

如果点集 E 的点都是内点,则称 E 为**开集**.

如果点 P 的任何一个邻域中既有属于 E 的点,也有不属于 E 的点,则称 P 为 E 的**边界点**(P 可以属于 E,也可以不属于 E)(见图 6—1,P_3 为 E 的边界点).

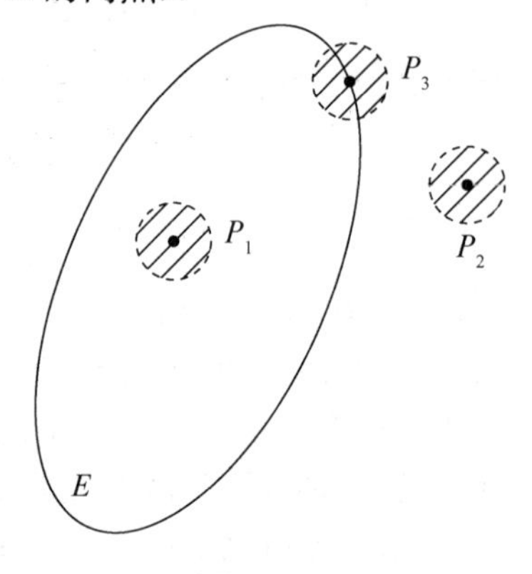

图 6—1

设 D 是开集,如果对于 D 内的任何两点,都可用完全属于 D 的折线连接起来,则称开集 D 是**连通的**;否则称 D 为**非连通的**.

连通的开集称为**区域或开区域**,如$\{(x,y)\,|\,x+y>1\}$及$\{(x,y)\,|\,0<x^2+y^2<4\}$.

开区域连同它的边界点,称为**闭区域**,如$\{(x,y)\,|\,x+y\geqslant 1\}$及$\{(x,y)\,|\,0\leqslant x^2+y^2\leqslant 4\}$.

如果点 P 的任何一个邻域内都有 E 中的点,则称 P 是 E 的**聚点**.

三、多元函数的极限与连续

定义 2 设二元函数 $z=f(x,y)$ 的定义域为平面点集 D,点 $P_0(x_0,y_0)$ 为 D 的聚点,如果对于任意给定的正数 ε,总存在正数 δ,使得对于适合不等式

$$0<|PP_0|=\sqrt{(x-x_0)^2+(y-y_0)^2}<\delta$$

的一切点 $P(x,y)\in D$,都有

$$|f(x,y)-A|<\varepsilon \text{ 成立},$$

则称 A 为函数 $f(x,y)$ 当 $x\to x_0,y\to y_0$ 时的**极限**,记作

$$\lim_{\substack{x\to x_0\\y\to y_0}} f(x,y)=\lim_{(x,y)\to(x_0,y_0)} f(x,y)=A$$

或

$$\lim_{P\to P_0} f(x,y)=\lim_{(x,y)\to(x_0,y_0)} f(x,y)=A$$

为了区别于一元函数的极限，我们通常把二元函数的极限称为**二重极限**. 显然，二元函数极限的定义可以相应地推广到 n 元函数上去.

例 2　设

$$f(x,y)=\begin{cases}\dfrac{xy}{x^2+y^2},(x,y)\neq(0,0)\\0,(x,y)=(0,0)\end{cases}$$

试讨论 $(x,y)\to(0,0)$ 时，$f(x,y)$ 的极限.

解　当点 $P(x,y)$ 沿 x 轴趋向 $(0,0)$ 时，由于 $y=0$ 所以 $f(x,y)=f(x,0)=0(x\neq0)$

所以

$$\lim_{\substack{x\to0\\y\to0}}\frac{xy}{x^2+y^2}=\lim_{x\to0}f(x,0)=0,$$

当点 $P(x,y)$ 沿 y 轴趋向 $(0,0)$ 时，

$$\lim_{\substack{x\to0\\y\to0}}f(x,y)=\lim_{y\to0}f(0,y)=0,$$

当点 $P(x,y)$ 沿直线 $y=kx$ 趋向 $(0,0)$ 时，

$$\lim_{\substack{x\to0\\y\to0}}f(x,y)=\lim_{x\to0}\frac{kx^2}{x^2+k^2x^2}=\frac{k}{1+k^2},$$

显然 $k(\neq0)$ 不同极限值不同，故 $\lim\limits_{\substack{x\to0\\y\to0}}\dfrac{xy}{x^2+y^2}$ 不存在. 关于多元函数的极限运算，有与一元函数类似的运算法则.

例 3　求 $\lim\limits_{(x,y)\to(0,2)}\dfrac{\sin(xy)}{x}$.

解　定义域为 $D=\{(x,y)\mid x\neq0,y\in R\}$，$P_0(0,2)$ 为 D 的聚点.

由积的极限运算法则得：

$$\lim_{(x,y)\to(0,2)}\frac{\sin(xy)}{x}=\lim_{(x,y)\to(0,2)}\frac{\sin(xy)}{xy}y=\lim_{xy\to0}\frac{\sin(xy)}{xy}\cdot\lim_{y\to2}y=1\cdot2=2$$

由多元函数极限的定义，我们可以自然的定义多元函数的连续性.

定义 3　设二元函数 $z=f(x,y)$ 的定义域为平面点集 D，点 $P_0(x_0,y_0)$ 为 D 的**聚点**，且 $P_0\in D$，如果 $\lim\limits_{(x,y)\to(x_0,y_0)}f(x,y)=f(x_0,y_0)$ 则称函数 $f(x,y)$ 在点 $P_0(x_0,y_0)$ **连续**.

如果函数 $f(x,y)$ 在 D 的每一点都连续，那么就称函数 $f(x,y)$ 在 D 上连续，或者称 $f(x,y)$ 是 D 上的连续函数. 在 D 上连续的二元函数的图形是一张**连续曲面**.

如果函数 $f(x,y)$ 在点 $P_0(x_0,y_0)$ 处不连续，则称 $P_0(x_0,y_0)$ 是函数 $f(x,y)$ **不连续点或间断点**.

例 4　求 $\lim\limits_{\substack{x\to1\\y\to0}}\dfrac{1-xy}{x^2+y^2}$.

解　因为函数 $f(x,y)=\dfrac{1-xy}{x^2+y^2}$ 在 $D=\{(x,y)\mid x\neq 0,y\neq 0\}$ 内连续，又 $P_0(1,0)\in D$，所以 $\lim\limits_{\substack{x\to 1\\ y\to 0}}\dfrac{1-xy}{x^2+y^2}=f(1,0)=1$.

以上关于二元函数连续性概念可以相应地推广到 n 元函数上去.

类似于闭区间上连续的一元函数由很多重要性质，在有界闭区域上连续的多元函数也有两条重要性质.

性质 1(最大值与最小值定理)　在有界闭区域 D 上的多元连续函数，必在 D 上能取得最大值与最小值.

性质 2(介值定理)　在有界闭区域 D 上的多元连续函数，必取得介于最大值与最小值之间的任何值.

习题 6—1

1. 设函数 $f(x,y)=\begin{cases}1,x\geqslant y\\0,x<y\end{cases}$，求函数值 $f(0,0)$，$f(1,0)$，$f(x,0)$，$f(0,y)$.

2. 已知函数 $f(x,y)=x^2+y^2-xy\tan\dfrac{x}{y}$，求 $f(tx,ty)$.

3. 已知 $z=f(u,v)=u^v$，求 $f\left(\dfrac{y}{x},xy\right)$，$f(x+y,x-y)$.

4. 求下列各函数的定义域.

(1) $z=\ln(y^2-2x+1)$；　　(2) $u=\sqrt{z-x^2-y^2}+\sqrt{1-z}$；

(3) $z=\sqrt{x-\sqrt{y}}$.

5. 求下列各极限.

(1) $\lim\limits_{\substack{x\to 0\\ y\to 0}}\dfrac{\sqrt{xy+1}-1}{xy}$；　　(2) $\lim\limits_{\substack{x\to 1\\ y\to 0}}\dfrac{\ln(x+e^y)}{\sqrt{x^2+y^2}}$；

(3) $\lim\limits_{\substack{x\to 0\\ y\to 0}}\dfrac{xy}{\sqrt{x^2+y^2}}$.

第二节　偏导数

在研究一元函数时，我们从研究函数的变化率引入了导数的概念. 对于多元函数，我们也需要研究在其它自变量固定不变时，函数随一个自变量变化的变化率问题，这就是偏导数.

一、偏导数

如二元函数 $z=f(x,y)$，如果固定自变量 $y=y_0$，则函数 $z=f(x,y_0)$ 就是 x 的一元函数，该函数对 x 的导数就称为二元函数 $z=f(x,y)$ 对变量 x 的偏导数. 具体的给出如下定义：

定义1　设函数 $z=f(x,y)$ 在点 (x_0,y_0) 的某一邻域内有定义，当 y 固定在 y_0，而 x 在 x_0 处有增量 Δx 时，相应地函数有增量 $f(x_0+\Delta x,y_0)-f(x_0,y_0)$，如果 $\lim\limits_{\Delta x\to 0}\dfrac{f(x_0+\Delta x,y_0)-f(x_0,y_0)}{\Delta x}$ 存在，则称此极限为函数 $z=f(x,y)$ 在点 (x_0,y_0) 处**对 x 的偏导数**，记为 $\dfrac{\partial z}{\partial x}\Big|_{\substack{x=x_0\\y=y_0}}$，$\dfrac{\partial f}{\partial x}\Big|_{\substack{x=x_0\\y=y_0}}$，或 $f'_x(x_0,y_0)$，$z'_x\Big|_{\substack{x=x_0\\y=y_0}}$.

即
$$f'_x(x_0,y_0)=\lim_{\Delta x\to 0}\frac{f(x_0+\Delta x,y_0)-f(x_0,y_0)}{\Delta x}.$$

类似地，函数 $z=f(x,y)$ 在点 (x_0,y_0) 处**对 y 的偏导数**定义为
$$f'_y(x_0,y_0)=\lim_{\Delta y\to 0}\frac{f(x_0,y_0+\Delta y)-f(x_0,y_0)}{\Delta y}.$$

或记为 $\dfrac{\partial z}{\partial y}\Big|_{\substack{x=x_0\\y=y_0}}$，$\dfrac{\partial f}{\partial y}\Big|_{\substack{x=x_0\\y=y_0}}$，$f'_y(x_0,y_0)$，$z'_y\Big|_{\substack{x=x_0\\y=y_0}}$.

如果函数 $z=f(x,y)$ 在区域 D 内每点 (x,y) 处对 x 的偏导数都存在，那么这个关于 x,y 的函数，称为函数 $z=f(x,y)$ 对自变量 x 的**偏导函数**，简称**偏导数**，记作
$$\frac{\partial z}{\partial x}=\lim_{\Delta x\to 0}\frac{f(x+\Delta x,y)-f(x,y)}{\Delta x}.$$

或记为 $\dfrac{\partial f}{\partial x}$，$f'_x(x,y)$，$z'_x$ 或 $f_x(x,y)$，z_x.

类似地，函数 $z=f(x,y)$ 对自变量 y 的**偏导函数**，简称**偏导数**，记作
$$\frac{\partial z}{\partial y}=\lim_{\Delta y\to 0}\frac{f(x,y+\Delta y)-f(x,y)}{\Delta y}$$ **或记为** $\dfrac{\partial f}{\partial y}$，$f'_y(x,y)$，$z'_y$，$f_y(x,y)$，$z_y$.

同理，三元函数 $u=f(x,y,z)$ 在点 (x,y,z) 处的偏导数分别为：
$$\frac{\partial u}{\partial x}=\lim_{\Delta x\to 0}\frac{f(x+\Delta x,y,z)-f(x,y,z)}{\Delta x};\quad \frac{\partial u}{\partial y}=\lim_{\Delta y\to 0}\frac{f(x,y+\Delta y,z)-f(x,y,z)}{\Delta y};$$
$$\frac{\partial u}{\partial z}=\lim_{\Delta z\to 0}\frac{f(x,y,z+\Delta z)-f(x,y,z)}{\Delta z}.$$

上述定义表明，求多元函数对某个自变量的偏导数时，只需把其余自变量看作常量，然后直接利用一元函数求导公式及求导法则计算.

例1　求 $z=f(x,y)=x^2+4xy+y^2$ 在点 $(1,2)$ 处的偏导数.

解　把 y 看作常数，对 x 求导，得到关于 x 的偏导函数
$$f'_x(x,y)=2x+4y$$
把 x 看作常数，对 y 求导，得到关于 y 的偏导函数
$$f'_y(x,y)=4x+2y$$
所以在点 $(1,2)$ 处的偏导数为：
$$f'_x(1,2)=2\times1+4\times2=10,\ f'_y(1,2)=4\times1+2\times2=8.$$

例2　求 $z=y^2\ln(x^2+y^2)$ 的偏导数 $\dfrac{\partial z}{\partial x}$，$\dfrac{\partial z}{\partial y}$.

解　把 y 看作常量，对求 x 导得

$$\frac{\partial z}{\partial x}=y^2\cdot\frac{1}{x^2+y^2}(x^2+y^2)'_x=y^2\cdot\frac{1}{x^2+y^2}\cdot 2x=\frac{2xy^2}{x^2+y^2}.$$

类似地,把 x 看作常量,对 y 求导得

$$\frac{\partial z}{\partial y}=2y\cdot\ln(x^2+y^2)+y^2\cdot\frac{1}{x^2+y^2}(x^2+y^2)'_y=2y\ln(x^2+y^2)+\frac{2y^3}{x^2+y^2}.$$

例 3 求 $u=\sqrt{x^2+y^2+z^2}$ 的偏导数 $\frac{\partial u}{\partial x},\frac{\partial u}{\partial y},\frac{\partial u}{\partial z}$.

解 把 y,z 看作常量,对 x 求导得

$$\frac{\partial u}{\partial x}=\frac{x}{\sqrt{x^2+y^2+z^2}},$$

同理可得 $\frac{\partial u}{\partial y}=\frac{y}{\sqrt{x^2+y^2+z^2}},\frac{\partial u}{\partial z}=\frac{z}{\sqrt{x^2+y^2+z^2}}.$

例 4 设 $z=y^x$,$(y>0$,且 $y\neq 1)$,求证 $\frac{1}{\ln y}\frac{\partial z}{\partial x}+\frac{y}{x}\frac{\partial z}{\partial y}=2z.$

证明 因为 $\frac{\partial z}{\partial x}=y^x\cdot\ln y,\frac{\partial z}{\partial y}=x\cdot y^{x-1}$,

所以 $\frac{1}{\ln y}\frac{\partial z}{\partial x}+\frac{y}{x}\frac{\partial z}{\partial y}=\frac{1}{\ln y}\cdot y^x\cdot\ln y+\frac{y}{x}xy^{x-1}=y^x+y^x=2z$,得证.

二、偏导数的几何意义

设曲面方程为 $z=f(x,y)$,$M_0(x_0,y_0,f(x_0,y_0))$ 是该曲面上一点,过点 M_0 作平面 $y=y_0$,截此曲面得一条曲线 C_1,其方程为

$$C_1:\begin{cases}z=f(x,y_0)\\ y=y_0\end{cases},$$

则偏导数 $f'_x(x_0,y_0)$ 表示曲线 C_1 在点 M_0 处的切线 M_0T_x 的对 x 轴正向的斜率.

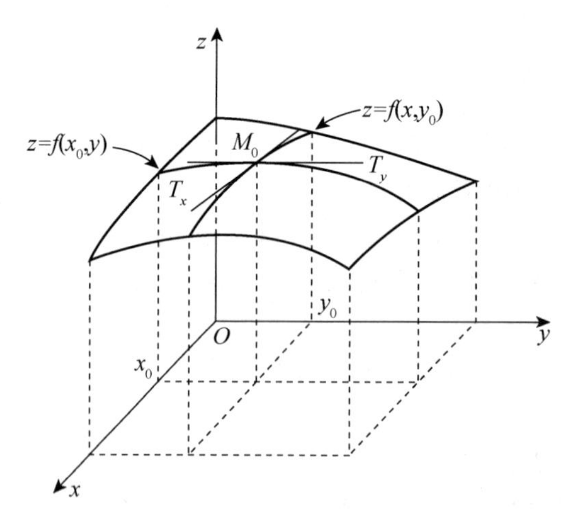

图 6—2

同理,偏导数 $f'_y(x_0,y_0)$ 就是曲面被平面 $x=x_0$,所截得的曲线 C_2 在点 M_0 处的切线 M_0T_y 对 y 轴正向的斜率如图 6—2 所示.

三、高阶偏导数

设二元函数 $z=f(x,y)$ 在区域 D 内的每一点 (x,y) 都有两个偏导数 $\frac{\partial z}{\partial x}=f'_x(x,y)$，$\frac{\partial z}{\partial y}=f'_y(x,y)$. 如果偏导函数 $f'_x(x,y)$，$f'_y(x,y)$ 分别对 x，y 的偏导数仍存在，则称这些偏导数是函数 $z=f(x,y)$ 的**二阶偏导数**. 由于求偏导数的顺序不同，有下列四个二阶偏导数：

$$\frac{\partial}{\partial x}\left(\frac{\partial z}{\partial x}\right)=\frac{\partial^2 z}{\partial x^2}=f_{xx}(x,y)=z_{xx};$$

$$\frac{\partial}{\partial y}\left(\frac{\partial z}{\partial x}\right)=\frac{\partial^2 z}{\partial x\partial y}=f_{xy}(x,y)=z_{xy};$$

$$\frac{\partial}{\partial x}\left(\frac{\partial z}{\partial y}\right)=\frac{\partial^2 z}{\partial y\partial x}=f_{yx}(x,y)=z_{yx};$$

$$\frac{\partial}{\partial y}\left(\frac{\partial z}{\partial y}\right)=\frac{\partial^2 z}{\partial y^2}=f_{yy}(x,y)=z_{yy}.$$

其中第二个、第三个偏导数称为二阶函数 $z=f(x,y)$ 的**二阶混合偏导数**.

类似地，可以定义函数 $z=f(x,y)$ 的三阶、四阶，…，**n 阶偏导数**，二阶或二阶以上的偏导数统称为**高阶偏导数**.

例 5　$z=x^2y+\sin(xy)$，求高阶偏导数 $\frac{\partial^2 z}{\partial^2 x}$，$\frac{\partial^2 z}{\partial y\partial x}$，$\frac{\partial^2 z}{\partial x\partial y}$，$\frac{\partial^2 z}{\partial^2 y}$ 及 $\frac{\partial^3 z}{\partial x^3}$.

解　因为 $\frac{\partial z}{\partial x}=2xy+y\cos(xy)$，$\frac{\partial z}{\partial y}=x^2+x\cos(xy)$

所以

$$\frac{\partial^2 z}{\partial x^2}=\frac{\partial}{\partial x}\left(\frac{\partial z}{\partial x}\right)=[2xy+y\cos(xy)]'_x=2y-y^2\sin(xy)$$

$$\frac{\partial^2 z}{\partial x\partial y}=\frac{\partial}{\partial y}\left(\frac{\partial z}{\partial x}\right)=[2xy+y\cos(xy)]'_y=2x+\cos(xy)-xy\sin(xy)$$

$$\frac{\partial^2 z}{\partial y\partial x}=\frac{\partial}{\partial x}\left(\frac{\partial z}{\partial y}\right)=[x^2+x\cos(xy)]'_x=2x+\cos(xy)-xy\sin(xy)$$

$$\frac{\partial^2 z}{\partial y^2}=\frac{\partial}{\partial y}\left(\frac{\partial z}{\partial y}\right)=[x^2+x\cos(xy)]'_y=-x^2\sin(xy)$$

$$\frac{\partial^3 z}{\partial x^3}=\frac{\partial}{\partial x}\left(\frac{\partial^2 z}{\partial x^2}\right)=[2y-y^2\sin(xy)]'_x=-y^3\cos(xy).$$

值得注意的是，本例中两个混合偏导数相等，即 $\frac{\partial^2 z}{\partial y\partial x}=\frac{\partial^2 z}{\partial x\partial y}$. 但是这个结论并不是普遍成立的. 下面的定理给出了这个结论成立的一个充分条件.

定理 1　如果 $z=f(x,y)$ 的二阶混合偏导数 $\frac{\partial^2 z}{\partial y\partial x}$，$\frac{\partial^2 z}{\partial x\partial y}$ 在区域 D 内连续，则在该区域内混合偏导数相等，即 $\frac{\partial^2 z}{\partial y\partial x}=\frac{\partial^2 z}{\partial x\partial y}$.

证明略.

对于二元以上的函数也可以类似地定义高阶偏导数，而且高阶混合偏导数在偏导数连续的条件下也与求偏导数的次序无关.

例 6　证明 函数 $u=\frac{1}{r}$ 满足拉普拉斯方程：$\frac{\partial^2 u}{\partial x^2}+\frac{\partial^2 u}{\partial y^2}+\frac{\partial^2 u}{\partial z^2}=0$，其中 $r=\sqrt{x^2+y^2+z^2}$.

证明 $\frac{\partial u}{\partial x}=-\frac{1}{r^2}\frac{\partial r}{\partial x}=-\frac{1}{r^2}\cdot\frac{x}{r}=-\frac{x}{r^3},\frac{\partial^2 u}{\partial x^2}=-\frac{1}{r^3}+\frac{3x}{r^4}\cdot\frac{\partial r}{\partial x}=-\frac{1}{r^3}+\frac{3x^2}{r^5}$,

由函数关于自变量的对称性,有$\frac{\partial^2 u}{\partial y^2}=-\frac{1}{r^3}+\frac{3y}{r^4}\cdot\frac{\partial r}{\partial y}=-\frac{1}{r^3}+\frac{3y^2}{r^5}$,

$\frac{\partial^2 u}{\partial z^2}=-\frac{1}{r^3}+\frac{3z}{r^4}\cdot\frac{\partial r}{\partial z}=-\frac{1}{r^3}+\frac{3z^2}{r^5}$,

因此$\frac{\partial^2 u}{\partial x^2}+\frac{\partial^2 u}{\partial y^2}+\frac{\partial^2 u}{\partial z^2}=-\frac{3}{r^3}+\frac{3(x^2+y^2+z^2)}{r^5}=-\frac{3}{r^3}+\frac{3r^2}{r^5}=0$. 得证.

习题 6—2

1. 求下列函数的一阶偏导数:

(1)$z=x^3y-y^3x$; (2)$z=\sin\frac{x}{y}$;

(3)$z=\ln\sqrt{x+\ln y}$; (4)$z=x^2-2x^2y+y^3$;

(5)$z=x^2ye^y$; (6)$u=(1+xy)^z$;

(7)$z=x^2+\frac{1}{y^2}$; (8)$z=\arctan\frac{y}{x}$.

2. 求下列函数的高阶偏导数$\frac{\partial^2 z}{\partial x^2},\frac{\partial^2 z}{\partial y\partial x},\frac{\partial^2 z}{\partial y^2}$.

(1)$z=x^3y^2-3xy^3-xy$; (2)$z=\ln(x^2+y^2)$;

(3)$z=\sqrt{xy}$; (4)$z=x^2y+\frac{x}{y^2}$.

3. 设 $f(x,y,z)=xy^2+yz^2+zx^2$,求 $f_{xx}(0,0,1),f_{yz}(1,-1,0),f_{zzx}(2,0,1)$.

4. 设 $z=e^{-\left(\frac{1}{x}+\frac{1}{y}\right)}$,求证 $x^2\frac{\partial z}{\partial x}+y^2\frac{\partial z}{\partial y}=2z$.

5. 设 $f_x'(x_0,y_0)=2$,求$\lim\limits_{\Delta x\to 0}\frac{f(x_0-\Delta x,y_0)-f(x_0,y_0)}{\Delta x}$.

第三节　全微分

二元函数的偏导数表示当一个自变量固定时,因变量相对于另一个自变量的变化率,根据一元函数微分学中增量与微分的关系,可得:

$$f(x+\Delta x,y)-f(x,y)\approx f_x(x,y)\Delta x$$

$$f(x,y+\Delta y)-f(x,y)\approx f_y(x,y)\Delta y$$

上面两式的左端分别称为二元函数**对 x 和对 y 的偏增量**,右端分别称为二元函数**对 x 和对 y 的偏微分**.

在实际问题中经常需要研究二元函数中各个自变量都取得增量时,因变量的增量,即全增量 $\Delta z=f(x+\Delta x,y+\Delta y)-f(x,y)$的问题.

一般地，计算全增量 Δz 比较复杂，与一元函数的情形一样，我们希望用自变量的增量 $\Delta x,\Delta y$ 的线性函数来近似地代替函数的全增量 Δz，从而引入如下定义：

定义 1　如果函数 $z=f(x,y)$ 在点 (x,y) 处的全增量

$$\Delta z=f(x+\Delta x,y+\Delta y)-f(x,y)$$

可以表示为

$$\Delta z=A\Delta x+B\Delta y+o(\rho)$$

其中 A,B 不依赖于 $\Delta x,\Delta y$，而仅与 x,y 有关，$\rho=\sqrt{(\Delta x)^2+(\Delta y)^2}$.

则称函数 $z=f(x,y)$ 在点 (x,y) 处**可微分**，$A\Delta x+B\Delta y$ 称为函数 $z=f(x,y)$ 在点 (x,y) 处的**全微分**，记作 $\mathrm{d}z$，即 $\mathrm{d}z=A\Delta x+B\Delta y$.

习惯上，自变量的增量 Δx 与 Δy 常写成 $\mathrm{d}x$ 与 $\mathrm{d}y$，并分别称为自变量 x,y 的微分，即 $z=f(x,y)$ 的全微分为 $\mathrm{d}z=A\mathrm{d}x+B\mathrm{d}y$.

如果函数 $z=f(x,y)$ 在区域 D 内每点都可微分时，则称 $z=f(x,y)$ 在区域 D 内可微分.

下面讨论函数 $z=f(x,y)$ 在点 (x,y) 处可微分的条件.

定理 1（必要条件）　如果函数 $z=f(x,y)$ 在点 (x,y) 处可微分，则该函数在点 (x,y) 处的偏导数 $\frac{\partial z}{\partial x},\frac{\partial z}{\partial y}$ 必存在，且 $z=f(x,y)$ 在点 (x,y) 处全微分为 $\mathrm{d}z=\frac{\partial z}{\partial x}\mathrm{d}x+\frac{\partial z}{\partial y}\mathrm{d}y$.

证　设函数 $z=f(x,y)$ 在点 $P(x,y)$ 处可微分，则对于点 P 的某个邻域内任意点 $P'(x+\Delta x,y+\Delta y)$ 都有 $\Delta z=A\Delta x+B\Delta y+o(\rho)$. 特别地当 $\Delta y=0$ 时仍成立，从而有

$$f(x+\Delta x,y)-f(x,y)=A\Delta x+o(|\Delta x|)$$

等式两边同除以 Δx，并令 $\Delta x\to 0$ 得 $\lim\limits_{\Delta x\to 0}\frac{f(x+\Delta x,y)-f(x,y)}{\Delta x}=A$.

从而偏导数 $\frac{\partial z}{\partial x}$ 存在，且 $\frac{\partial z}{\partial x}=A$，同理可证 $\frac{\partial z}{\partial y}=B$.

定理 2（充分条件）　如果函数 $z=f(x,y)$ 的偏导数 $\frac{\partial z}{\partial x},\frac{\partial z}{\partial y}$ 在点 (x,y) 处连续，则函数在该点可微分.

证　一般地，我们只限于讨论在某一区域内有定义的函数（对于偏导数也如此），所以假定偏导数在点 $P(x,y)$ 连续，就含有偏导数在该点的某一邻域内必然存在的意思（以后说到偏导数在某一点连续均应如此理解）. 设点 $(x+\Delta x,y+\Delta y)$ 为邻域内任意一点，考察函数的全增量

$$\begin{aligned}\Delta z&=f(x+\Delta x,y+\Delta y)-f(x,y)\\&=[f(x+\Delta x,y+\Delta y)-f(x,y+\Delta y)]+[f(x,y+\Delta y)-f(x,y)]\end{aligned}$$

在第一个方括号内的表达式，由于 $y+\Delta y$ 不变，因而可以看作是 x 的一元函数 $f(x,y+\Delta y)$ 的增量. 于是应用拉格朗日中值定理，得到

$$\begin{aligned}&f(x+\Delta x,y+\Delta y)-f(x,y+\Delta y)\\=&f_x(x+\theta_1\Delta x,y+\Delta y)\Delta x\ (0<\theta_1<1)\end{aligned}$$

又由假设 $f_x(x,y)$ 在点 (x,y) 连续，所以上式可写为

$$f(x+\Delta x,y+\Delta y)-f(x,y+\Delta y)$$
$$=f_x(x,y)\Delta x+\varepsilon_1\Delta x \tag{1}$$

其中 ε_1 为 $\Delta x,\Delta y$ 的函数，且当 $\Delta x\to 0$ 时，$\varepsilon_1\to 0$.

同理第二个方括号内的表达式可写为

$$f(x,y+\Delta y)-f(x,y)=f_y(x,y)\Delta y+\varepsilon_2\Delta y \tag{2}$$

其中 ε_2 为 $\Delta x,\Delta y$ 的函数，且当 $\Delta y\to 0$ 时，$\varepsilon_2\to 0$.

由(1)，(2)两式可见，在偏导数连续的假定下，全增量 Δz 可以表示为

$$\Delta z=f_x(x,y)\Delta x+f_y(x,y)\Delta y+\varepsilon_1\Delta x+\varepsilon_2\Delta y.$$

容易看出

$$\left|\frac{\varepsilon_1\Delta x+\varepsilon_2\Delta y}{\rho}\right|\leqslant|\varepsilon_1|+|\varepsilon_2|,$$

它是随着 $(\Delta x,\Delta y)\to(0,0)$ 即 $\rho\to 0$ 而趋于零的. 这就证明了 $z=f(x,y)$ 在点 $P(x,y)$ 是可微分的.

以上关于二元函数的全微分的定义及可微分的必要条件和充分条件可以类似地推广到 n 元函数.

通常我们把二元函数的全微分等于它的偏微分之和这件事称为二元函数的微分符合**叠加原理**.

叠加原理也适合用于二元以上的函数的情形，例如若三元函数 $u=f(x,y,z)$ 可微分，那么它的全微分就等于它的三个偏微分之和.

即
$$du=\frac{\partial u}{\partial x}dx+\frac{\partial u}{\partial y}dy+\frac{\partial u}{\partial z}dz.$$

例 1 求函数 $z=xy^2+x^2$ 的全微分.

解 因为 $\dfrac{\partial z}{\partial x}=y^2+2x,\dfrac{\partial z}{\partial y}=2xy$,

所以 $dz=(y^2+2x)dx+2xydy$.

例 2 求函数 $z=\ln(1+x^2+y^2)$ 在点(1,2)的全微分.

解 因为 $\dfrac{\partial z}{\partial x}=\dfrac{2x}{1+x^2+y^2},\dfrac{\partial z}{\partial y}=\dfrac{2y}{1+x^2+y^2}$

$\left.\dfrac{\partial z}{\partial x}\right|_{\substack{x=1\\y=2}}=\dfrac{1}{3},\left.\dfrac{\partial z}{\partial y}\right|_{\substack{x=1\\y=2}}=\dfrac{2}{3}$,

所以
$$\left.dz\right|_{\substack{x=1\\y=2}}=\frac{1}{3}dx+\frac{2}{3}dy.$$

例 3 求函数 $u=y+\sin\dfrac{x}{3}+e^{xz}$ 的全微分.

解 因为 $\dfrac{\partial u}{\partial x}=\dfrac{1}{3}\cos\dfrac{x}{3}+ze^{xz},\dfrac{\partial u}{\partial y}=1,\dfrac{\partial u}{\partial z}=xe^{xz}$.

所以 $du=\left(\dfrac{1}{3}\cos\dfrac{x}{3}+ze^{xz}\right)dx+dy+xe^{xz}dz$.

习题 6—3

1. 求下列函数的全微分.

(1)$z=e^{\frac{y}{x}}$；　　　　(2)$z=x^2e^y+y^2\sin x$.

2. 设 $u=x^2+y^2+z^2$，求 $\mathrm{d}u$.

3. 求函数 $z=x^2-xy+2y^2$ 在点$(-1,1)$的全微分.

4. 计算$(1.04)^{2.02}$的近似值.

第四节　复合函数的求导法则

本节我们将要把一元函数微分学中复合函数的求导法则推广到多元复合函数的情形.多元复合函数求导时，要注意无论是中间变量还是因变量，如果是多元函数则求偏导数；如果是一元函数只能求导数.

定理 1　设函数 $u=u(t),v=v(t)$在点 t 可导，函数 $z=f(u,v)$，在$(u(t),v(t))$的某个邻域内有连续偏导数，则复合函数 $z=f[u(t),v(t)]$在点 t 可导，且有

$$\frac{\mathrm{d}z}{\mathrm{d}t}=\frac{\partial z}{\partial u}\cdot\frac{\mathrm{d}u}{\mathrm{d}t}+\frac{\partial z}{\partial v}\cdot\frac{\mathrm{d}v}{\mathrm{d}t}\tag{1}$$

证　假设 t 有增量 Δt，则 $u(t)$与 $v(t)$分别从 $u(t),v(t)$变化到 $u(t+\Delta t)$，$v(t+\Delta t)$，记为 $\Delta u=u(t+\Delta t)-u(t),\Delta v=v(t+\Delta t)-v(t)$，

$\Delta z=f[u(t+\Delta t),v(t+\Delta t)]-f[u(t),v(t)]$

由于 $z=f[u(t),v(t)]$在$(u(t),v(t))$的某个邻域内有连续偏导数，则

$$\Delta z=\frac{\partial z}{\partial u}\cdot\Delta u+\frac{\partial z}{\partial v}\cdot\Delta v+\varepsilon_1\cdot\Delta u+\varepsilon_2\cdot\Delta v$$

其中$\lim\limits_{\Delta t\to 0}\varepsilon_1=\lim\limits_{\Delta t\to 0}\varepsilon_2=0$.

从而
$$\frac{\Delta z}{\Delta t}=\frac{\partial z}{\partial u}\cdot\frac{\Delta u}{\Delta t}+\frac{\partial z}{\partial v}\cdot\frac{\Delta v}{\Delta t}+\varepsilon_1\cdot\frac{\Delta u}{\Delta t}+\varepsilon_2\cdot\frac{\Delta v}{\Delta t},$$

又因为
$$\lim_{\Delta t\to 0}\Delta u=\lim_{\Delta t\to 0}\Delta v=0,\lim_{\Delta t\to 0}\frac{\Delta u}{\Delta t}=\frac{\mathrm{d}u}{\mathrm{d}t},\lim_{\Delta t\to 0}\frac{\Delta v}{\Delta t}=\frac{\mathrm{d}v}{\mathrm{d}t},$$

所以
$$\frac{\mathrm{d}z}{\mathrm{d}t}=\lim_{\Delta t\to 0}\frac{\Delta z}{\Delta t}=\frac{\partial z}{\partial u}\cdot\frac{\mathrm{d}u}{\mathrm{d}t}+\frac{\partial z}{\partial v}\cdot\frac{\mathrm{d}v}{\mathrm{d}t}.$$ 得证.

推论　设 $z=f(u,v,w)$是由 $u=u(t),v=v(t),w=w(t)$复合而得复合函数

若 $z=f[u(t),v(t),w(t)]$在点 t 可导，则

$$\frac{\mathrm{d}z}{\mathrm{d}t}=\frac{\partial z}{\partial u}\cdot\frac{\mathrm{d}u}{\mathrm{d}t}+\frac{\partial z}{\partial v}\cdot\frac{\mathrm{d}v}{\mathrm{d}t}+\frac{\partial z}{\partial w}\cdot\frac{\mathrm{d}w}{\mathrm{d}t}.\tag{2}$$

公式(1)、(2)中的导数$\frac{\mathrm{d}z}{\mathrm{d}t}$称为**全导数**.

定理 2　设函数 $u=u(x,y),v=v(x,y)$在点(x,y)具有对 x 及 y 的偏导数，函数 $z=f(u,v)$在对应点$(u(x,y),v(x,y))$具有连续偏导数，则复合函数 $z=f[(u(x,y),v(x,y)]$在点(x,y)存在偏导数，且

$$\frac{\partial z}{\partial x}=\frac{\partial z}{\partial u}\cdot\frac{\partial u}{\partial x}+\frac{\partial z}{\partial v}\cdot\frac{\partial v}{\partial x}; \tag{3}$$

$$\frac{\partial z}{\partial y}=\frac{\partial z}{\partial u}\cdot\frac{\partial u}{\partial y}+\frac{\partial z}{\partial v}\cdot\frac{\partial v}{\partial y}. \tag{4}$$

定理3 设函数 $u=u(x,y)$ 在点 (x,y) 具有对 x 及 y 的偏导数，$v=v(y)$ 在点 y 可导，函数 $z=f(u,v)$ 在对应点 $(u(x,y),v(y))$ 具有连续偏导数，则复合函数 $z=f[(u(x,y),v(y)]$ 在点 (x,y) 存在偏导数，且

$$\frac{\partial z}{\partial x}=\frac{\partial z}{\partial u}\cdot\frac{\partial u}{\partial x};\frac{\partial z}{\partial y}=\frac{\partial z}{\partial u}\cdot\frac{\partial u}{\partial y}+\frac{\partial z}{\partial v}\cdot\frac{\mathrm{d}v}{\mathrm{d}y}. \tag{5}$$

例1 设 $u=\sin t,v=e^t,z=\ln(u+v)$，求 $\frac{\mathrm{d}z}{\mathrm{d}t}$.

解 $\frac{\mathrm{d}z}{\mathrm{d}t}=\frac{\partial z}{\partial u}\cdot\frac{\mathrm{d}u}{\mathrm{d}t}+\frac{\partial z}{\partial v}\cdot\frac{\mathrm{d}v}{\mathrm{d}t}=\frac{1}{u+v}\cdot\cos t+\frac{1}{u+v}\cdot e^t=\frac{1}{u+v}(\cos t+e^t)$

例2 设 $z=e^u\sin v$，而 $u=xy,v=x+y$. 求 $\frac{\partial z}{\partial x}$ 和 $\frac{\partial z}{\partial y}$.

解 $\frac{\partial z}{\partial x}=\frac{\partial z}{\partial u}\frac{\partial u}{\partial x}+\frac{\partial z}{\partial v}\frac{\partial v}{\partial x}=e^u\sin v\cdot y+e^u\cos v\cdot 1$

$=\mathrm{e}^{xy}[y\sin(x+y)+\cos(x+y)]$,

$\frac{\partial z}{\partial y}=\frac{\partial z}{\partial u}\frac{\partial u}{\partial y}+\frac{\partial z}{\partial v}\frac{\partial v}{\partial y}=e^u\sin v\cdot x+e^u\cos v\cdot 1$

$=e^{xy}[x\sin(x+y)+\cos(x+y)]$.

全微分形式不变性 设函数 $z=f(u,v)$ 具有连续偏导数，则有全微分

$$\mathrm{d}z=\frac{\partial z}{\partial u}\mathrm{d}u+\frac{\partial z}{\partial v}\mathrm{d}v.$$

如果 u,v 又是 x,y 的函数 $u=u(x,y),v=v(x,y)$，且这两个函数也具有连续偏导数，则复合函数 $z=f[(u(x,y),v(x,y)]$ 的全微分为

$$\mathrm{d}z=\frac{\partial z}{\partial x}\mathrm{d}x+\frac{\partial z}{\partial y}\mathrm{d}y. \tag{6}$$

其中 $\frac{\partial z}{\partial x}$ 及 $\frac{\partial z}{\partial y}$ 分别由公式(5)，(6)给出. 把公式(5)，(6)中的 $\frac{\partial z}{\partial x}$ 及 $\frac{\partial z}{\partial y}$ 代入上式，得

$$\begin{aligned}\mathrm{d}z&=\left(\frac{\partial z}{\partial u}\frac{\partial u}{\partial x}+\frac{\partial z}{\partial v}\frac{\partial v}{\partial x}\right)\mathrm{d}x+\left(\frac{\partial z}{\partial u}\frac{\partial u}{\partial y}+\frac{\partial z}{\partial v}\frac{\partial v}{\partial y}\right)\mathrm{d}y\\&=\frac{\partial z}{\partial u}\left(\frac{\partial u}{\partial x}\mathrm{d}x+\frac{\partial u}{\partial y}\mathrm{d}y\right)+\frac{\partial z}{\partial v}\left(\frac{\partial v}{\partial x}\mathrm{d}x+\frac{\partial v}{\partial y}\frac{\partial v}{\partial y}\mathrm{d}y\right)\\&=\frac{\partial z}{\partial u}\mathrm{d}u+\frac{\partial z}{\partial v}\mathrm{d}v.\end{aligned}$$

由此可见，无论 z 是自变量 u,v 的函数或中间变量 u,v 的函数，它的全微分形式是一样的. 这个性质叫做全微分形式不变性.

例3 利用全微分形式不变性解本节例2.

解 $\mathrm{d}z=\mathrm{d}(e^u\sin v)=e^u\sin v\mathrm{d}u+e^u\cos v\mathrm{d}v$.

因为 $\mathrm{d}u=\mathrm{d}(xy)=y\mathrm{d}x+x\mathrm{d}y,\mathrm{d}v=\mathrm{d}(x+y)=\mathrm{d}x+\mathrm{d}y$,

代入并合并后得到

$$dz=(e^u\sin v\cdot y+e^u\cos v)dx+(e^u\sin v\cdot x+e^u\cos v)dy,$$

$$\frac{\partial z}{\partial x}dx+\frac{\partial z}{\partial y}dy=e^{xy}[y\sin(x+y)+\cos(x+y)]dx$$
$$+e^{xy}[x\sin(x+y)+\cos(x+y)]dy$$

比较上式两边的系数,就同时得到两个偏导数$\frac{\partial z}{\partial x},\frac{\partial z}{\partial y}$,与例 2 的结果一样.

$$\frac{\partial z}{\partial x}=e^{xy}[y\sin(x+y)+\cos(x+y)],$$

$$\frac{\partial z}{\partial y}=e^{xy}[x\sin(x+y)+\cos(x+y)].$$

习题 6—4

1. 设 $z=\ln(u^2+v)$,$u=e^{x^2+y^2}$,$v=x^2+y$,求$\frac{\partial z}{\partial x},\frac{\partial z}{\partial y}$.

2. 设 $z=uv+\sin x$,$u=e^x$,$v=\cos x$,求$\frac{dz}{dx}$.

3. 设 $z=u^2v-uv^2$,$u=x\cos y$,$v=x\sin y$,求$\frac{\partial z}{\partial x},\frac{\partial z}{\partial y}$.

4. 设 $w=f(x+xy+xyz)$, 求$\frac{\partial w}{\partial x},\frac{\partial w}{\partial y},\frac{\partial w}{\partial z}$.

5. 设 $z=f(u,x,y)$,$u=xe^y$, f 具有二阶连续偏导数, 求$\frac{\partial^2 z}{\partial x\partial y}$.

6. 利用一阶全微分形式的不变性求函数 $u=\frac{x}{x^2+y^2+z^2}$ 的偏导数.

7. 求函数 $z=\arctan\frac{x+y}{1-xy}$的全微分.

第五节　隐函数的求导公式

第二章第四节我们学习了隐函数的概念,并且利用一元复合函数的求导法,指出了直接由方程 $F(x,y)=0$ 所确定的隐函数 $y=f(x)$的导数的方法. 现在介绍利用多元复合函数求导法给出隐函数的导数公式.

一、一个方程的情形

将方程 $F(x,y)=0$ 所确定的隐函数 $y=f(x)$代入方程,得到恒等式

$$F(x,f(x))\equiv 0,$$

其左端可以看作 x 的一个复合函数,求这个函数的全导数,由于恒等式两端求导后仍然恒等,所以$\frac{\partial F}{\partial x}+\frac{\partial F}{\partial y}\frac{dy}{dx}=0$,

由于 F_y 连续,且 $F_y(x_0,y_0)\neq 0$,所以存在(x_0,y_0)的一个邻域,在这个邻域内 $F_y\neq 0$,于是得 $\frac{dy}{dx}=-\frac{F_x}{F_y}$. 即得到隐函数的求导公式.

定理1 设函数 $F(x,y)$ 在点 $P(x_0,y_0)$ 的某一邻域内具有连续偏导数，且 $F(x_0,y_0)=0$，$F_y(x_0,y_0)\neq 0$，则方程 $F(x,y)=0$ 在点 $P(x_0,y_0)$ 的某一邻域内唯一确定一个连续且具有连续导数的函数 $y=f(x)$，它满足条件 $y_0=f(x_0)$，并有 $\dfrac{\mathrm{d}y}{\mathrm{d}x}=-\dfrac{\frac{\partial F}{\partial x}}{\frac{\partial F}{\partial y}}=-\dfrac{F_x}{F_y}$. (1)

例1 求由方程 $x^2+y^2=1$ 所确定的隐函数 $y=f(x)$ 的导数 $\dfrac{\mathrm{d}y}{\mathrm{d}x}$.

解 令 $F(x,y)=x^2+y^2-1$，则 $F_x=\dfrac{\partial F}{\partial x}=2x$，$F_y=\dfrac{\partial F}{\partial y}=2y$，由定理1得

$$\frac{\mathrm{d}y}{\mathrm{d}x}=-\frac{F_x}{F_y}=-\frac{2x}{2y}=-\frac{x}{y}.$$

隐函数求导公式可以推广到多元函数.

如一个三元方程 $F(x,y,z)=0$，就可以确定一个二元函数 $z=f(x,y)$，则其代入方程，得 $F(x,y,f(x,y))\equiv 0$.

将上式两端分别对 x 和 y 求导，根据复合函数求导法则得

$$F_x+F_z\frac{\partial z}{\partial x}=0,F_y+F_z\frac{\partial z}{\partial y}=0.$$

若 $F_z\neq 0$，则有 $\dfrac{\partial z}{\partial x}=-\dfrac{F_x}{F_z}$，$\dfrac{\partial z}{\partial y}=-\dfrac{F_y}{F_z}$. 类似定理1，我们给出定理2.

定理2 设函数 $F(x,y,z)$ 在点 $P(x_0,y_0,z_0)$ 的某一邻域内具有连续偏导数，且 $F(x_0,y_0,z_0)=0$，$F_z(x_0,y_0,z_0)\neq 0$，则方程 $F(x,y,z)=0$ 在点 $P(x_0,y_0,z_0)$ 的某一邻域内，唯一确定一个连续且具有连续偏导数的函数 $z=f(x,y)$，它满足条件 $z_0=f(x_0,y_0)$，并有

$$\frac{\partial z}{\partial x}=-\frac{F_x}{F_z},\frac{\partial z}{\partial y}=-\frac{F_y}{F_z}. \tag{2}$$

例2 设 $x^2+y^2+z^2-4z=1$，求 $\dfrac{\partial z}{\partial x}$，$\dfrac{\partial^2 z}{\partial x^2}$.

解 令 $F(x,y,z)=x^2+y^2+z^2-4z-1$，则 $F_x=2x$，$F_z=2z-4$. 由定理2，得

$$\frac{\partial z}{\partial x}=-\frac{F_x}{F_z}=\frac{x}{2-z}.$$

两端再对 x 求偏导数，得

$$\frac{\partial^2 z}{\partial x^2}=\frac{(2-z)+x\frac{\partial z}{\partial x}}{(2-z)^2}=\frac{(2-z)+x\left(\frac{x}{2-z}\right)}{(2-z)^2}=\frac{(2-z)^2+x^2}{(2-z)^3}.$$

二、方程组的情形

下面我们考虑由方程组 $\begin{cases}F(x,y,u,v)=0\\G(x,y,u,v)=0\end{cases}$ 确定的两个二元函数 $u=u(x,y)$，$v=v(x,y)$ 的隐函数求导公式.

由于
$$F[x,y,u(x,y),v(x,y)]\equiv 0,$$
$$G[x,y,u(x,y),v(x,y)]\equiv 0,$$

将恒等式两端分别对 x 求导，由复合函数求导法则得$\begin{cases} F_x+F_u\dfrac{\partial u}{\partial x}+F_v\dfrac{\partial v}{\partial x}=0 \\ G_x+G_u\dfrac{\partial u}{\partial x}+G_v\dfrac{\partial v}{\partial x}=0 \end{cases}$

这是关于$\dfrac{\partial u}{\partial x},\dfrac{\partial v}{\partial x}$的线性方程组，若点 $P(x_0,y_0,u_0,v_0)$的一个邻域内系数行列式

$$J=\begin{vmatrix} F_u & F_v \\ G_u & G_v \end{vmatrix}\neq 0$$

则线性方程组有唯一解：

$$\frac{\partial u}{\partial x}=-\frac{1}{J}\cdot\begin{vmatrix} F_x & F_v \\ G_x & G_v \end{vmatrix}=-\frac{1}{J}\cdot\frac{\partial(F,G)}{\partial(x,v)},\frac{\partial v}{\partial x}=-\frac{1}{J}\cdot\begin{vmatrix} F_u & F_x \\ G_u & G_x \end{vmatrix}=-\frac{1}{J}\cdot\frac{\partial(F,G)}{\partial(u,x)}$$

同理可得，$\dfrac{\partial u}{\partial y}=-\dfrac{1}{J}\cdot\dfrac{\partial(F,G)}{\partial(y,v)},\dfrac{\partial v}{\partial y}=-\dfrac{1}{J}\cdot\dfrac{\partial(F,G)}{\partial(u,y)}$. 即得到下面的定理 3.

定理 3　设 $F(x,y,u,v)$，$G(x,y,u,v)$在点 $P(x_0,y_0,u_0,v_0)$的某一邻域内具有对各个变量的连续偏导数，又 $F(x_0,y_0,u_0,v_0)=0$，$G(x_0,y_0,u_0,v_0)=0$ 且偏导数所组成的函数行列式(或称雅可比(Jacobi)式)：

$$J=\frac{\partial(F,G)}{\partial(u,v)}=\begin{vmatrix} F_u & F_v \\ G_u & G_v \end{vmatrix}$$

在点 $P(x_0,y_0,u_0,v_0)$不等于零，则方程组 $F(x,y,u,v)=0$，$G(x,y,u,v)=0$ 在点 $P(x_0,y_0,u_0,v_0)$的某一邻域内能唯一确定一组连续且具有连续偏导数的函数 $u=u(x,y)$，$v=v(x,y)$，它们满足条件 $u_0=u(x_0,y_0)$，$v_0=v(x_0,y_0)$，

并有

$$\frac{\partial u}{\partial x}=-\frac{1}{J}\cdot\frac{\partial(F,G)}{\partial(x,v)}=-\frac{\begin{vmatrix} F_x & F_v \\ G_x & G_v \end{vmatrix}}{\begin{vmatrix} F_u & F_v \\ G_u & G_v \end{vmatrix}},\frac{\partial v}{\partial x}=-\frac{1}{J}\cdot\frac{\partial(F,G)}{\partial(u,x)}=-\frac{\begin{vmatrix} F_u & F_x \\ G_u & G_x \end{vmatrix}}{\begin{vmatrix} F_u & F_v \\ G_u & G_v \end{vmatrix}},\quad(3)$$

$$\frac{\partial u}{\partial y}=-\frac{1}{J}\cdot\frac{\partial(F,G)}{\partial(y,v)}=-\frac{\begin{vmatrix} F_y & F_v \\ G_y & G_v \end{vmatrix}}{\begin{vmatrix} F_u & F_v \\ G_u & G_v \end{vmatrix}},\frac{\partial v}{\partial y}=-\frac{1}{J}\cdot\frac{\partial(F,G)}{\partial(u,y)}=-\frac{\begin{vmatrix} F_u & F_y \\ G_u & G_y \end{vmatrix}}{\begin{vmatrix} F_u & F_v \\ G_u & G_v \end{vmatrix}}.$$

注　上述求导公式，虽然形式复杂，但其中有规律可循；另一方面在实际计算中，可以不必直接套用这些公式，关键是要掌握求隐函数组偏导数的方法.

例 3　设 $xu-yv=0$，$yu+xv=1$，求$\dfrac{\partial u}{\partial x},\dfrac{\partial u}{\partial y},\dfrac{\partial v}{\partial x},\dfrac{\partial v}{\partial y}$.

解　将方程两边同时对 x 求导并移项得

$$\begin{cases} x\dfrac{\partial u}{\partial x}-y\dfrac{\partial v}{\partial x}=-u, \\ y\dfrac{\partial u}{\partial x}+x\dfrac{\partial v}{\partial x}=-v. \end{cases}$$

在 $J=\begin{vmatrix} x & -y \\ y & x \end{vmatrix}=x^2+y^2\neq 0$ 的条件下

$$\frac{\partial u}{\partial x}=\frac{\begin{vmatrix}-u & -y\\ -v & x\end{vmatrix}}{\begin{vmatrix}x & -y\\ y & x\end{vmatrix}}=\frac{-yv-xu}{x^2+y^2},\quad \frac{\partial v}{\partial x}=\frac{\begin{vmatrix}x & -u\\ y & -v\end{vmatrix}}{\begin{vmatrix}x & -y\\ y & x\end{vmatrix}}=\frac{yu-xv}{x^2+y^2}.$$

同样将方程两边对 y 求导,在 $J=x^2+y^2\neq0$ 的条件下可得

$$\frac{\partial u}{\partial y}=\frac{xv+yu}{x^2+y^2},\frac{\partial v}{\partial y}=-\frac{xu+yv}{x^2+y^2}.$$

习题 6—5

1. 已知 $\ln\sqrt{x^2+y^2}=\arctan\frac{y}{x}$,求$\frac{\mathrm{d}y}{\mathrm{d}x}$.

2. 设 $x+2y+z-2\sqrt{xyz}=0$,求$\frac{\partial z}{\partial x},\frac{\partial z}{\partial y}$.

3. 设$\begin{cases}x+y+z=0\\ x^2+y^2+z^2=1\end{cases}$,求$\frac{\mathrm{d}x}{\mathrm{d}z},\frac{\mathrm{d}y}{\mathrm{d}z}$.

4. 设 $z=uv,u=e^{2x},v=\cos x$,求全导数$\frac{\mathrm{d}z}{\mathrm{d}x}$.

5. 设 $z=\sin(u+v),u=xy,v=x^2-y^2$,求$\frac{\partial z}{\partial x},\frac{\partial z}{\partial y}$.

6. 已知 $e^{-xy}-2z+e^z=0$,求$\frac{\partial z}{\partial x}$和$\frac{\partial z}{\partial y}$.

7. 设 $\begin{cases}u^2+v^2-x^2-y=0,\\ -u+v-xy+1=0,\end{cases}$ 求$\frac{\partial x}{\partial u},\frac{\partial y}{\partial u}$.

8. 设 $u=f(x,y,z)=xyz$,而 z 是由方程 $x^3+y^3+z^3-3xyz=0$ 所确定的 x,y 的函数,求$\frac{\partial u}{\partial x}$.

第六节　方向导数与梯度

一、方向导数

设二元函数 $f(x,y)$在点 $P(x_0,y_0)$存在两个偏导数 $f'_x(x_0,y_0),f'_y(x_0,y_0)$. 它们只是过点 P 平行于坐标轴方向的变化率,在实际应用中,要求我们知道函数 $f(x,y)$在点 P 沿任意方向的变化率,这就是方向导数.

从点 $P_0(x_0,y_0)$任作射线 l,设 l 的方向余弦是

$e_l=(\cos\alpha,\cos\beta)$. 在射线 l 上任取一点 $P(x,y)$.

设 $\rho=|P-P_0|=\sqrt{(x-x_0)^2+(y-y_0)^2}$. 如图 6—3 所示.

有 $\Delta x=x-x_0=\rho\cos\alpha,\Delta y=y-y_0=\rho\cos\beta$.

定义 1　在过点 $P_0(x_0,y_0)$的射线 l 上任取一点$P(x_0+\Delta x,y_0+\Delta y)$,设 $\rho=|P-P_0|$. 若极限

$$\lim_{\rho\to 0^+}\frac{f(P)-f(P_0)}{\rho}=\lim_{\rho\to 0^+}\frac{f(x_0+\Delta x,y_0+\Delta y)-f(x_0,y_0)}{\rho}$$

存在，则称此极限是函数 $f(x,y)$ 在点 P_0 沿着射线 l 的**方向导数**，记作 $\frac{\partial f}{\partial l}\Big|_{P_0}$ 或 $f'_l(x_0,y_0)$，

即 $$\frac{\partial f}{\partial l}\Big|_{P_0}=\lim_{\rho\to 0^+}\frac{f(P)-f(P_0)}{\rho},$$

或 $$\frac{\partial f}{\partial l}\Big|_{(x_0,y_0)}=\lim_{\rho\to 0^+}\frac{f(x_0+\Delta x,y_0+\Delta y)-f(x_0,y_0)}{\rho}.$$

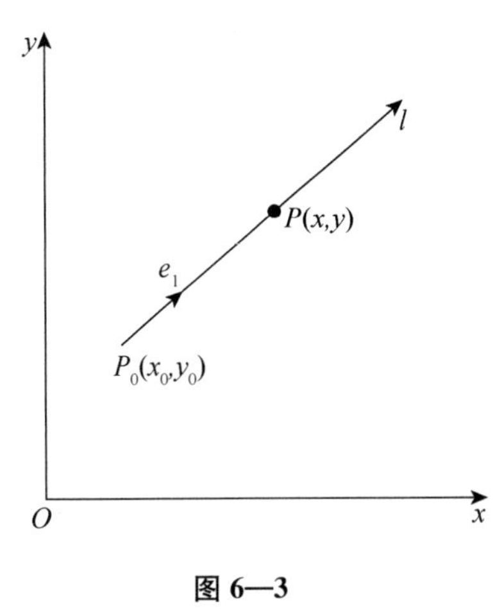

图 6—3

关于方向导数的存在及计算，我们有以下定理.

定理 1　若函数 $f(x,y)$ 在点 $P(x_0,y_0)$ 可微，则函数 $f(x,y)$ 在点 P 沿任意射线 l 的方向导数都存在，且

$$\frac{\partial f}{\partial l}\Big|_{(x_0,y_0)}=f'_x(x_0,y_0)\cos\alpha+f'_y(x_0,y_0)\cos\beta,$$

其中 $\cos\alpha,\cos\beta$ 是射线 l 的方向余弦.

证　由可微定义，有 $f(x_0+\Delta x,y_0+\Delta y)-f(x_0,y_0)=f'_x(x_0,y_0)\Delta x+f'_y(x_0,y_0)\Delta y+o(\sqrt{\Delta x^2+\Delta y^2})$，

点 $(x_0+\Delta x,y_0+\Delta y)$ 在以 (x_0,y_0) 为始点的射线 l 上时，应有

$$\Delta x=\rho\cos\alpha,\Delta y=\rho\cos\beta,\rho=\sqrt{(\Delta x)^2+(\Delta y)^2},$$

所以

$$\lim_{\rho\to 0^+}\frac{f(x_0+\Delta x,y_0+\Delta y)-f(x_0,y_0)}{\rho}=f'_x(x_0,y_0)\cos\alpha+f'_y(x_0,y_0)\cos\beta,$$

即

$$\frac{\partial f}{\partial l}\Big|_{(x_0,y_0)}=f'_x(x_0,y_0)\cos\alpha+f'_y(x_0,y_0)\cos\beta.$$ 得证.

类似地，三元函数 $f(x,y,z)$，它在空间任一点 $P(x_0,y_0,z_0)$ 沿射线 l 的方向余弦为 $\boldsymbol{e}_l=(\cos\alpha,\cos\beta,\cos\gamma)$，则 l 的方向导数为

$$\frac{\partial f}{\partial l}\Big|_{(x_0,y_0,z_0)}=\lim_{\rho\to 0^+}\frac{f(x_0+\rho\cos\alpha,y_0+\rho\cos\beta,z_0+\rho\cos\gamma)-f(x_0,y_0,z_0)}{\rho},$$

且 $$\frac{\partial f}{\partial l}\Big|_{(x_0,y_0,z_0)}=f'_x(x_0,y_0,z_0)\cos\alpha+f'_y(x_0,y_0,z_0)\cos\beta+f'_z(x_0,y_0,z_0)\cos\gamma.$$

例 1　求函数 $z=x^2+y^2$ 在点 $P(1,2)$ 处，沿点 $P(1,2)$ 到点 $P'(2,2+\sqrt{3})$ 的方向的方向导数.

解　射线 $l=\overrightarrow{PP'}=(1,\sqrt{3})$，与 l 同向的单位向量 e_l 为 $\left(\frac{1}{2},\frac{\sqrt{3}}{2}\right)$，即方向 l 的方向余弦为 $\cos\alpha=\frac{1}{2}$，$\cos\beta=\frac{\sqrt{3}}{2}$，因为函数 $z=x^2+y^2$ 可微，且

$$\frac{\partial z}{\partial x}\Big|_{(1,2)}=2x\big|_{(1,2)}=2,\frac{\partial z}{\partial y}\Big|_{(1,2)}=2y\big|_{(1,2)}=4$$

故所求方向导数为

$$\frac{\partial z}{\partial l}\Big|_{(1,2)}=2\times\frac{1}{2}+4\times\frac{\sqrt{3}}{2}=1+2\sqrt{3}.$$

二、梯度

定义 2 设函数 $z=f(x,y)$ 在平面区域 D 内具有一阶连续偏导数，则对于每一点 $P(x,y)\in D$，都可以定义一个向量

$$\frac{\partial f}{\partial x}\boldsymbol{i}+\frac{\partial f}{\partial y}\boldsymbol{j}$$

称为函数 $z=f(x,y)$ 在点 $P(x,y)$ 处的**梯度**，记为 $\mathbf{grad}f(x,y)$，即

$$\mathbf{grad}f(x,y)=\frac{\partial f}{\partial x}\boldsymbol{i}+\frac{\partial f}{\partial y}\boldsymbol{j}.$$

若设 $\boldsymbol{e}=(\cos\varphi,\sin\varphi)$ 是与方向 l 同方向的单位向量，则由方向导数的计算公式和向量内积的定义有

$$\begin{aligned}\frac{\partial f}{\partial l}&=\frac{\partial f}{\partial x}\cos\varphi+\frac{\partial f}{\partial y}\sin\varphi=\left(\frac{\partial f}{\partial x},\frac{\partial f}{\partial y}\right)\cdot(\cos\varphi,\sin\varphi)\\&=\mathbf{grad}f(x,y)\cdot\boldsymbol{e}=|\mathbf{grad}f(x,y)|\cos\theta,\end{aligned}$$

其中 θ 表示向量 $\mathbf{grad}f(x,y)$ 与 $\boldsymbol{e}$ 的夹角.

根据梯度的定义，梯度的模为 $|\mathbf{grad}f(x,y)|=\sqrt{f_x^2+f_y^2}$.

由此可见，方向导数 $\frac{\partial f}{\partial l}$ 是梯度在射线 l 上的投影. 如果方向 l 与梯度方向一致时，有 $\cos\theta=1$，则 $\frac{\partial f}{\partial l}$ 有最大值，即函数 $z=f(x,y)$ 沿梯度方向的方向导数达到最大值；如果方向 l 与梯度方向相反时，有 $\cos\theta=-1$，则 $\frac{\partial f}{\partial l}$ 有最小值，即函数 $z=f(x,y)$ 沿梯度的反方向的方向导数取得最小值. 因此，梯度是一个向量，它的方向与取得最大方向导数的方向相同，且它的模为方向导数的最大值.

设三元函数 $u=f(x,y,z)$ 在空间区域 G 内具有一阶连续偏导数，则 $u=f(x,y,z)$ 在 G 内点 $P(x,y,z)$ 处的梯度可以定义为

$$\mathbf{grad}f(x,y,z)=\frac{\partial f}{\partial x}\boldsymbol{i}+\frac{\partial f}{\partial y}\boldsymbol{j}+\frac{\partial f}{\partial z}\boldsymbol{k}.$$

例 2 求 $\mathbf{grad}\,\frac{1}{x^2+y^2}$.

解 设 $f(x,y)=\frac{1}{x^2+y^2}$，因为

$$\frac{\partial f}{\partial x}=-\frac{2x}{(x^2+y^2)^2},\frac{\partial f}{\partial y}=-\frac{2y}{(x^2+y^2)^2}$$

所以 $\mathbf{grad}\,\frac{1}{x^2+y^2}=-\frac{2x}{(x^2+y^2)^2}\boldsymbol{i}-\frac{2y}{(x^2+y^2)^2}\boldsymbol{j}.$

梯度运算满足以下运算法则，设 u,v 可微，α,β 为常数，则

(1) $\mathbf{grad}(\alpha u+\beta v)=\alpha\mathbf{grad}u+\beta\mathbf{grad}v$；

(2) $\mathbf{grad}(u\cdot v)=u\mathbf{grad}v+v\mathbf{grad}u$；

(3) $\mathbf{grad} f(u) = f'(u)\mathbf{grad} u$.

习题 6—6

1. 求函数 $z = xe^{2y}$ 在点 $P(1,0)$ 处沿点 $P(1,0)$ 到点 $Q(2,-1)$ 的方向的方向导数.

2. 求函数 $u = \ln(x^2+y^2+z^2)$ 在点 $M_0(0,1,2)$ 处沿向量 $l=(2,-1,-1)$ 的方向导数.

3. 设 $f(x,y,z) = x^2+3y^2+5z^2+2xy-4y-8z$，求 $\mathbf{grad} f(0,0,0)$，$\mathbf{grad} f(3,2,1)$.

4. 求函数 $u = x^2+y^2+z^2$ 在点 $M_1(1,0,1)$，$M_2(0,1,0)$ 的梯度之间的夹角.

5. 求函数 $f(x,y) = x^2-xy+y^2$ 在点(1,1)沿与 x 轴方向夹角为 α 的方向射线 $\vec{l}$ 的方向导数. 并问在怎样的方向上此方向导数有

(1) 最大值；　　(2) 最小值；　　(3) 等于零.

第七节　多元函数微分学的几何应用

一、空间曲线的切线与法平面

设空间曲线 Γ 的参数方程为

$$x = x(t),\ y = y(t),\ z = z(t),\ (\alpha \leqslant t \leqslant \beta).$$

在曲线 Γ 上取对应于 $t = t_0$ 的一点 $M_0(x_0, y_0, z_0)$ 及对应于 $t = t_0+\Delta t$ 的邻近一点 $M(x_0+\Delta x, y_0+\Delta y, z_0+\Delta z)$. 根据解析几何，曲线的**割线 M_0M 的方程**是

$$\frac{x-x_0}{\Delta x} = \frac{y-y_0}{\Delta y} = \frac{z-z_0}{\Delta z}.$$

M 沿着 Γ 趋于 M_0 时，割线 M_0M 的极限位置就是曲线 Γ 在点 $M_0(x_0, y_0, z_0)$ 处的切线 M_0T(见图 6—4). 用 Δt 除上式的各分母，得

$$\frac{x-x_0}{\dfrac{\Delta x}{\Delta t}} = \frac{y-y_0}{\dfrac{\Delta y}{\Delta t}} = \frac{z-z_0}{\dfrac{\Delta z}{\Delta t}}.$$

令 $M \to M_0$(这时 $\Delta t \to 0$)，通过对上式取极限，即得曲线 Γ 在点 M_0 处的**切线方程**为

$$\frac{x-x_0}{x'(t_0)} = \frac{y-y_0}{y'(t_0)} = \frac{z-z_0}{z'(t_0)}. \tag{1}$$

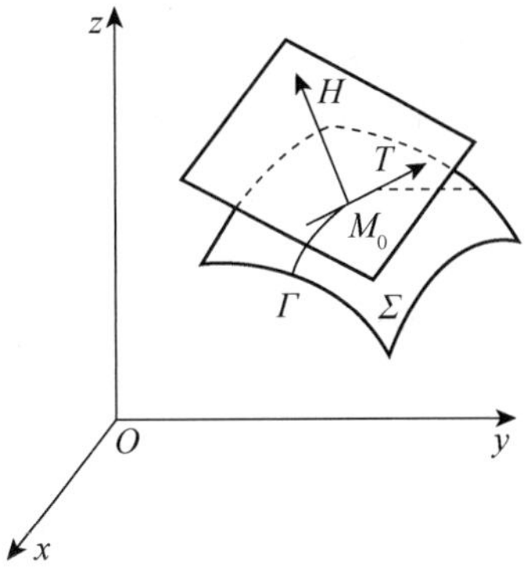

图 6—4

曲线在某点处的切线的方向向量称为**曲线的切向量**.

向量

$$\boldsymbol{T} = (x'(t_0), y'(t_0), z'(t_0))$$

就是曲线 Γ 在点 M_0 处的一个切向量. 它的指向与参数 t 增大时点 M 移动的走向一致.

过点 M_0 且与切线垂直的平面称为曲线 Γ 在点 M_0 的**法平面**. 曲线的切向量就是法平面的法向量，于是法平面的方程为

$$x'(t_0)(x-x_0)+y'(t_0)(y-y_0)+z'(t_0)(z-z_0)=0. \tag{2}$$

例 1 求曲线 $x=t+1, y=\ln t, z=t^2$ 在点(2,0,1)处的切线及法平面方程.

解 记 $x(t)=t+1, y(t)=\ln t, z(t)=t^2$,则 $x'(t)=1, y'(t)=\dfrac{1}{t}, z'(t)=2t$.

点(2,0,1)对应的参数 $t=1$,故切向量为 $\boldsymbol{\alpha}=(1,1,2)$,于是切线方程为

$$\frac{x-2}{1}=\frac{y-0}{1}=\frac{z-1}{2},$$

法平面方程为 $(x-2)+(y-0)+2(z-1)=0$,

即
$$x+y+2z=4.$$

现在我们讨论空间曲线的方程以另外两种形式给出的情形.

1. 如果空间曲线 Γ 的方程为 $\begin{cases} y=y(x) \\ z=z(x) \end{cases}$ 的情形;

取 x 为参数,它就可以表示为参数方程的形式 $\begin{cases} x=x \\ y=y(x), \\ z=z(x) \end{cases}$

若 $y(x), z(x)$ 都在 $x=x_0$ 处可导,那么根据上面的讨论可知,$\boldsymbol{T}=(1, y'(x_0), z'(x_0))$,因此曲线 Γ 在点 $M_0(x_0, y_0, z_0)$ 处的切线方程为

$$\frac{x-x_0}{1}=\frac{y-y_0}{y'(t_0)}=\frac{z-z_0}{z'(t_0)}. \tag{3}$$

在点 $M_0(x_0, y_0, z_0)$ 处的法平面方程为

$$(x-x_0)+y'(t_0)(y-y_0)+z'(t_0)(z-z_0)=0 \tag{4}$$

2. 设空间曲线 Γ 的方程为 $\begin{cases} F(x,y,z)=0 \\ G(x,y,z)=0 \end{cases}$ 的情形;

$M_0(x_0, y_0, z_0)$ 是曲线 Γ 上的一点. 又设 F, G 有对各个变量的连续偏导数,且

$$\left.\frac{\partial(F,G)}{\partial(y,z)}\right|_{(x_0,y_0,z_0)} \neq 0.$$

这时方程组在点 $M_0(x_0, y_0, z_0)$ 的某一邻域内确定了一组函数 $y=y(x), z=z(x)$. 要求曲线 Γ 在点 M_0 处的切线方程和法平面方程,只要求出 $y'(x_0), z'(x_0)$,然后就和上一种情形一样了. 因此,我们在恒等式

$$F(x, y(x), z(x)) \equiv 0$$
$$G(x, y(x), z(x)) \equiv 0$$

两边分别对 x 求全导数,得

$$\begin{cases} \dfrac{\partial F}{\partial x}+\dfrac{\partial F}{\partial y}\dfrac{\mathrm{d}y}{\mathrm{d}x}+\dfrac{\partial F}{\partial z}\dfrac{\mathrm{d}z}{\mathrm{d}x}=0 \\ \dfrac{\partial G}{\partial x}+\dfrac{\partial G}{\partial y}\dfrac{\mathrm{d}y}{\mathrm{d}x}+\dfrac{\partial G}{\partial z}\dfrac{\mathrm{d}z}{\mathrm{d}x}=0 \end{cases}$$

由假设可知,在点 M_0 的某个邻域内 $J=\left.\dfrac{\partial(F,G)}{\partial(y,z)}\right|_{(x_0,y_0,z_0)} \neq 0$,

故可解得
$$\frac{\mathrm{d}y}{\mathrm{d}x}=y'(x)=\frac{\begin{vmatrix}F_z & F_x\\ G_z & G_x\end{vmatrix}}{\begin{vmatrix}F_y & F_z\\ G_y & G_z\end{vmatrix}},\frac{\mathrm{d}z}{\mathrm{d}x}=z'(x)=\frac{\begin{vmatrix}F_x & F_y\\ G_x & G_y\end{vmatrix}}{\begin{vmatrix}F_y & F_z\\ G_y & G_z\end{vmatrix}}.$$

于是 $\boldsymbol{T}=(1,y'(x_0),z'(x_0))$ 是曲线 Γ 在点 M_0 处一个切向量，这里
$$y'(x_0)=\frac{\begin{vmatrix}F_z & F_x\\ G_z & G_x\end{vmatrix}_0}{\begin{vmatrix}F_y & F_z\\ G_y & G_z\end{vmatrix}_0},z'(x_0)=\frac{\begin{vmatrix}F_x & F_y\\ G_x & G_y\end{vmatrix}_0}{\begin{vmatrix}F_y & F_z\\ G_y & G_z\end{vmatrix}_0},$$

分子分母中带下标 0 的行列式表示行列式在点 $M_0(x_0,y_0,z_0)$ 的值. 把上面的切向量 $\boldsymbol{T}$ 乘以 $\begin{vmatrix}F_y & F_z\\ G_y & G_z\end{vmatrix}_0$，得
$$\boldsymbol{T}_1=\left(\begin{vmatrix}F_y & F_z\\ G_y & G_z\end{vmatrix}_0,\begin{vmatrix}F_z & F_x\\ G_z & G_x\end{vmatrix}_0,\begin{vmatrix}F_x & F_y\\ G_x & G_y\end{vmatrix}_0\right) \tag{5}$$
也是曲线 Γ 在点 M_0 处的一个切向量. 由此可写出曲线 Γ 在点 $M_0(x_0,y_0,z_0)$ 处的切线方程为
$$\frac{x-x_0}{\begin{vmatrix}F_y & F_z\\ G_y & G_z\end{vmatrix}_0}=\frac{y-y_0}{\begin{vmatrix}F_z & F_x\\ G_z & G_x\end{vmatrix}_0}=\frac{z-z_0}{\begin{vmatrix}F_x & F_y\\ G_x & G_y\end{vmatrix}_0}. \tag{6}$$
曲线 Γ 在点 M_0 处的法平面方程为
$$\begin{vmatrix}F_y & F_z\\ G_y & G_z\end{vmatrix}_0(x-x_0)+\begin{vmatrix}F_z & F_x\\ G_z & G_x\end{vmatrix}_0(y-y_0)+\begin{vmatrix}F_x & F_y\\ G_x & G_y\end{vmatrix}_0(z-z_0)=0. \tag{7}$$

如果 $\left.\frac{\partial(F,G)}{\partial(y,z)}\right|_0=0$ 而 $\left.\frac{\partial(F,G)}{\partial(z,x)}\right|_0$，$\left.\frac{\partial(F,G)}{\partial(x,y)}\right|_0$ 中至少有一个不等于零，我们可得同样的结果.

例 2　求曲线 $x^2+y^2+z^2=6,x+y+z=0$ 在点 $(1,-2,1)$ 处的切线及法平面方程.

解　方程两边同时对 x 求导并移项，得
$$\begin{cases}y\frac{\mathrm{d}y}{\mathrm{d}x}+z\frac{\mathrm{d}z}{\mathrm{d}x}=-x,\\ \frac{\mathrm{d}y}{\mathrm{d}x}+\frac{\mathrm{d}z}{\mathrm{d}x}=-1.\end{cases}\text{即}\begin{cases}\frac{\mathrm{d}y}{\mathrm{d}x}=\frac{z-x}{y-z},\\ \frac{\mathrm{d}z}{\mathrm{d}x}=\frac{x-y}{y-z}.\end{cases}$$

从而有 $\left.\frac{\mathrm{d}y}{\mathrm{d}x}\right|_{(1,-2,1)}=0$，$\left.\frac{\mathrm{d}z}{\mathrm{d}x}\right|_{(1,-2,1)}=-1$，即曲线在点 $(1,-2,1)$ 处的切向量为 $\boldsymbol{T}(1,0,-1)$，

故所求切线方程为 $\frac{x-1}{1}=\frac{y+2}{0}=\frac{z-1}{-1}$.

法平面方程为 $(x-1)+0\cdot(y+2)-(z-1)=0$，

即 $x-z=0$.

二、曲面的切平面与法线

设曲面 Σ 的方程为 $F(x,y,z)=0$，

$M_0(x_0,y_0,z_0)$ 是曲面 Σ 上的一点，函数 $F(x,y,z)$ 的偏导数在该点连续且不同时为零. 过点 M_0 在曲面上可以作无数条曲线. 设这些曲线在点 M_0 处分别都有切线，则我们要证明

这无数条曲线的切线都在同一平面上.

过点 M_0 在曲面 Σ 上任意作一条曲线 Γ(见图 6—5),设其方程为

$$x=x(t),y=y(t),z=z(t),(\alpha\leqslant t\leqslant\beta)$$

且 $t=t_0$ 时,$x_0=x(t_0),y_0=y(t_0),z_0=z(t_0)$,

由于曲线 Γ 在曲面 Σ 上,因此有

$$F[x(t),y(t),z(t)]|_{t=t_0}\equiv0,\text{及}\frac{\mathrm{d}}{\mathrm{d}t}F[x(t),y(t),z(t)]|_{t=t_0}\equiv0,$$

即有

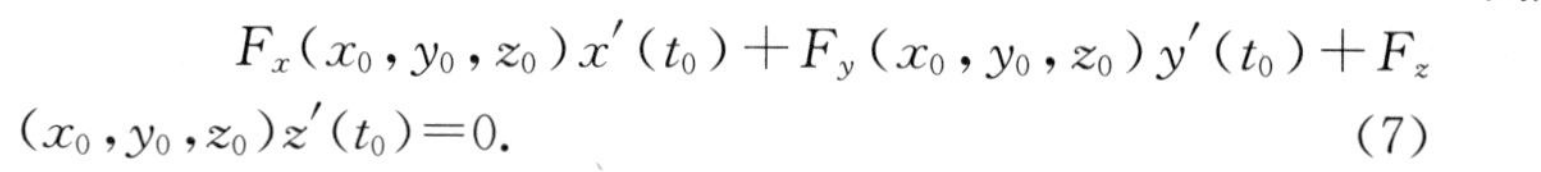

$$F_x(x_0,y_0,z_0)x'(t_0)+F_y(x_0,y_0,z_0)y'(t_0)+F_z(x_0,y_0,z_0)z'(t_0)=0. \qquad (7)$$

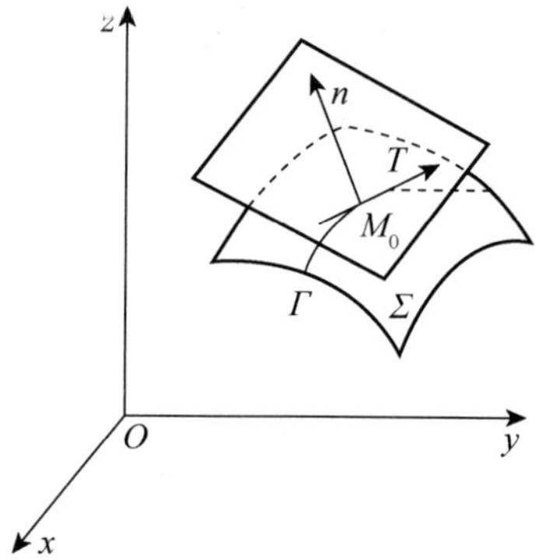

图 6—5

注意到曲线 Γ 在点 M_0 处的切向量 $T=(x'(t_0),y'(t_0),z'(t_0))$,如果引入向量

$$\boldsymbol{n}=(F_x(x_0,y_0,z_0),F_y(x_0,y_0,z_0),F_z(x_0,y_0,z_0)),$$

则由(7)式说明曲面上过点 M_0 的任意一条曲线的切线都与向量 $\boldsymbol{n}$ 垂直,这样就证明了过点 M_0 的任意一条曲线在点 M_0 处的切线都落在以向量 $\boldsymbol{n}$ 为法向量且经过点 M_0 的平面上. 这个平面称为曲面在点 M_0 处的**切平面,该切平面的方程为**

$$F_x(x_0,y_0,z_0)(x-x_0)+F_y(x_0,y_0,z_0)(y-y_0)+F_z(x_0,y_0,z_0)(z-z_0)=0, \qquad (8)$$

称曲面在点 M_0 处切平面的法向量为在点 M_0 处**曲面的法向量**,于是,在点 M_0 处曲面的法向量为

$$\boldsymbol{n}=(F_x(x_0,y_0,z_0),F_y(x_0,y_0,z_0),F_z(x_0,y_0,z_0)).$$

过点 M_0 且垂直于切平面的直线称为曲面在该点的**法线**. 法线方程为

$$\frac{x-x_0}{F_x(x_0,y_0,z_0)}=\frac{y-y_0}{F_y(x_0,y_0,z_0)}=\frac{z-z_0}{F_z(x_0,y_0,z_0)}.$$

设曲面 Σ 方程为 $z=f(x,y)$.

令 $F(x,y,z)=f(x,y)-z$,可见

$$F_x(x,y,z)=f_x(x,y),F_y(x,y,z)=f_y(x,y),F_z(x,y,z)=-1.$$

于是,当函数 $f(x,y)$ 的偏导数 $f_x(x,y),f_y(x,y)$ 在点 (x_0,y_0) 连续时,曲面 Σ 在点 $M_0(x_0,y_0,z_0)$ 处的法向量为

$$\boldsymbol{n}=(f_x(x_0,y_0),f_y(x_0,y_0),-1).$$

切平面方程为

$$f_x(x_0,y_0)(x-x_0)+f_y(x_0,y_0)(y-y_0)-(z-z_0)=0,$$

或 $$z-z_0=f_x(x_0,y_0)(x-x_0)+f_y(x_0,y_0)(y-y_0),$$

法线方程为 $$\frac{x-x_0}{f_x(x_0,y_0)}=\frac{y-y_0}{f_y(x_0,y_0)}=\frac{z-z_0}{-1}.$$

设 α、β、γ 表示曲面的法向量的方向角,并假定法向量与 z 轴正向的夹角 γ 是一锐角,则法向量的**方向余弦**为

$$\cos\alpha=\frac{-f_x}{\sqrt{1+f_x^2+f_y^2}},\cos\beta=\frac{-f_y}{\sqrt{1+f_x^2+f_y^2}},\cos\gamma=\frac{1}{\sqrt{1+f_x^2+f_y^2}}.$$

其中 $f_x=f_x(x_0,y_0),f_y=f_y(x_0,y_0)$.

例 3　求旋转抛物面 $z=x^2+y^2-1$ 在点(2,1,4)处的切平面及法线方程.

解　$f(x,y)=x^2+y^2-1$,

$\boldsymbol{n}=(f_x,f_y,-1)=(2x,2y,-1)$, $\boldsymbol{n}|_{(2,1,4)}=(4,2,-1)$,

所以在点(2,1,4)处的切平面方程为

$$4(x-2)+2(y-1)-(z-4)=0.$$

即　$4x+2y-z-6=0$.

法线方程为　$\dfrac{x-2}{4}=\dfrac{y-1}{2}=\dfrac{z-4}{-1}$.

习题 6—7

1. 求曲线 $x=t,y=t^2,z=t^3$ 在对应于 $t=1$ 的点处的切线方程及法平面方程.
2. 若平面 $3x+\lambda y-3z+16=0$ 与椭球面 $3x^2+y^2+z^2=16$ 相切，求 λ.
3. 求曲线 $\Gamma x=\int_0^t e^u\cos u\mathrm{d}u, y=2\sin t+\cos t, z=1+e^{3t}$ 在 $t=0$ 处的切线和法平面方程.
4. 求曲线 $\begin{cases}x^2+z^2=10\\y^2+z^2=10\end{cases}$ 在点(1,1,3)处的切线及法平面方程.
5. 求出曲线 $y=-x^2,z=x^3$ 上的点,使在该点的切线平行于已知平面 $x+2y+z=4$.
6. 求曲面 $z-e^z+2xy=3$ 在点(1,2,0)处的切平面及法线方程.
7. 求曲面 $x^2+2y^2+3z^2=21$ 平行于平面 $x+4y+6z=0$ 的切平面方程.
8. 求曲面 $x^2+y^2+z^2-xy-3=0$ 上同时垂直于平面 $z=0$ 与 $x+y+1=0$ 的切平面方程.

第八节　多元函数微分学在最大值、最小值问题中的应用

在实际问题中,我们会遇到大量求多元函数最大值和最小值的问题. 与一元函数类似,多元函数的最大值、最小值与极大值、极小值有着密切的联系. 下面我们以二元函数为例首先讨论多元函数的极值问题.

一、多元函数的极大值、极小值

定义 1　设函数 $z=f(x,y)$ 在点 (x_0,y_0) 的某一领域内有定义,对该邻域内任何异于 (x_0,y_0) 的点 (x,y),如果

$$f(x,y)<f(x_0,y_0)$$

则称函数 $f(x,y)$ 在 (x_0,y_0) 处有**极大值** $f(x_0,y_0)$,(x_0,y_0) 称为函数**极大值点**;

如果 $f(x,y)>f(x_0,y_0)$

则称函数 $f(x,y)$ 在 (x_0,y_0) 处有**极小值** $f(x_0,y_0)$,(x_0,y_0) 称为函数**极小值点**.

极大值点和极小值点统称为**极值点**.

与极值相关的基本问题有两个,一是如何判断函数是否有极值? 在什么点处取得极值? 二是如何求函数的极值? 下面的定理给出了极值存在的一个必要条件.

定理 1（必要条件）　设函数 $z=f(x,y)$ 在点 (x_0,y_0) 处有偏导数,且在 (x_0,y_0) 处有极值,则 $f_x'(x_0,y_0)=0$, $f_y'(x_0,y_0)=0$.

类似地,如果三元函数 $u=f(x,y,z)$ 在点 (x_0,y_0,z_0) 具有偏导数,则它在点 (x_0,y_0,z_0) 具有极值的必要条件为

$$f_x(x_0,y_0,z_0)=0, f_y(x_0,y_0,z_0)=0, f_z(x_0,y_0,z_0)=0.$$

仿照一元函数,若 $f_x(x_0,y_0)=0$ 且 $f_y(x_0,y_0)=0$,则称 (x_0,y_0) 为函数 $z=f(x,y)$ 的**驻点**. 从定理 1 可以看出,具有偏导数的函数的极值点必是驻点. 但是函数的驻点不一定是极值点. 如 $(0,0)$ 是函数 $z=xy$ 的驻点,但并不是极值点.

如何判定驻点是否是极值点呢? 下面的定理回答了这个问题.

定理 2(充分条件) 设函数 $z=f(x,y)$ 在点 (x_0,y_0) 的某邻域内连续且有一阶和二阶连续偏导数,又 $f_x(x_0,y_0)=0, f_y(x_0,y_0)=0$,令

$$f_{xx}(x_0,y_0)=A, f_{xy}(x_0,y_0)=B, f_{yy}(x_0,y_0)=C,$$

则 (1)当 $AC-B^2>0$ 时,$f(x,y)$ 在 (x_0,y_0) 处有极值,且当 $A<0$ 时有极大值,当 $A>0$ 时有极小值;

(2)当 $AC-B^2<0$ 时,$f(x,y)$ 在 (x_0,y_0) 没有极值;

(3)当 $AC-B^2=0$ 时,$f(x,y)$ 在 (x_0,y_0) 处可能有极值,也可能没有极值.

证 略.

例 1 求 $f(x,y)=x^4+y^4-4xy+1$ 的极值.

解 $f_x(x,y)=4x^3-4y, f_y(x,y)=4y^3-4x,$

$f_{xx}(x,y)=12x^2, f_{yy}(x,y)=12y^2, f_{xy}(x,y)=-4,$

令 $f_x(x,y)=f_y(x,y)=0$,得

$$\begin{cases} f_x(x,y)=x^3-y=0 \\ f_y(x,y)=y^3-x=0 \end{cases}$$

于是 $x^9-x=0$,可得 $x_1=0, x_2=1, x_3=-1$,相应得 $y_1=0, y_2=1, y_3=-1$,

故驻点为 $(0,0)$,$(1,1)$,$(-1,-1)$ 且

在 $(0,0)$ 处,$AC-B^2=-16<0$,故 $(0,0)$ 不是 $f(x,y)$ 极值点;

在 $(1,1)$ 处,$AC-B^2=128>0$ 且 $f_{xx}(1,1)=12>0$,故 $(1,1)$ 是 $f(x,y)$ 的极小值点,且极小值为 $f(1,1)=-1$;

在 $(-1,-1)$ 处,$AC-B^2=128>0$ 且 $f_{xx}(-1,-1)=12>0$,所以 $f(-1,-1)=-1$ 也是 $f(x,y)$ 的极小值.

例 2 设某厂要用铁板做成一个体积为 2m^3 的有盖长方体水箱,问当长、宽、高各取怎样的尺寸时,才能使用料最省.

解 设水箱长为 xm,宽为 ym,则高为 $\frac{2}{xy}$m,此水箱所用材料的面积为

$$S=2\left(xy+y\cdot\frac{2}{xy}+x\cdot\frac{2}{xy}\right)=2\left(xy+\frac{2}{x}+\frac{2}{y}\right)\ (x>0, y>0)$$

可见材料面积 S 是 x 和 y 的二元函数. 由题意我们要求这个函数的最小值点 (x,y),解方程组 $\begin{cases} \dfrac{\partial S}{\partial x}=2\left(y-\dfrac{2}{x^2}\right)=0 \\ \dfrac{\partial S}{\partial y}=2\left(x-\dfrac{2}{y^2}\right)=0 \end{cases}$ 得唯一驻点 $x=\sqrt[3]{2}, y=\sqrt[3]{2}$.

由题目可断定，水箱所用材料面积的最小值一定存在，并且在区域 $D=\{(x,y)\mid x>0,y>0\}$ 内取得，又函数在 D 内有唯一驻点，因此该驻点为最小值点，从而当水箱长为 $\sqrt[3]{2}$m，宽为 $\sqrt[3]{2}$m，高为 $\sqrt[3]{2}$m 时用料最省.

从这个例子还可以看出，在体积一定的长方体中，以立方体的表面积最小.

二、条件极值与多元函数的最大值、最小值

上面所讨论的极值问题，对于函数的自变量，除了限制在函数的定义域内以外，并无其他条件，所以有时候称为**无条件极值**. 但在实际问题中，有时会遇到对函数自变量还有附加条件的极值问题. 像这种对自变量有附加条件的极值称为**条件极值**. 一些问题可以通过转换为无条件极值问题解决；但在很多情况下，将条件极值化为无条件极值并不简单. 这里我们介绍另一种直接求条件极值的方法，拉格朗日乘数法.

拉格朗日乘数法 要找函数 $z=f(x,y)$ 在附加条件 $\varphi(x,y)=0$ 　(1)

下的可能极值点，可以先作拉格朗日函数

$$L(x,y)=f(x,y)+\lambda\varphi(x,y)$$

其中 λ 为参数. 求其对 x 与 y 的一阶偏导数，并使之为零，然后与方程(1)联立起来：

$$\begin{cases}f_x(x,y)+\lambda\varphi_x(x,y)=0\\ f_y(x,y)+\lambda\varphi_y(x,y)=0\\ \varphi(x,y)=0\end{cases}$$

由这方程组解出 x,y 及 λ，这样得到的 (x,y) 就是函数 $f(x,y)$ 在附加条件 $\varphi(x,y)=0$ 下的可能极值点.

这种方法，还可以推广到自变量多于两个而条件多于一个的情形. 例如，要求函数

$$u=f(x,y,z,t)$$

在附加条件　　$\varphi(x,y,z,t)=0,\psi(x,y,z,t)=0$ 　(2)

下的极值，可以先作拉格朗日函数

$$L(x,y,z,t)=f(x,y,z,t)+\lambda\varphi(x,y,z,t)+\mu\psi(x,y,z,t),$$

其中 λ,μ 均为参数，求其一阶偏导数，并使之为零，然后与(2)中的两个方程联立起来求解，这样得出的 (x,y,z,t) 就是函数 $f(x,y,z,t)$ 在附加条件(2)下的可能极值点.

至于如何确定所求的点是否是极值点，在实际问题中往往可以根据问题本身的性质来判定.

例 3　求表面积为 a^2 而体积为最大的长方体的体积.

解　设长方体的三棱长为 x,y,z，则问题就是在条件

$$\varphi(x,y,z)=2xy+2yz+2xz-a^2=0$$

下，求函数　　$V=xyz\quad(x>0,y>0,z>0)$ 的最大值.

作拉格朗日函数

$$L(x,y,z)=xyz+\lambda(2xy+2yz+2xz-a^2),$$

求其对 x,y,z 的偏导数，并使之为零，得到

$$\begin{cases}yz+2\lambda(y+z)=0\\ xz+2\lambda(x+z)=0\\ xy+2\lambda(y+x)=0\end{cases}$$

再联立求解.

因 x,y,z 都不等于零,所以可得

$$\frac{x}{y}=\frac{x+z}{y+z},\frac{y}{z}=\frac{x+y}{x+z}$$

由以上两式解得 $$x=y=z.$$

将此代入,便得 $x=y=z=\frac{\sqrt{6}}{6}a$,

这是唯一可能的极值点. 因为由问题本身可知最大值一定存在,所以最大值就在这个可能的极值点处取得. 即表面积为 a^2 的长方体中,棱长为$\frac{\sqrt{6}}{6}a$ 的正方体的体积最大,最大体积为 $V=\frac{\sqrt{6}}{36}a^3$.

与一元函数类似,我们可以利用函数的极值来求多元函数的最大值与最小值. 在第一节中已经指出,如果 $z=f(x,y)$在有界闭区域 D 上连续,则 $z=f(x,y)$在 D 上必定能取得最大值和最小值. 这种使函数取得最大值或最小值的点既可能在 D 的内部,也可能在 D 的边界上.

因此,由以上极值的求法给出求二元函数 $z=f(x,y)$的最大值和最小值的一般步骤为:设 $z=f(x,y)$在有界闭区域 D 上连续.

(1)求出函数在 D 内部所有可能极值点处的函数值;

(2)求出函数在 D 的边界上所有可能极值点处的函数值;

(3)比较上述两类值的大小,最大者即为最大值,最小者即为最小值.

注 若已知函数 $z=f(x,y)$在 D 内必取得最值,而函数在该区域内有唯一可能的极值点(x_0,y_0),则 $f(x_0,y_0)$即为所求的最值.

例 4 试求 $z=x^2+y^2-xy+x+y$ 在闭区域 $D=\{(x,y)\mid x\leqslant 0,y\leqslant 0$ 且 $x+y\geqslant -3\}$上的最大值与最小值.

解 $\begin{cases}\frac{\partial z}{\partial x}=2x-y+1=0\\ \frac{\partial z}{\partial y}=2y-x+1=0\end{cases}$, 解得 $x=-1,y=-1,f(-1,-1)=-1$;

当 $x=0$ 时, $z=y^2+y,y\in[-3,0]$, 解得 $f(0,-3)=6$ 为最大,$f\left(0,-\frac{1}{2}\right)=-\frac{1}{4}$ 为最小;

当 $y=0$ 时, $z=x^2+x,x\in[-3,0]$, 解得 $f(-3,0)=6$ 为最大,$f\left(-\frac{1}{2},0\right)=-\frac{1}{4}$为最小;

当 $x+y=-3$ 时,$z=3x^2+9x+6,x\in[-3,0]$,当 $x=-\frac{3}{2}$时,z 有最小值 $z=-\frac{3}{4}$,即 $f\left(-\frac{3}{2},-\frac{3}{2}\right)=-\frac{3}{4}$;当$x=0$ 时 z 有最大值$z=6$,即$f(-3,0)=6$.

综上所述:$f(0,-3)=f(-3,0)=6$ 为最大值, $f(-1,-1)=-1$ 为最小值.

习题 6—8

1. 求函数 $f(x,y)=4(x-y)-x^2-y^2$ 的极值.

2. 求函数 $z=f(x,y)=\sin x+\sin y-\sin(x+y)$ 在由 x 轴，y 轴及直线 $x+y=2\pi$ 所围成三角形中的最大值.

3. 某工厂生产两种产品 A 与 B，出售单价分别为 10 元与 9 元，生产 x 单位的产品 A 与生产 y 单位的产品 B 的总费用是：

$$400+2x+3y+0.01(3x^2+xy+3y^2)\text{（元）}$$

求取得最大利润时，两种产品的产量各多少？

4. 求函数 $f(x,y)=\frac{1}{2}x^2-4xy+9y^2+3x-14y+\frac{1}{2}$ 的极值.

总复习题六

1. 在“充分”、“必要”和“充分必要”三者中选择一个正确的填入下列空格：

(1) $f(x,y)$ 在点 (x,y) 可微分是 $f(x,y)$ 在该点连续的（　　　）条件. $f(x,y)$ 在点 (x,y) 连续是 $f(x,y)$ 在该点可微分的（　　　）条件.

(2) $z=f(x,y)$ 在点 (x,y) 的偏导数 $\frac{\partial z}{\partial x}$ 及 $\frac{\partial z}{\partial y}$ 存在是 $f(x,y)$ 在该点可微分的（　　　）条件. $z=f(x,y)$ 在点 (x,y) 可微分是函数在该点的偏导数 $\frac{\partial z}{\partial x}$ 及 $\frac{\partial z}{\partial y}$ 存在的（　　　）条件.

(3) $z=f(x,y)$ 的偏导数 $\frac{\partial z}{\partial x}$ 及 $\frac{\partial z}{\partial y}$ 在点 (x,y) 存在且连续是 $f(x,y)$ 在该点可微分的（　　　）条件.

(4) 函数 $z=f(x,y)$ 的两个二阶混合偏导数 $\frac{\partial^2 z}{\partial x\partial y}$ 及 $\frac{\partial^2 z}{\partial y\partial x}$ 在区域 D 内连续是这两个二阶混合偏导数在 D 内相等的（　　　）条件.

2. 求二元函数 $f(x,y)=\frac{\arcsin(3-x^2-y^2)}{\sqrt{x-y^2}}$ 的定义域.

3. 已知函数 $f(x+y,x-y)=\frac{x^2-y^2}{x^2+y^2}$，求 $f(x,y)$.

4. 求下列函数极限.

(1) $\lim\limits_{\substack{x\to 0\\ y\to 0}}(x^2+y^2)\sin\frac{1}{x^2+y^2}$；　　(2) $\lim\limits_{\substack{x\to 0\\ y\to 0}}\frac{xy^3+2x^4}{x^2+y^4}$；

(3) $\lim\limits_{\substack{x\to 0\\ y\to 1}}\frac{e^x+y}{x+y}$；　　(4) $\lim\limits_{\substack{x\to 0\\ y\to 1}}\left[\ln(y-x)+\frac{y}{\sqrt{1-x^2}}\right]$.

5. 讨论函数

$$f(x,y)=\begin{cases}\dfrac{xy^2}{x^2+y^4}, & x^2+y^2\neq 0\\ 0, & x^2+y^2=0\end{cases}$$

的连续性.

6. 求三元函数 $u=\sin(x+y^2-e^z)$ 的一阶偏导数.

7. 设 $z=f(x,y)=e^{xy}\sin y\pi+(x-1)\arctan\dfrac{x}{y}$,试求 $f_x(1,1)$ 及 $f_y(1,1)$.

8. 设 $z=4x^3+3x^2y-3xy^2-x+y$, 求$\dfrac{\partial^2 z}{\partial x^2}$, $\dfrac{\partial^2 z}{\partial y\partial x}$, $\dfrac{\partial^2 z}{\partial x\partial y}$, $\dfrac{\partial^2 z}{\partial y^2}$, $\dfrac{\partial^3 z}{\partial x^3}$.

9. 计算函数 $z=e^{xy}$ 在点(2, 1)处的全微分.

10. 求函数 $u=x+\sin\dfrac{y}{2}+e^{yz}$ 的全微分.

11. 设 $z=\dfrac{y^2}{2x}+\varphi(xy)$,$\varphi$ 为可微的函数, 求证 $x^2\dfrac{\partial z}{\partial x}-xy\dfrac{\partial z}{\partial y}+\dfrac{3}{2}y^2=0$.

12. 设$\dfrac{x}{z}=\varphi\left(\dfrac{y}{z}\right)$,其中 φ 为可微函数, 求 $x\dfrac{\partial z}{\partial x}+y\dfrac{\partial z}{\partial y}$.

13. 设 $f(x,y,z)=x^3y^2z^2$,其中 $z=z(x,y)$ 为由方程

$$x^3+y^3+z^3-3xyz=0$$

所确定的隐函数, 试求 $f_x'(-1,0,1)$.

14. 设 $y=f(x,t)$,而 t 是由方程 $F(x,y,t)=0$ 所确定的 x,y 的函数, 试求$\dfrac{\mathrm{d}y}{\mathrm{d}x}$.

15. 求旋转抛物面 $z=x^2+y^2-1$ 在点(2,1,4)处的切平面及法线方程.

16. (1) 求 $\mathbf{grad}\,\dfrac{1}{x^2+y^2}$.

(2) 设 $f(x,y,z)=x^2+y^2+z^2$, 求 $\mathbf{grad} f(1,-1,2)$.

17. 求函数 $u=x^2+2y^2+3z^2+3x-2y$ 在点(1,1,2)处的梯度, 并问在哪些点处梯度为零?

18. 求函数 $f(x,y)=x^2-2xy+2y$ 在矩形域

$$D=\{(x,y)\mid 0\leqslant x\leqslant 3, 0\leqslant y\leqslant 2\}$$

上的最大值和最小值.

19. 求二元函数 $z=f(x,y)=x^2y(4-x-y)$ 在直线 $x+y=6$,x 轴和 y 轴所围成的闭区域 D 上的最大值与最小值.

20. 求函数 $u=xyz$ 在条件$\dfrac{1}{x}+\dfrac{1}{y}+\dfrac{1}{z}=\dfrac{1}{a}$$(x>0,y>0,z>0,a>0)$下的极值.

第七章

重积分

与定积分类似，重积分的概念也是从实践中抽象出来的，它是定积分的推广，其中的数学思想与定积分一样，也是一种和式的极限. 这种和式的极限的概念推广到定义在区域、曲线及曲面上多元函数的情形，便得到重积分、曲线积分及曲面积分的概念. 本章将介绍重积分（包括二重积分和三重积分）的概念、计算法以及它们的一些应用.

第一节　二重积分的概念与性质

一、二重积分的概念

引例 1　曲顶柱体的体积

设有一立体，它的底是 xoy 面上的闭区域 D，它的侧面是以 D 的边界曲线为准线而母线平行于 z 轴的柱面，它的顶是曲面 $z=f(x,y)$，这里 $f(x,y)\geqslant 0$ 且在 D 上连续（见图 7—1）. 这种立体叫做曲顶柱体. 下面我们来求曲顶柱体的体积.

如果函数 $f(x,y)$ 在 D 上取常值，则上述曲顶柱体就化为一平顶柱体，该平顶柱体的体积可用公式

　　体积=底面积×高

来定义和计算. 在一般情形下，求曲顶柱体的体积问题可用微元法来解决.

首先，用任意一组曲线网把将闭区域 D 分成 n 个小闭区域 $\Delta\sigma_1,\Delta\sigma_2,\cdots,\Delta\sigma_n$，分别以这些小闭区域的边界曲线为准线，作母线平行于 z 轴的柱面，这些柱面把原来的曲顶柱体分为 n 个细曲顶柱体. 当这些小闭区域的直径很小时，由于 $f(x,y)$ 连续，对同一个小闭区域来说，$f(x,y)$ 变化很小，这时细曲顶柱体可近似看作平顶柱体. 我们在每个 $\Delta\sigma_i$（这小闭区域的面积也记作 $\Delta\sigma_i$）中任取一点 (ξ_i,η_i)，以 $f(\xi_i,\eta_i)$ 为高而底为 $\Delta\sigma_i$ 的平顶柱体（见图 7—2）的体积为

$f(\xi_i,\eta_i)\Delta\sigma_i(i=1,2,\cdots,n)$,

这 n 个平顶柱体体积之和 $\sum_{i=1}^{n} f(\xi_i,\eta_i)\Delta\sigma_i$ 可以认为是整个曲顶柱体体积的近似值. 令 n 个小闭区域的直径的最大值(记作 λ)趋于零,取上述和的极限,所得的极限便自然地定义为所论曲顶柱体的体积 V,即

$$V=\lim_{\lambda\to 0}\sum_{i=1}^{n} f(\xi_i,\eta_i)\Delta\sigma_i.$$

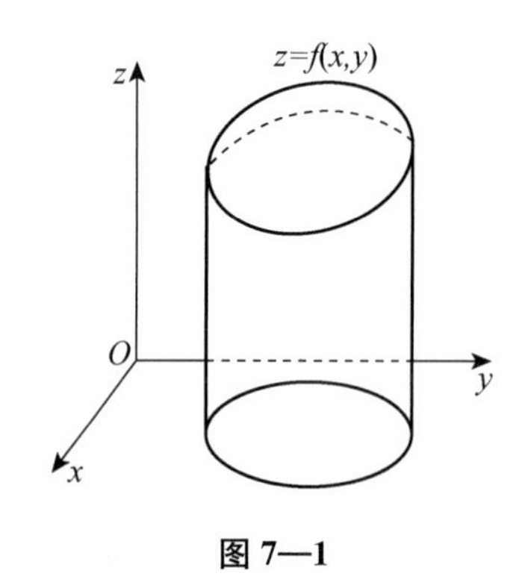

图 7—1

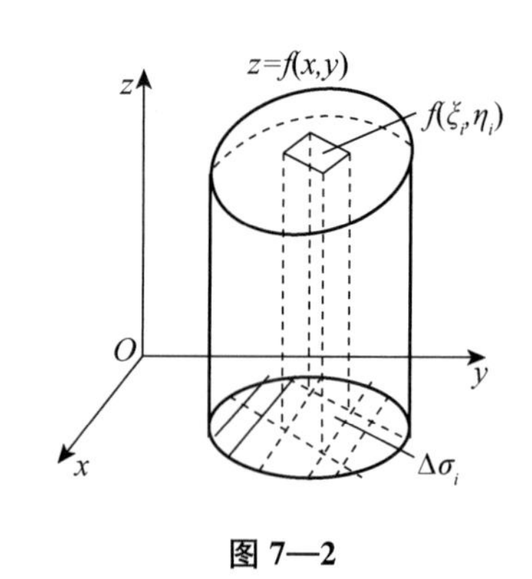

图 7—2

引例 2 平面薄片的质量

设有一平面薄片占有 xoy 面上的闭区域 D,它在点(x,y)处的面密度为 $\mu(x,y)$,这里 $\mu(x,y)>0$ 且在 D 上连续. 现在计算该薄片的质量.

如果薄片是均匀的,即面密度是常数,则薄片的质量可以用公式

质量=面密度×面积

来计算. 现在面密度是变量,求薄片的质量问题可用微元法来解决.

由于 $\mu(x,y)$连续,把薄片分成许多小块后,只要小块所占的小闭区域 $\Delta\sigma_i$ 的直径很小,这些小块就可以近似地看作均匀薄片. 在 $\Delta\sigma_i$ 上任取一点(ξ_i,η_i),则

$\mu(\xi_i,\eta_i)\Delta\sigma_i(i=1,2,\cdots,n)$可看作第 i 个小块的质量的近似值. 通过求和、取极限,便得出

$$m=\lim_{\lambda\to 0}\sum_{i=1}^{n}\mu(\xi_i,\eta_i)\Delta\sigma_i.$$

上面两个问题的实际意义虽然不同,但所求量都可归结为同一形式的和的极限. 在物理、力学、几何和工程技术中,有许多物理量或几何量都可归结为这一形式的和的极限. 为更一般地研究这类和式的极限,我们抽象出如下定义:

定义 1 设 $f(x,y)$是有界闭区域 D 上的有界函数. 将闭区域 D 任意分成 n 个小闭区域 $\Delta\sigma_1,\Delta\sigma_2,\cdots,\Delta\sigma_n$,其中 $\Delta\sigma_i$ 表示第 i 个小闭区域,也表示它的面积. 在每个 $\Delta\sigma_i$ 上任取一点(ξ_i,η_i),作乘积 $f(\xi_i,\eta_i)\Delta\sigma_i(i=1,2,\cdots,n)$,并作和 $\sum_{i=1}^{n} f(\xi_i,\eta_i)\Delta\sigma_i$. 如果当各小闭区域的直径中的最大值 λ 趋于零时,这和的极限存在,则称此极限为函数 $f(x,y)$在闭区域 D 上的二重积分,记作 $\iint\limits_D f(x,y)\mathrm{d}\sigma$,即

$$\iint_D f(x,y)\mathrm{d}\sigma = \lim_{\lambda\to 0}\sum_{i=1}^{n} f(\xi_i,\eta_i)\Delta\sigma_i.$$

其中 $f(x,y)$ 叫做被积函数，$f(x,y)\mathrm{d}\sigma$ 叫做被积表达式，$\mathrm{d}\sigma$ 叫做面积元素，x 与 y 叫做积分变量，D 叫做积分区域，$\sum\limits_{i=1}^{n} f(\xi_i,\eta_i)\Delta\sigma_i$ 叫做积分和.

注　(1) 在二重积分的定义中对闭区域 D 的划分是任意的，如果在直角坐标系中用平行于坐标轴的直线网来划分 D，那么除了包含边界点的一些小闭区域外，其余的小闭区域都是矩形闭区域，设矩形闭区域 $\Delta\sigma_i$ 的边长为 Δx_j 和 Δy_k，则 $\Delta\sigma_i=\Delta x_j\Delta y_k$. 因此在直角坐标系中，有时也把面积元素 $\mathrm{d}\sigma$ 记作 $\mathrm{d}x\mathrm{d}y$，而把二重积分记作 $\iint\limits_D f(x,y)\mathrm{d}x\mathrm{d}y$，其中 $\mathrm{d}x\mathrm{d}y$ 叫做直角坐标系中的面积元素.

(2) 如果二重积分 $\iint\limits_D f(x,y)\mathrm{d}\sigma$ 存在，则称函数 $f(x,y)$ 在闭区域 D 上是**可积的**. 可以证明，如果函数 $f(x,y)$ 在闭区域 D 上连续，则 $f(x,y)$ 在闭区域 D 上是可积的. 本书后文中我们总是假定 $f(x,y)$ 在闭区域 D 上是连续的.

二重积分的**几何意义**：曲顶柱体的体积是函数 $f(x,y)$ 在底 D 上的二重积分，即 $V=\iint\limits_D f(x,y)\mathrm{d}\sigma$.

二重积分的**物理意义**：平面薄片的质量是它的面密度 $\mu(x,y)$ 在薄片所占闭区域 D 上的二重积分，即 $m=\iint\limits_D \mu(x,y)\mathrm{d}\sigma$.

一般地，如果 $f(x,y)\geqslant 0$，被积函数 $f(x,y)$ 可解释为曲顶柱体的顶点在点 (x,y) 处的竖坐标，所以二重积分的几何意义就是柱体的体积. 如果 $f(x,y)$ 是负的，柱体就在 xoy 面的下方，二重积分的绝对值仍等于柱体的体积，但二重积分的值是负的. 如果 $f(x,y)$ 在 D 的若干区域上是正的，而在其它区域是负的，那么 $f(x,y)$ 在 D 上的二重积分就等于 xoy 面上方的柱体体积减去 xoy 面下方的柱体体积所得之差.

二、二重积分的性质

二重积分与定积分有类似的性质，现叙述如下：

性质 1　设 α、β 为常数，则

$$\iint_D [\alpha f(x,y)+\beta g(x,y)]\mathrm{d}\sigma = \alpha\iint_D f(x,y)\mathrm{d}\sigma + \beta\iint_D g(x,y)\mathrm{d}\sigma.$$

这个性质表明二重积分满足**线性运算**.

性质 2　如果闭区域 D 被有限条曲线分为有限个部分闭区域，则在 D 上的二重积分等于在各部分闭区域上的二重积分的和. 例如 D 分为两个闭区域 D_1 与 D_2，则

$$\iint_D f(x,y)\mathrm{d}\sigma = \iint_{D_1} f(x,y)\mathrm{d}\sigma + \iint_{D_2} f(x,y)\mathrm{d}\sigma.$$

这个性质表明二重积分对积分区域具有**可加性**.

性质 3　如果在闭区域 D 上，$f(x,y)=1$，σ 为 D 的面积，则

$$\sigma=\iint\limits_D 1\times \mathrm{d}\sigma=\iint\limits_D \mathrm{d}\sigma.$$

这性质的几何意义是以 D 为底、高为 1 的平顶柱体的体积在数值上等于柱体的底面积.

性质 4 如果在闭区域 D 上,有 $f(x,y)\leqslant\varphi(x,y)$,则

$$\iint\limits_D f(x,y)\mathrm{d}\sigma\leqslant\iint\limits_D \varphi(x,y)\mathrm{d}\sigma.$$

特别地,由于 $-|f(x,y)|\leqslant f(x,y)\leqslant|f(x,y)|$,有

$$\left|\iint\limits_D f(x,y)\mathrm{d}\sigma\right|\leqslant\iint\limits_D |f(x,y)|\mathrm{d}\sigma.$$

性质 5 设 M、m 分别是 $f(x,y)$ 在闭区域 D 上的最大值和最小值,σ 为 D 的面积,则

$$m\sigma\leqslant\iint\limits_D f(x,y)\mathrm{d}\sigma\leqslant M\sigma.$$

这个不等式称为二重积分的**估值不等式**.

证 因为 $m\leqslant f(x,y)\leqslant M$,所以由性质 4 有

$$\iint\limits_D m\,\mathrm{d}\sigma\leqslant\iint\limits_D f(x,y)\mathrm{d}\sigma\leqslant\iint\limits_D M\mathrm{d}\sigma.$$

性质 6 设函数在闭区域 D 上连续,σ 为 D 的面积,则在 D 上至少存在一点 (ξ,η),使得

$$\iint\limits_D f(x,y)\mathrm{d}\sigma=f(\xi,\eta)\sigma.$$

证 显然 $\sigma\neq 0$,把性质 5 中不等式各除以 σ,有

$$m\leqslant\frac{1}{\sigma}\iint\limits_D f(x,y)\leqslant M.$$

这就是说,确定的数值 $\frac{1}{\sigma}\iint\limits_D f(x,y)$ 是介于函数 $f(x,y)$ 的最大值 M 与最小值 m 之间的. 根据在闭区域上连续函数的介值定理,在 D 上至少存在一点 (ξ,η),使得函数在该点的值与这个确定的数值相等,即

$$\frac{1}{\sigma}\iint\limits_D f(x,y)\mathrm{d}\sigma=f(\xi,\eta).$$

上式两端各乘以 σ,就得所要证明的公式.

这个性质称为**二重积分的中值定理**. 其几何意义是在区域 D 上以曲面 $f(x,y)$ 为顶的曲顶柱体的体积,等于以区域 D 内某一点 (ξ,η) 的函数值 $f(\xi,\eta)$ 为高的平顶柱体的体积.

例 1 估计二重积分 $I=\iint\limits_D \frac{\mathrm{d}\sigma}{\sqrt{x^2+y^2+2xy+16}}$ 的值,其中积分区域 D 为矩形闭区域 $\{(x,y)\mid 0\leqslant x\leqslant 1,0\leqslant y\leqslant 2\}$.

解 因为 $f(x,y)=\frac{1}{\sqrt{(x+y)^2+16}}$,区域 D 的面积 $\sigma=2$,且在 D 上 $f(x,y)$ 的最大值和最小值分别为

$$M=\frac{1}{\sqrt{(0+0)^2+16}}=\frac{1}{4},\ m=\frac{1}{\sqrt{(1+2)^2+16}}=\frac{1}{5},$$

所以$\frac{1}{5}\times 2\leqslant I\leqslant \frac{1}{4}\times 2$，即$\frac{2}{5}\leqslant I\leqslant \frac{1}{2}$.

习题 7—1

1. 用二重积分表示上半球体：$\{(x,y,z)\mid x^2+y^2+z^2\leqslant R^2,z>0\}$的体积$V$.

2. 判断$\iint\limits_D \ln(x^2+y^2)\mathrm{d}\sigma$的正负号，其中$D$：$\frac{1}{4}\leqslant x^2+y^2\leqslant 1$.

3. 已知$\iint\limits_D f(x,y)\mathrm{d}\sigma=2$，$\iint\limits_D g(x,y)\mathrm{d}\sigma=3$，计算二重积分$\iint\limits_D[3f(x,y)+2g(x,y)]\mathrm{d}\sigma$.

4. 利用二重积分的性质比较下列二重积分的大小：

(1) $\iint\limits_D (x+y)^2\mathrm{d}\sigma$与$\iint\limits_D (x+y)^3\mathrm{d}\sigma$，其中积分区域$D$是由$x$轴、$y$轴与直线$x+y=1$所围成；

(2) $\iint\limits_D (x+y)^2\mathrm{d}\sigma$与$\iint\limits_D (x+y)^3\mathrm{d}\sigma$，其中积分区域$D$是由圆周$(x-2)^2+(y-1)^2=2$所围成；

(3) $\iint\limits_D \ln(x+y)\mathrm{d}\sigma$与$\iint\limits_D [\ln(x+y)]^2\mathrm{d}\sigma$，其中$D=\{(x,y)\mid 3\leqslant x\leqslant 5,0\leqslant y\leqslant 1\}$.

5. 利用二重积分的性质估计下列二重积分的值：

(1) $\iint\limits_D xy(x+y)\mathrm{d}\sigma$，其中$D=\{(x,y)\mid 0\leqslant x\leqslant 1,0\leqslant y\leqslant 1\}$；

(2) $\iint\limits_D (x^2+4y^2+9)\mathrm{d}\sigma$，其中$D=\{(x,y)\mid x^2+y^2\leqslant 4\}$.

第二节　二重积分的计算

按二重积分的定义来计算二重积分，对少数特别简单的被积函数和积分区域来说是可行的，但对一般的函数和区域来说，这不是切实可行的方法. 我们要讨论的二重积分的计算方法，其基本思想是将二重积分化为两次定积分来计算，转化后的这种两次定积分常称为**二次积分**或**累次积分**. 本节先在直角坐标系下讨论二重积分的计算.

一、利用直角坐标计算二重积分

设函数$f(x,y)\geqslant 0$在区域D上连续.

1. 积分区域 D 为 X 一型区域

当积分区域D由直线$x=a$，$x=b$和曲线$y=\varphi_1(x)$，$y=\varphi_2(x)$围成时，如图 7－3 所示，其中$\varphi_1(x)$，$\varphi_2(x)$在$[a,b]$上连续，$\varphi_1(x)\leqslant\varphi_2(x)$，称$D$为**$X$－型区域**. 若$D$为$X$－型区域，则穿过$D$内部且平行于$y$轴的直线与$D$的边界的交点不多于两个. 区域$D$可用不等式

$$a \leqslant x \leqslant b, \quad \varphi_1(x) \leqslant y \leqslant \varphi_2(x)$$

来表示(见图 7—3).

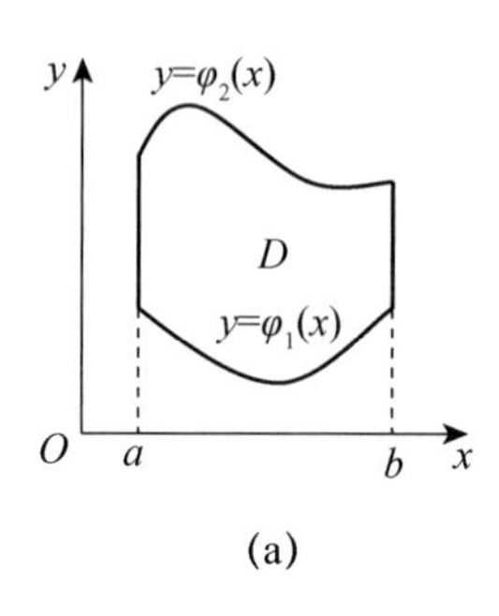

(a)

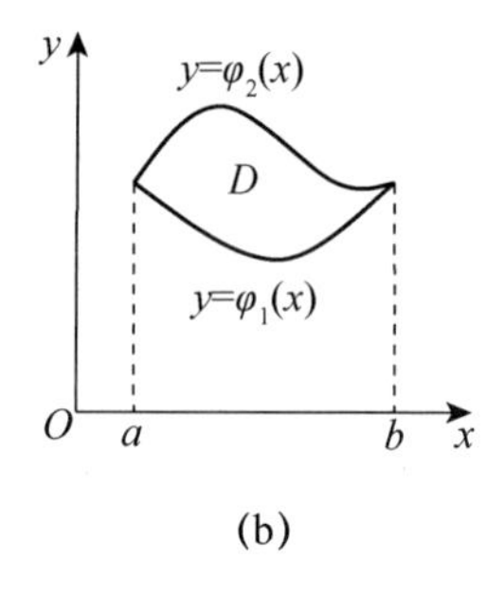

(b)

图 7—3

按二重积分的几何意义知,$\iint\limits_D f(x,y)\mathrm{d}x\mathrm{d}y$ 的值等于以 D 为底,以曲面 $z=f(x,y)$ 为顶的曲顶柱体(见图 7—4)的体积. 下面我们用“已知平行截面面积求立体的体积”的方法来计算曲顶柱体的体积.

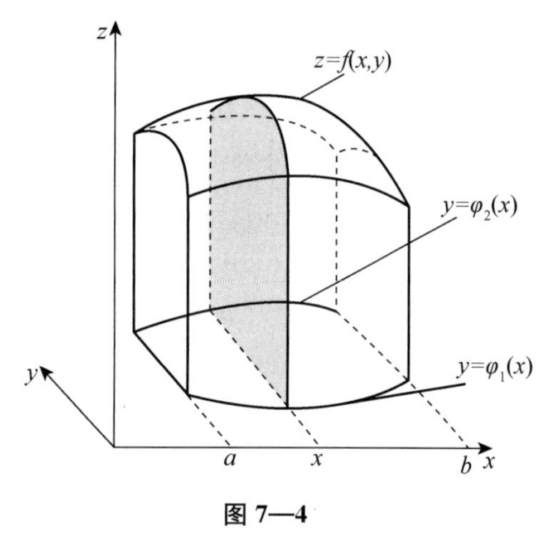

图 7—4

先计算截面面积. 为此,在区间$[a,b]$上任意取定一点 x_0,作平行于 yoz 面的平面 $x=x_0$. 这平面截曲顶柱体所得的截面是一个以区间$[\varphi_1(x_0),\varphi_2(x_0)]$为底、曲线 $z=f(x,y)$ 为曲边的曲边梯形(见图 7—4 中阴影部分),所以这截面的面积为

$$A(x_0)=\int_{\varphi_1(x_0)}^{\varphi_2(x_0)} f(x_0,y)\mathrm{d}y.$$

对任意的 $x\in[a,b]$,同样有

$$A(x)=\int_{\varphi_1(x)}^{\varphi_2(x)} f(x,y)\mathrm{d}y.$$

于是,应用计算平行截面面积为已知的立体体积的方法,得曲顶柱体体积为

$$V=\int_a^b A(x)\mathrm{d}x=\int_a^b\left[\int_{\varphi_1(x)}^{\varphi_2(x)} f(x,y)\mathrm{d}y\right]\mathrm{d}x.$$

这个体积也就是所求二重积分的值,从而有等式

$$\iint\limits_D f(x,y)\mathrm{d}\sigma=\int_a^b\left[\int_{\varphi_1(x)}^{\varphi_2(x)} f(x,y)\mathrm{d}y\right]\mathrm{d}x. \tag{1}$$

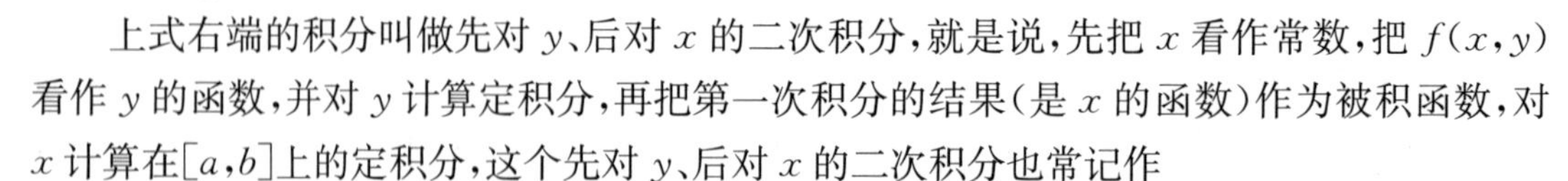

上式右端的积分叫做先对 y、后对 x 的二次积分,就是说,先把 x 看作常数,把 $f(x,y)$ 看作 y 的函数,并对 y 计算定积分,再把第一次积分的结果(是 x 的函数)作为被积函数,对 x 计算在$[a,b]$上的定积分,这个先对 y、后对 x 的二次积分也常记作

$$\int_a^b\mathrm{d}x\int_{\varphi_1(x)}^{\varphi_2(x)} f(x,y)\mathrm{d}y.$$

因此

$$\iint_D f(x,y)\mathrm{d}\sigma=\int_a^b \mathrm{d}x\int_{\varphi_1(x)}^{\varphi_2(x)} f(x,y)\mathrm{d}y.$$

2. 积分区域 D 为 Y一型区域

若积分区域 D 由直线 $y=c$，$y=\mathrm{d}$ 和曲线 $x=\psi_1(y)$，$x=\psi_2(y)$围成时，如图 7—5 所示，其中 $\psi_1(y)$，$\psi_2(y)$在$[c,\mathrm{d}]$上连续，$\psi_1(y)\leqslant\psi_2(y)$，称 D 为 Y一型区域.
用不等式

$$c\leqslant y\leqslant \mathrm{d},\psi_1(y)\leqslant x\leqslant\psi_2(y)$$

来表示(见图 7—5)，

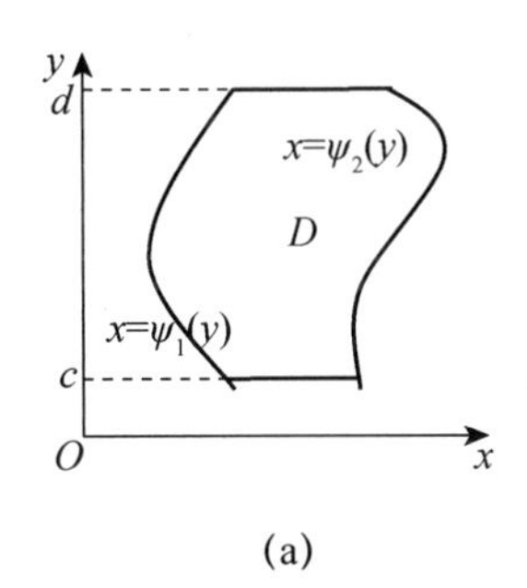

(a)

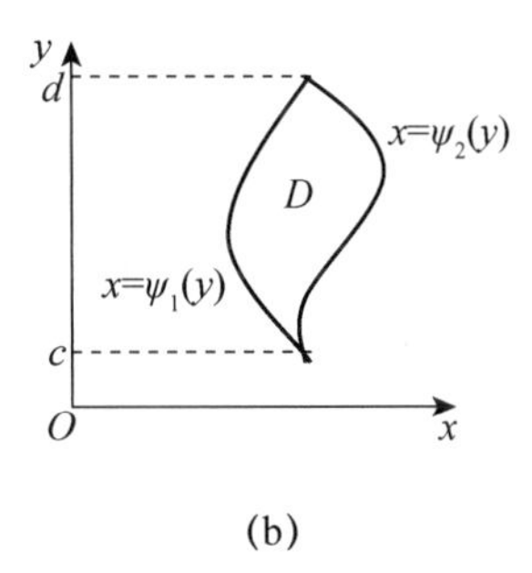

(b)

图 7—5

那么就有

$$\iint_D f(x,y)\mathrm{d}\sigma=\int_c^{\mathrm{d}}\left[\int_{\psi_1(y)}^{\psi_2(y)} f(x,y)\mathrm{d}x\right]\mathrm{d}y. \tag{2}$$

上式右端的积分叫做先对 x、后对 y 的二次积分，这个积分也记作

$$\int_c^{\mathrm{d}}\mathrm{d}y\int_{\psi_1(y)}^{\psi_2(y)} f(x,y)\mathrm{d}x.$$

因此

$$\iint_D f(x,y)\mathrm{d}\sigma=\int_c^{\mathrm{d}}\mathrm{d}y\int_{\psi_1(y)}^{\psi_2(y)} f(x,y)\mathrm{d}x.$$

在直角坐标系下计算二重积分的步骤：

(1)画出积分区域 D 的图形，并求出交点坐标，判断是 X一型区域还是 Y一型区域.

(2)确定二次积分的上、下限，若 D 为 X一型区域，则 $a\leqslant x\leqslant b$，固定 x 后，过 x 点从下至上作 y 轴的平行线与区域 D 相交，该平行线与区域 D 的下方边界的交点的纵坐标值 $\varphi_1(x)$为积分下限，而该平行线与区域 D 的上方边界的交点的纵坐标值 $\varphi_2(x)$为积分上限. 类似地，可以确定 Y一型区域的二次积分的上、下限.

(3)用公式(7.1)或(7.2)化二重积分为二次积分.

(4)计算二次积分的值.

注　(1) 若积分区域 D 既是 X一型区域又是 Y一型区域. 即积分区域 D 既可以用不等式 $a\leqslant x\leqslant b$，$\varphi_1(x)\leqslant y\leqslant\varphi_2(x)$表示，又可以用不等式 $c\leqslant y\leqslant \mathrm{d}$，$\psi_1(y)\leqslant x\leqslant\psi_2(y)$表示，则有

$$\int_a^b \mathrm{d}x\int_{\varphi_1(x)}^{\varphi_2(x)} f(x,y)\mathrm{d}y=\int_c^{\mathrm{d}}\mathrm{d}y\int_{\psi_1(y)}^{\psi_2(y)} f(x,y)\mathrm{d}x.$$

(2) 若积分区域 D 既不是 X—型区域也不是 Y—型区域(见图 7—6). 我们可以将它分割成若干块 X—型区域或 Y—型区域,然后在每块这样的区域上分别应用公式(7.1)或(7.2),再根据二重积分对积分区域的可加性,即可计算二重积分.

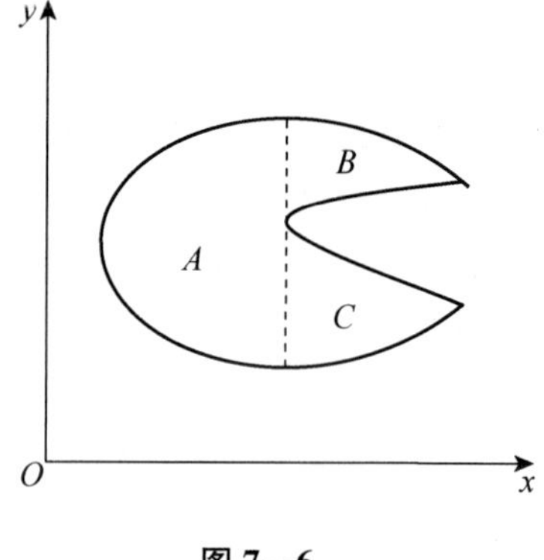

图 7—6

例 1 计算 $\iint\limits_D xy\,\mathrm{d}\sigma$,其中 D 是由直线 $y=1,x=2$ 及 $y=x$ 所围成的闭区域.

解 首先画出积分区域 D. 并求出交点坐标 $(1,1)$,$(1,2)$,$(2,2)$.

解法一 把区域 D 看作是 X—型的(见图 7—7),D 上的点的横坐标的变动范围是区间 $[1,2]$. 在区间 $[1,2]$ 上任意取定一个 x 值,则 D 上以这个 x 值为横坐标的点在一段直线上,这段直线平行于 y 轴,该线段上点的纵坐标从 $y=1$ 变到 $y=x$. 则 $\iint\limits_D xy\,\mathrm{d}\sigma=\int_1^2\left[\int_1^x xy\,\mathrm{d}y\right]\mathrm{d}x=\int_1^2\left[x\frac{y^2}{2}\right]_1^x\mathrm{d}x=\int_1^2\left(\frac{x^3}{2}-\frac{x}{2}\right)\mathrm{d}x=\left[\frac{x^4}{8}-\frac{x^2}{4}\right]_1^2=\frac{9}{8}$.

解法二 把区域 D 看作是 Y—型的(见图 7—8),D 上的点的纵坐标的变动范围是区间 $[1,2]$. 在区间 $[1,2]$ 上任意取定一个 y 值,则 D 上以这个 y 值为纵坐标的点在一段直线上,这段直线平行于 x 轴,该线段上点的横坐标从 $x=y$ 变到 $x=2$. 则 $\iint\limits_D xy\,\mathrm{d}\sigma=\int_1^2\left[\int_y^2 xy\,\mathrm{d}x\right]\mathrm{d}y=\int_1^2\left[y\frac{x^2}{2}\right]_y^2\mathrm{d}y=\int_1^2\left(2y-\frac{y^3}{2}\right)\mathrm{d}y=\left[y^2-\frac{y^4}{8}\right]_1^2=\frac{9}{8}$.

例 2 计算 $\iint\limits_D(2x+y)\,\mathrm{d}\sigma$,其中 D 是由直线 $y=x,y=2-x$ 及 $y=0$ 所围成的闭区域.

解 画出区域 D 的图形(见图 7—9). 并求出交点坐标 $O(0,0)$,$A(1,1)$,$B(2,0)$.

把区域 D 看作是 Y—型区域,用不等式将 D 表示为 $D:0\leqslant y\leqslant 1,y\leqslant x\leqslant 2-y$. 则可得:

$$\begin{aligned}\iint\limits_D(2x+y)\,\mathrm{d}\sigma&=\int_0^1\mathrm{d}y\int_y^{2-y}(2x+y)\,\mathrm{d}x=\int_0^1(x^2+xy)\Big|_y^{2-y}\mathrm{d}y=\int_0^1(-2y^2-2y+4)\,\mathrm{d}y\\&=2\,\frac{1}{3}.\end{aligned}$$

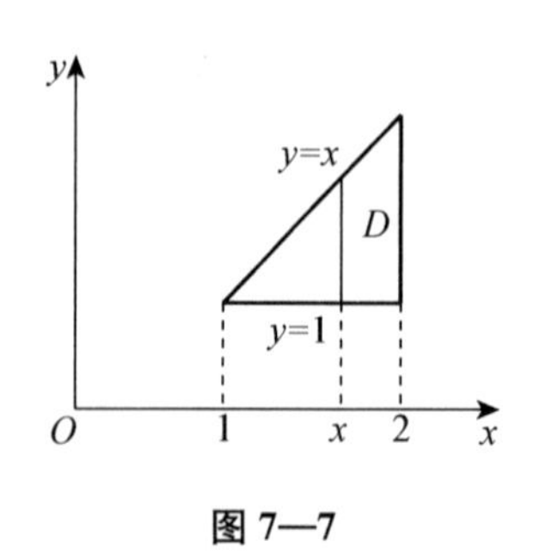

图 7—7

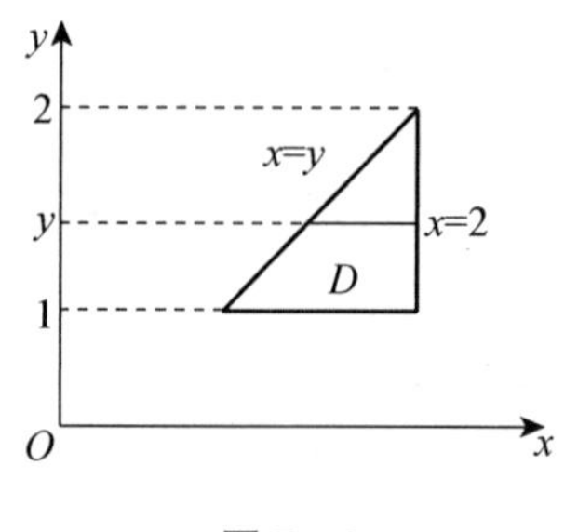

图 7—8

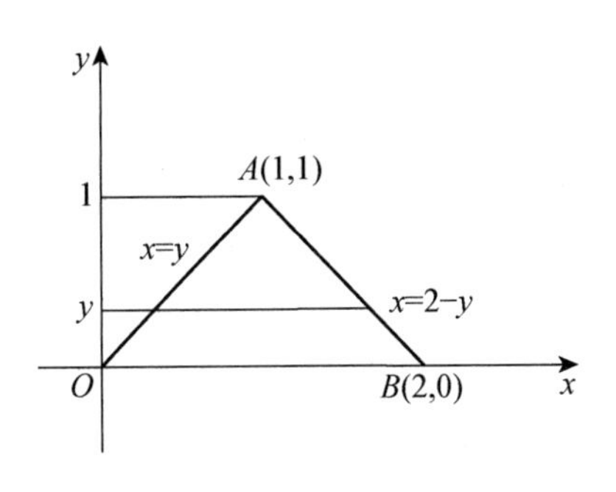

图 7—9

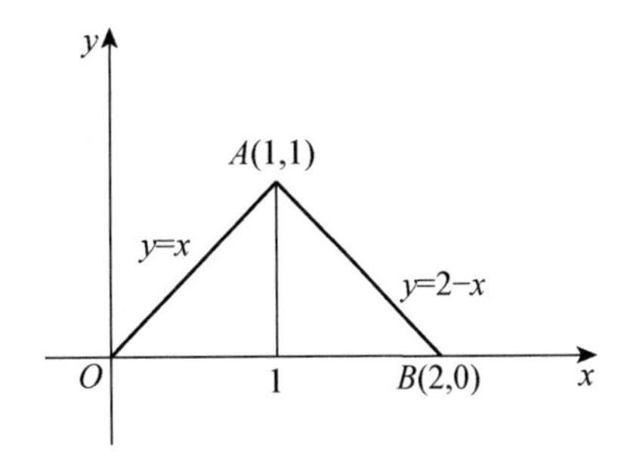

图 7—10

若把区域 D 看作是 X—型区域(见图 7—10),则要把 D 分块,计算繁琐.

例 3 计算 $\iint\limits_D xy\,\mathrm{d}\sigma$,其中 D 是由直线 $y=x-2$ 及抛物线 $y^2=x$ 所围成的闭区域.

解 首先画出积分区域 D 的图形. 并求出交点坐标(1,−1),(4,2). 把区域 D 看作是 Y—型区域(见图 7—11),用不等式将 D 表示为

$$D:-1\leqslant y\leqslant 2,\ y^2\leqslant x\leqslant 2+y.$$

则

$$\iint\limits_D xy\,\mathrm{d}\sigma=\int_{-1}^{2}\left[\int_{y^2}^{y+2}xy\,\mathrm{d}x\right]\mathrm{d}y=\int_{-1}^{2}\left[y\frac{x^2}{2}\right]_{y^2}^{y+2}\mathrm{d}y=\frac{1}{2}\int_{-1}^{2}[y(y+2)^2-y^5]\mathrm{d}y$$

$$=\frac{1}{2}\left[\frac{y^4}{4}+\frac{4}{3}y^3+2y^2-\frac{y^6}{6}\right]_{-1}^{2}=\frac{45}{8}.$$

若把区域 D 看作是 X—型区域(见图 7—12),则要把 D 分块,计算繁琐.

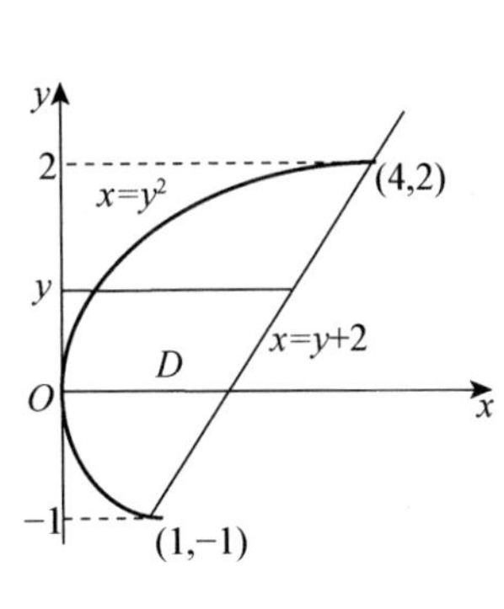

图 7—11

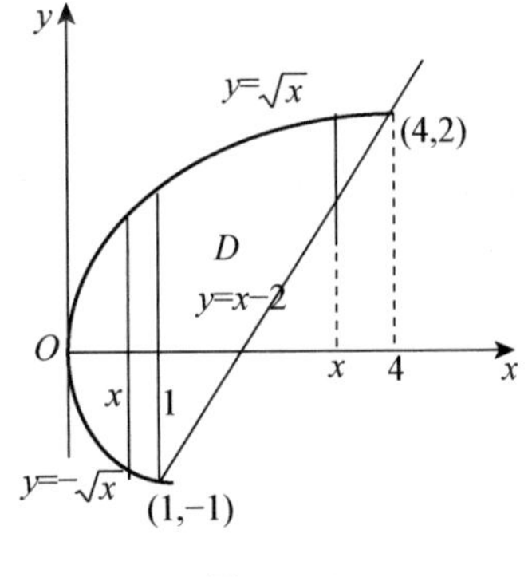

图 7—12

例 4 计算 $\iint\limits_D e^{y^2}\,\mathrm{d}x\mathrm{d}y$,其中 D 是由直线 $y=1$,$y=x$ 及 y 轴所围成的闭区域.

解 首先画出积分区域 D 的图形(见图 7—13). 并求出交点坐标(0,0),(1,1). 若将 D 看作是 X—型区域,则 D:$0\leqslant x\leqslant 1$,$x\leqslant y\leqslant 1$,从而

$$\iint\limits_D e^{y^2}\,\mathrm{d}x\mathrm{d}y=\int_0^1\mathrm{d}x\int_x^1 e^{y^2}\,\mathrm{d}y.$$

因为 $\int e^{y^2}\,\mathrm{d}y$ 的原函数不能用初等函数表示,所以应选择另一种积分次序. 把区域 D 看作是

Y—型区域,用不等式将 D 表示为 D:$0\leqslant y\leqslant 1,0\leqslant x\leqslant y$,则

$$\iint_D e^{y^2}\mathrm{d}x\mathrm{d}y=\int_0^1\mathrm{d}y\int_0^y e^{y^2}\mathrm{d}x=\int_0^1 ye^{y^2}\mathrm{d}y=\frac{1}{2}\int_0^1 e^{y^2}\mathrm{d}(y^2)=\frac{1}{2}(e-1).$$

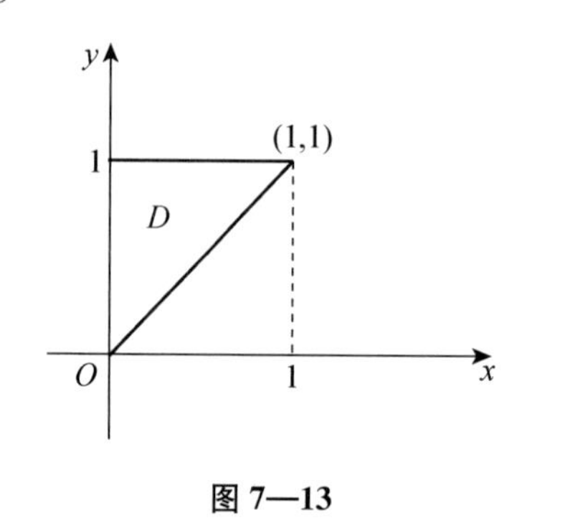

图 7—13

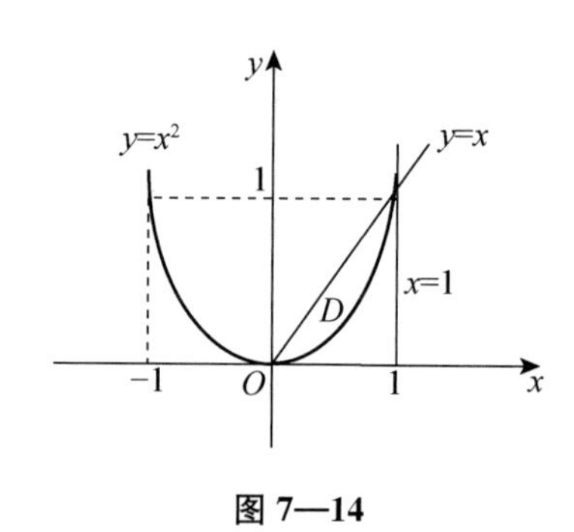

图 7—14

从前面的几个例子可以看到,计算二重积分时,合理选择积分次序是比较关键的一步,积分次序选择不当可能会使计算繁琐甚至无法计算出结果. 因此,对给定的二次积分,交换其积分次序是常见的一种题型.

例 5 交换二次积分 $\int_0^1\mathrm{d}x\int_{x^2}^x f(x,y)\mathrm{d}y$ 的积分次序.

解 设二次积分的积分限为 $0\leqslant x\leqslant 1,x^2\leqslant y\leqslant x$,画出积分区域 D 的图形(见图 7—14). 重新确定积分区域 D 的积分限为 $0\leqslant y\leqslant 1,y\leqslant x\leqslant\sqrt{y}$,所以

$$\int_0^1\mathrm{d}x\int_{x^2}^x f(x,y)\mathrm{d}y=\int_0^1\mathrm{d}y\int_y^{\sqrt{y}}f(x,y)\mathrm{d}x.$$

例 6 求两个底圆半径都等于 R 的直交圆柱面所围成的立体的体积.

解 设这两个圆柱面的方程分别为

$$x^2+y^2=R^2\text{ 及 }x^2+z^2=R^2.$$

利用立体关于坐标平面的对称性,只要算出它在第一卦限部分(见图 7—15)的体积 V_1,然后乘以 8 就行了.

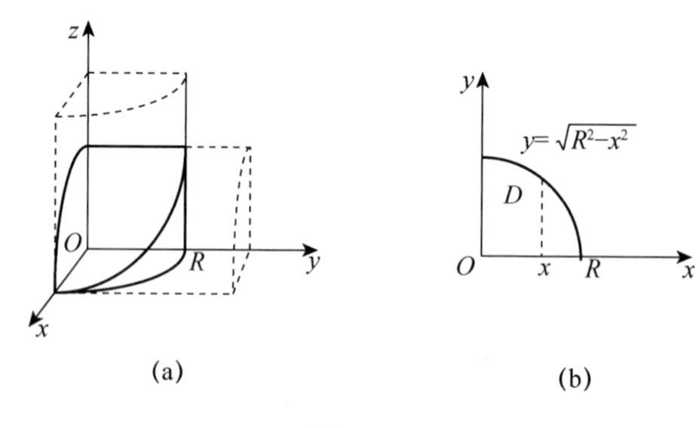

图 7—15

所求立体在第一卦限部分可以看成是一个曲顶柱体,它的底是

$$D=\{(x,y)\mid 0\leqslant y\leqslant\sqrt{R^2-x^2},0\leqslant x\leqslant R\}.$$

它的顶是柱面 $z=\sqrt{R^2-x^2}$，于是

$$V_1=\iint\limits_D\sqrt{R^2-x^2}\,\mathrm{d}x\mathrm{d}y=\int_0^R\left[\int_0^{\sqrt{R^2-x^2}}\sqrt{R^2-x^2}\,\mathrm{d}y\right]\mathrm{d}x$$

$$=\int_0^R\left[\sqrt{R^2-x^2}\,y\right]\Big|_0^{\sqrt{R^2-x^2}}\mathrm{d}x=\int_0^R(R^2-x^2)\mathrm{d}x=\frac{2}{3}R^3,$$

从而所求立体的体积为

$$V=8V_1=\frac{16}{3}R^3.$$

二、利用极坐标计算二重积分

我们知道极坐标与直角坐标的关系为 $x=r\cos\theta$，$y=r\sin\theta$，有些二重积分，其积分区域的边界曲线用极坐标方程表示比较方便，或被积函数用极坐标变量 r,θ 来表达比较简单，这时往往考虑用极坐标来计算.

在极坐标系下，用以极点为中心的一族同心圆 $r=$常数，从极点出发的一族射线 $\theta=$常数，分割区域 D(见图 7—16)，小区域的形状如图 7—17 中的阴影部分所示，它由半径分别为 r 和 $r+\mathrm{d}r$ 的两段圆弧及两条极角分别为 θ 和 $\theta+\mathrm{d}\theta$ 的射线围成. 我们将其近似看成小矩形，边长分别为 $\mathrm{d}r$ 和 $r\mathrm{d}\theta$，所以二重积分在极坐标系下的面积元素为

$$\mathrm{d}\sigma=r\mathrm{d}r\mathrm{d}\theta.$$

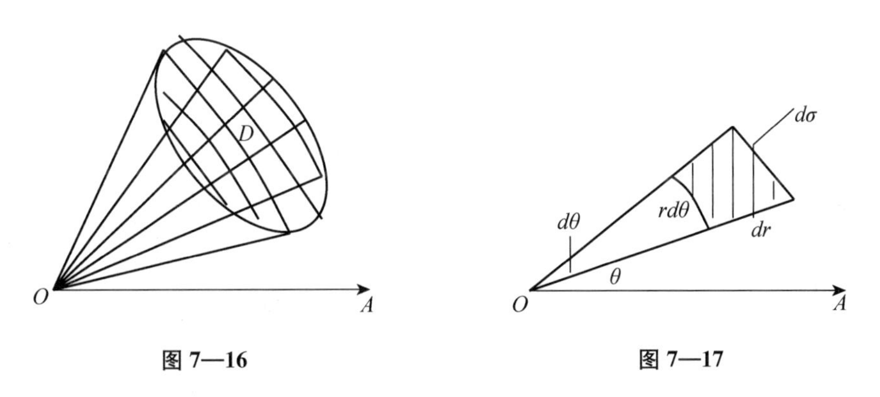

图 7—16　　　　图 7—17

极坐标系下被积函数 $f(x,y)=f(r\cos\theta,r\sin\theta)$，于是在极坐标系下二重积分可表示为

$$\iint\limits_D f(x,y)\mathrm{d}\sigma=\iint\limits_D f(r\cos\theta,r\sin\theta)r\mathrm{d}r\mathrm{d}\theta.$$

极坐标系中的二重积分，同样可以化为二次积分来计算.

(1)设积分区域 D 可以用不等式

$$\varphi_1(\theta)\leqslant r\leqslant\varphi_2(\theta),\alpha\leqslant\theta\leqslant\beta$$

表示(见图 7—18)，其中函数 $\varphi_1(\theta)$、$\varphi_2(\theta)$ 在区间$[\alpha,\beta]$上连续.

则二重积分化为极坐标系下二次积分的公式为

$$\iint\limits_D f(x,y)\mathrm{d}\sigma=\int_\alpha^\beta\mathrm{d}\theta\int_{\varphi_1(\theta)}^{\varphi_2(\theta)}f(r\cos\theta,r\sin\theta)r\mathrm{d}r.$$

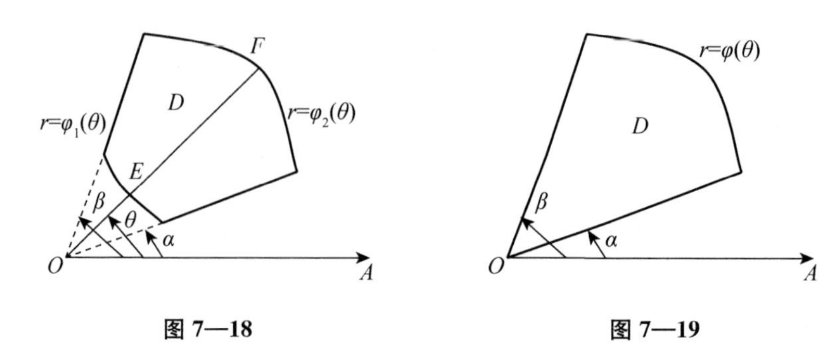

图 7—18　　图 7—19

(2)设积分区域 D 是图 7—19 所示的曲边扇形,那么可以把它看作图 7—18 中当 $\varphi_1(\theta)=0,\varphi_2(\theta)=\varphi(\theta)$ 时的特例. 这时闭区域 D 可以用不等式

$$0\leqslant r\leqslant\varphi(\theta),\alpha\leqslant\theta\leqslant\beta$$

表示,二重积分化为极坐标系下的二次积分的公式为

$$\iint\limits_D f(x,y)\mathrm{d}\sigma=\int_\alpha^\beta \mathrm{d}\theta\int_0^{\varphi(\theta)} f(r\cos\theta,r\sin\theta)r\mathrm{d}r.$$

(3)设积分区域 D 见图 7—20 所示,极点在 D 的内部,那么可以把它看作图 7—19 中当 $\alpha=0,\beta=2\pi$ 时的特例. 这时闭区域 D 可以用不等式

$$0\leqslant r\leqslant\varphi(\theta),0\leqslant\theta\leqslant 2\pi$$

表示,二重积分化为极坐标系下的二次积分的公式为

$$\iint\limits_D f(x,y)\mathrm{d}\sigma=\int_0^{2\pi} \mathrm{d}\theta\int_0^{\varphi(\theta)} f(r\cos\theta,r\sin\theta)r\mathrm{d}r.$$

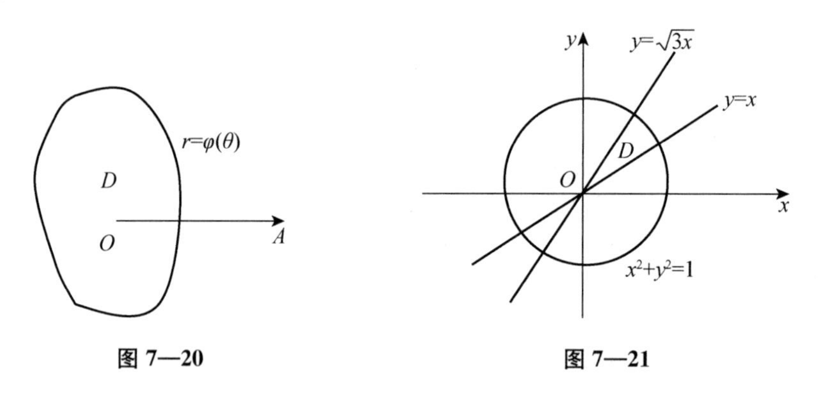

图 7—20　　图 7—21

例 7　计算 $\iint\limits_D \sqrt{x^2+y^2}\mathrm{d}\sigma$,区域 D 是由 $x^2+y^2=1,y=x,y=\sqrt{3}x$ 围成的第一象限内的部分.

解　区域 D 如图 7—21 所示,用不等式表示为

$$D:\frac{\pi}{4}\leqslant\theta\leqslant\frac{\pi}{3},\ 0\leqslant r\leqslant 1,$$

于是

$$\iint\limits_D \sqrt{x^2+y^2}\mathrm{d}\sigma=\int_{\frac{\pi}{4}}^{\frac{\pi}{3}}\mathrm{d}\theta\int_0^1 r\cdot r\mathrm{d}r=\int_{\frac{\pi}{4}}^{\frac{\pi}{3}}\left.\frac{r^3}{3}\right|_0^1\mathrm{d}\theta=\frac{\pi}{36}.$$

例 8　计算$\iint\limits_D x^2\mathrm{d}\sigma$，其中 $D: 1\leqslant x^2+y^2\leqslant 4$.

解　区域 D 如图 7—22 所示，用不等式表示为

$D: 0\leqslant\theta\leqslant 2\pi,\ 1\leqslant r\leqslant 2.$

于是

$$\iint\limits_D x^2\mathrm{d}\sigma=\int_0^{2\pi}\mathrm{d}\theta\int_1^2 r^2\cos^2\theta\cdot r\mathrm{d}r=\int_0^{2\pi}\frac{1+\cos 2\theta}{2}\mathrm{d}\theta\int_1^2 r^3\mathrm{d}r$$

$$=\left[\frac{\theta}{2}+\frac{1}{4}\sin 2\theta\right]\Bigg|_0^{2\pi}\frac{r^4}{4}\Bigg|_1^2=\frac{15}{4}\pi.$$

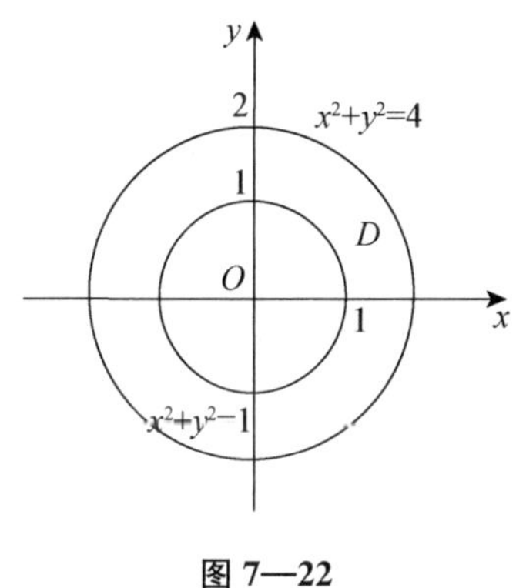

图 7—22

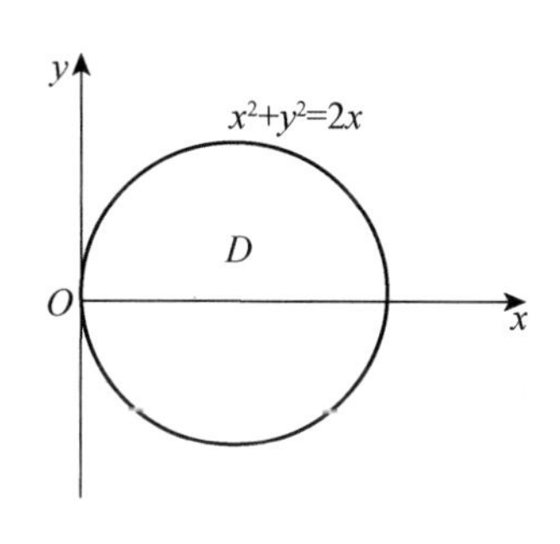

图 7—23

例 9　计算$\iint\limits_D e^{-x^2-y^2}\mathrm{d}x\mathrm{d}y$，其中区域 D 是由中心在原点、半径为 a 的圆周所围成的闭区域.

解　在极坐标系中，闭区域 D 可表示为

$0\leqslant r\leqslant a,\ 0\leqslant\theta\leqslant 2\pi,$

于是

$$\iint\limits_D e^{-x^2-y^2}\mathrm{d}x\mathrm{d}y=\int_0^{2\pi}\mathrm{d}\theta\int_0^a e^{-r^2}r\mathrm{d}r=\int_0^{2\pi}\left[-\frac{1}{2}e^{-r^2}\right]\Bigg|_0^a\mathrm{d}\theta=\frac{1}{2}(1-e^{-a^2})\int_0^{2\pi}\mathrm{d}\theta$$

$$=\pi(1-e^{-a^2}).$$

例 10 计算$\iint\limits_D\frac{y^2}{x^2}\mathrm{d}x\mathrm{d}y$，其中区域 D 是由曲线 $x^2+y^2=2x$ 所围成的平面区域.

解　积分区域 D 如图 7—23 所示. 其边界曲线的极坐标方程为 $r=2\cos\theta$. 积分区域 D 可表示为

$$-\frac{\pi}{2}\leqslant\theta\leqslant\frac{\pi}{2},\ 0\leqslant r\leqslant 2\cos\theta,$$

于是

$$\iint\limits_D\frac{y^2}{x^2}\mathrm{d}x\mathrm{d}y=\int_{-\frac{\pi}{2}}^{\frac{\pi}{2}}\mathrm{d}\theta\int_0^{2\cos\theta}\frac{\sin^2\theta}{\cos^2\theta}r\mathrm{d}r=\int_{-\frac{\pi}{2}}^{\frac{\pi}{2}}2\sin^2\theta\mathrm{d}\theta=\int_{-\frac{\pi}{2}}^{\frac{\pi}{2}}(1-\cos 2\theta)\mathrm{d}\theta=\pi.$$

习题 7—2

1. 利用直角坐标计算下列二重积分:

(1) $\iint\limits_D x\sin y\mathrm{d}\sigma$,其中 $D:1\leqslant x\leqslant 2,0\leqslant y\leqslant\frac{\pi}{2}$;

(2) $\iint\limits_D (3x+2y)\mathrm{d}\sigma$,其中 D 是由两坐标轴及直线 $x+y=2$ 所围成的闭区域;

(3) $\iint\limits_D (x^3+3x^2y+y^3)\mathrm{d}\sigma$,其中 $D:0\leqslant x\leqslant 1,0\leqslant y\leqslant 1$;

(4) $\iint\limits_D x\sqrt{y}\mathrm{d}\sigma$,其中 D 是由 $y=\sqrt{x}$ 及 $y=x^2$ 所围成的闭区域.

2. 将二重积分 $\iint\limits_D f(x,y)\mathrm{d}\sigma$ 化为二次积分(写出两种积分次序),其中积分区域 D 分别是:

(1) 由 y 轴,$y=x$ 及 $y=1$ 围成的闭区域;

(2) 由 $y=x$ 及 $y^2=4x$ 围成的闭区域;

(3)由 x 轴及半圆周 $x^2+y^2=a^2(y\geqslant 0)$所围成的闭区域;

(4)由直线 $y=x,x=2$ 及双曲线 $y=\frac{1}{x}(x>0)$所围成的闭区域.

3. 改换下列二次积分的积分次序:

(1) $\int_0^1\mathrm{d}y\int_0^y f(x,y)\mathrm{d}x$;　　(2) $\int_0^2\mathrm{d}y\int_{y^2}^{2y} f(x,y)\mathrm{d}x$;

(3) $\int_{-1}^1\mathrm{d}x\int_0^{\sqrt{1-x^2}} f(x,y)\mathrm{d}y$;　　(4) $\int_1^e\mathrm{d}x\int_0^{\ln x} f(x,y)\mathrm{d}y$.

4. 将二重积分 $\iint\limits_D f(x,y)\mathrm{d}\sigma$ 化为极坐标系下的二次积分,其中

(1)$D:x^2+y^2\leqslant 4,x\geqslant 0,y\geqslant 0$;

(2)$D:x^2+y^2\leqslant 2x$;

(3)$D:a^2\leqslant x^2+y^2\leqslant b^2(0<a<b)$;

(4)$D:0\leqslant y\leqslant 1-x,0\leqslant x\leqslant 1$.

5. 把下列积分化为极坐标系下的二次积分:

(1) $\int_{-1}^1\mathrm{d}x\int_0^{\sqrt{1-x^2}} f(x,y)\mathrm{d}y$;　　(2) $\int_0^1\mathrm{d}x\int_0^{\sqrt{x-x^2}} f(x,y)\mathrm{d}y$;

(3) $\int_0^a\mathrm{d}y\int_0^{\sqrt{a^2-y^2}} f(x,y)\mathrm{d}x$;　　(4) $\int_0^2\mathrm{d}y\int_0^{\sqrt{2y-y^2}} f(x,y)\mathrm{d}x$.

6. 利用极坐标计算下列二重积分:

(1) $\iint\limits_D (1-x^2-y^2)\mathrm{d}\sigma$,$D:y=x,y=0,x^2+y^2=1$ 在第一象限围成的闭区域;

(2) $\iint\limits_D (x^2+y^2)\mathrm{d}\sigma$,其中 D 是由 $x^2+y^2=2ax$ 与 x 轴所围成的上半部分的闭区域;

(3) $\iint\limits_D \ln(1+x^2+y^2)\mathrm{d}\sigma$,其中 D 是由 $x^2+y^2=1$ 及坐标轴所围成的在第一象限内的闭区域;

(4) $\iint\limits_D \arctan\frac{y}{x}\mathrm{d}\sigma$,其中 D 是由 $x^2+y^2=4, x^2+y^2=1$ 及直线 $y=0, y=x$ 所围成的在第一象限内的闭区域.

7. 选用适当的坐标计算下列各题:

(1) $\iint\limits_D y\mathrm{d}\sigma$,其中 D 由 $y=x^2$ 及 $x=y^2$ 围成;

(2) $\iint\limits_D y^2\mathrm{d}\sigma$,其中 D 由 $x^2+y^2=1$ 及 $x^2+y^2=4$ 围成;

(3) $\iint\limits_D \sqrt{1-x^2-y^2}\mathrm{d}\sigma$,其中 $D: x^2+y^2 \leqslant y, x>0$.

第三节　三重积分的概念和计算

一、三重积分的概念

将二重积分定义中的平面闭区域推广到空间闭区域,被积函数从二元函数推广到三元函数,就可给出三重积分的定义.

定义 1　设 $f(x,y,z)$ 是空间有界闭区域 Ω 上的有界函数. 将 Ω 任意分成 n 个小闭区域 $\Delta v_1, \Delta v_2, \cdots, \Delta v_n$,其中 Δv_i 表示第 i 个小闭区域,也表示它的体积. 在每个 Δv_i 上任取一点 (ξ_i, η_i, ζ_i),作乘积 $f(\xi_i, \eta_i, \zeta_i)\Delta v_i (i=1,2,\cdots,n)$,并作和 $\sum\limits_{i=1}^{n} f(\xi_i, \eta_i, \zeta_i)\Delta v_i$. 如果当各小闭区域的直径中的最大值 λ 趋于零时,这和的极限存在,则称此极限为函数 $f(x,y,z)$ 在闭区域 Ω 上的三重积分,记作 $\iiint\limits_\Omega f(x,y,z)\mathrm{d}v$,即

$$\iiint\limits_\Omega f(x,y,z)\mathrm{d}v = \lim_{\lambda\to 0}\sum_{i=1}^{n} f(\xi_i, \eta_i, \zeta_i)\Delta v_i .$$

其中 $f(x,y,z)$ 叫做**被积函数**,$\mathrm{d}v$ 叫做**体积元素**.

注　(1)如果三重积分 $\iiint\limits_\Omega f(x,y,z)\mathrm{d}v$ 存在,则称函数 $f(x,y,z)$ 在闭区域 Ω 上是可积的. 可以证明,如果函数 $f(x,y,z)$ 在闭区域 Ω 上连续,则 $f(x,y,z)$ 在闭区域 Ω 上是可积的. 本书后文中我们总是假定 $f(x,y,z)$ 在闭区域 Ω 上是连续的.

(2)当 $f(x,y,z)=1$ 时,$\iiint\limits_\Omega \mathrm{d}v = V$,其中 V 是空间闭区域 Ω 的体积.

三重积分的性质与二重积分的性质类似,这里不再重复.

三重积分的**物理意义**:如果 $f(x,y,z)$ 表示物体在点 (x,y,z) 处的密度,Ω 是该物体所占的空间闭区域,则 $\sum\limits_{i=1}^{n} f(\xi_i, \eta_i, \zeta_i)\Delta v_i$ 是该物体质量 M 的近似值,这个和当 $\lambda\to 0$ 时的极限便是该物体质量 M ,即物体的质量

$$M=\iiint_{\Omega} f(x,y,z)\mathrm{d}v .$$

三重积分和二重积分一样,要讨论它的计算问题.计算三重积分的基本方法是将三重积分化为三次积分.下面介绍利用不同的坐标将三重积分化为三次积分的方法.

二、利用直角坐标计算三重积分

1. 直角坐标系中的体积元素

直角坐标系下,如果用平行于坐标面的平面来划分 Ω,那么除了包含 Ω 的边界点的一些不规则小闭区域外,得到的小闭区域 Δv_i 为长方体.设长方体小闭区域 Δv_i 的边长为 Δx_j、Δy_k、Δz_l,则 $\Delta v_i=\Delta x_j\Delta y_k\Delta z_l$.因此在直角坐标系中,有时也把体积元素 $\mathrm{d}v$ 记作 $\mathrm{d}x\mathrm{d}y\mathrm{d}z$,而把三重积分记作 $\iiint\limits_{\Omega} f(x,y,z)\mathrm{d}v$,其中 $\mathrm{d}x\mathrm{d}y\mathrm{d}z$ 叫做直角坐标系中的体积元素.

2. 在直角坐标系中化三重积分为三次积分

假设平行于 z 轴且穿过闭区域 Ω 内部的直线与闭区域 Ω 的边界曲面 S 相交不多于两点.把闭区域 Ω 投影到 xoy 面上,得一平面闭区域 D_{xy}(见图 7—24).以 D_{xy} 的边界为准线作母线平行于 z 轴的柱面.这柱面与曲面 S 的交线从 S 中分出的上、下两部分,它们的方程分别为

$$S_1:z=z_1(x,y);\ S_2:z=z_2(x,y).$$

其中 $z_1(x,y)$ 与 $z_2(x,y)$ 都是 D_{xy} 上的连续函数,且 $z_1(x,y)\leqslant z_2(x,y)$.过 D_{xy} 内任一点 (x,y) 作平行于 z 轴的直线,这直线通过曲面 S_1 穿入 Ω 内,然后通过曲面 S_2 穿出 Ω 内,穿入点与穿出点的竖坐标分别为 $z_1(x,y)$ 与 $z_2(x,y)$.

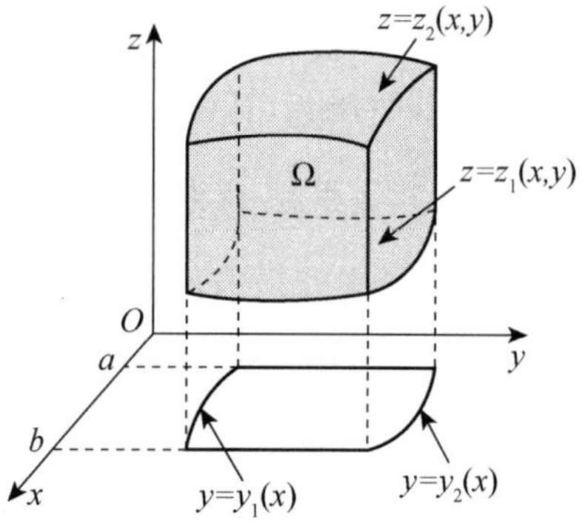

图 7—24

在这种情形下,积分区域 Ω 可表示为

$$\Omega=\{(x,y,z)\mid z_1(x,y)\leqslant z\leqslant z_2(x,y),(x,y)\in D_{xy}\}.$$

先将 x、y 看作定值,将 $f(x,y,z)$ 只看作 z 轴的函数,在区间 $[z_1(x,y),z_2(x,y)]$ 上对 z 积分,积分的结果是 x、y 的函数,记为 $F(x,y)$,即

$$F(x,y)=\int_{z_1(x,y)}^{z_2(x,y)} f(x,y,z)\mathrm{d}z,$$

然后计算 $F(x,y)$ 在闭区域 D_{xy} 上的二重积分

$$\iint_{D_{xy}} F(x,y)\mathrm{d}\sigma=\iint_{D_{xy}}\left[\int_{z_1(x,y)}^{z_2(x,y)} f(x,y,z)\mathrm{d}z\right]\mathrm{d}\sigma.$$

假如闭区域 $D_{xy}=\{(x,y)\mid y_1(x)\leqslant y\leqslant y_2(x),a\leqslant x\leqslant b\}$,把这个二重积分化为二次积分,于是得到三重积分的计算公式

$$\iiint_{\Omega} f(x,y,z)\mathrm{d}v=\int_a^b \mathrm{d}x\int_{y_1(x)}^{y_2(x)}\mathrm{d}y\int_{z_1(x,y)}^{z_2(x,y)} f(x,y,z)\mathrm{d}z.$$

三重积分的次序是:先对 z,再对 y,最后对 x 积分.

如果平行于 x 轴或 y 轴且穿过闭区域 Ω 内部的直线与 Ω 的边界曲面 S 相交不多于两

点，也可把闭区域 Ω 投影到 yoz 面上或 xoz 面上，这样便可把三重积分化为按其他次序的三次积分. 如果平行于坐标轴且穿过闭区域 Ω 内部的直线与 Ω 的边界曲面 S 的交点多于两个，也可像处理二重积分那样，把 Ω 分成若干部分，使 Ω 上的三重积分化为各部分闭区域上的三重积分的和.

例 1　已知 $\Omega=\{(x,y,z)\mid 0\leqslant x\leqslant 1,0\leqslant y\leqslant 2,0\leqslant z\leqslant 3\}$，计算三重积分 $\iiint\limits_{\Omega} x^3y^2z\mathrm{d}x\mathrm{d}y\mathrm{d}z$.

解　将三重积分化为先对先对 z，再对 y，最后对 x 积分的三次积分，得

$$\begin{aligned}\iiint\limits_{\Omega} x^3y^2z\mathrm{d}x\mathrm{d}y\mathrm{d}z &= \int_0^1\mathrm{d}x\int_0^2\mathrm{d}y\int_0^3 x^3y^2z\mathrm{d}z\\ &= \int_0^1 x^3\mathrm{d}x\int_0^2 y^2\mathrm{d}y\int_0^3 z\mathrm{d}z=\frac{1}{4}\times\frac{8}{3}\times\frac{9}{2}=3.\end{aligned}$$

例 2　计算三重积分 $\iiint\limits_{\Omega} x\mathrm{d}x\mathrm{d}y\mathrm{d}z$，其中 Ω 为三个坐标面及平面 $x+y+z=1$ 所围成的闭区域.

解　作闭区域 Ω 如图 7－25 所示. 将 Ω 投影到 xoy 面上，得投影区域 D_{xy} 为三角形闭区域 OAB：$0\leqslant x\leqslant 1,0\leqslant y\leqslant 1-x$. 在 D_{xy} 内任一点 (x,y) 作平行于 z 轴的直线，该直线从平面 $z=0$ 穿入，从平面 $z=1-x-y$ 穿出，即有 $0\leqslant z\leqslant 1-x-y$. 所以

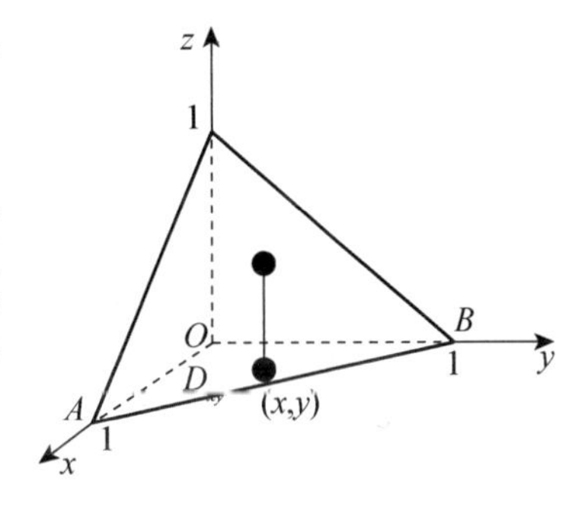

图 7—25

$$\begin{aligned}\iiint\limits_{\Omega} x\mathrm{d}x\mathrm{d}y\mathrm{d}z &= \int_0^1\mathrm{d}x\int_0^{1-x}\mathrm{d}y\int_0^{1-x-y}x\mathrm{d}z=\int_0^1\mathrm{d}x\int_0^{1-x}x(1-x-y)\mathrm{d}y=\frac{1}{2}\int_0^1 x(1-x)^2\mathrm{d}x\\ &= \frac{1}{2}\int_0^1(x-2x^2+x^3)\mathrm{d}x=\frac{1}{24}.\end{aligned}$$

例 3　化三重积分 $\iiint\limits_{\Omega} f(x,y,z)\mathrm{d}x\mathrm{d}y\mathrm{d}z$ 为三次积分，其中积分区域 Ω 为由曲面 $z=x^2+2y^2$ 及 $z=2-x^2$ 所围成的闭区域.

解　曲面 $z=x^2+2y^2$ 为开口向上的椭圆抛物面，而 $z=2-x^2$ 为母线平行于 y 轴的开口向下的抛物柱面，这两个曲面的交线为 $x^2+y^2=1$. 由此可知，由这两个曲面所围成的空间立体 Ω 的投影区域 D_{xy}：$x^2+y^2\leqslant 1$. 积分区域 Ω 可表示为

$$\Omega=\{(x,y,z)\mid x^2+2y^2\leqslant z\leqslant 2-x^2,(x,y)\in D_{xy}\}.$$

所以

$$\begin{aligned}\iiint\limits_{\Omega} f(x,y,z)\mathrm{d}x\mathrm{d}y\mathrm{d}z &= \iint\limits_{Dxy}\mathrm{d}x\mathrm{d}y\int_{x^2+2y^2}^{2-x^2}f(x,y,z)\mathrm{d}z\\ &= \int_{-1}^1\mathrm{d}x\int_{-\sqrt{1-x^2}}^{\sqrt{1-x^2}}\mathrm{d}y\int_{x^2+2y^2}^{2-x^2}f(x,y,z)\mathrm{d}z.\end{aligned}$$

三、利用柱面坐标计算三重积分

1. 空间点的柱面坐标

设 $M(x,y,z)$ 为空间一点，并设点 M 在 xoy 面上的投影 P 的极坐标为 (r,θ)，则数组 (r,θ,z) 就称为点 M 的柱面坐标. 如图 7—26 所示.

规定：$0\leqslant r\leqslant+\infty, 0\leqslant\theta\leqslant2\pi, -\infty<z<+\infty$.

点 M 的直角坐标和柱面坐标的关系为：$x=r\cos\theta, y=r\sin\theta, z=z$.

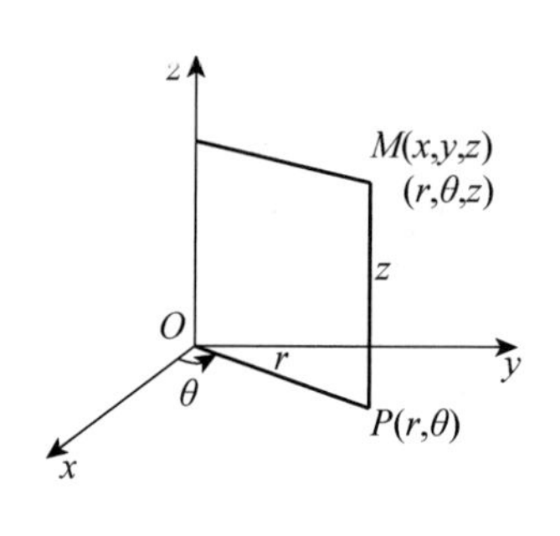

图 7—26

2. 柱面坐标系中的体积元素

柱面坐标系中的三组坐标面分别为：

$r=$常数，表示以 z 轴为轴的圆柱面；

$\theta=$常数，表示过 z 轴的半平面；

$z=$常数，表示与 xoy 面平行的平面.

用柱面坐标系中的三族坐标面把空间 Ω 划分成许多小闭区域，除了含 Ω 的边界点的一些不规则小闭区域外，这种小闭区域都是柱体. 考虑由 r,θ,z 分别取得微小增量 $\mathrm{d}r,\mathrm{d}\theta,\mathrm{d}z$ 所成的小柱体的体积(见图 7—27). 这个体积等于高与底面积的乘积. 现在高为 $\mathrm{d}z$、底面积在不计高阶无穷小时为 $r\mathrm{d}r\mathrm{d}\theta$(即极坐标系中的面积元素). 于是，

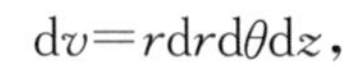

$$\mathrm{d}v=r\mathrm{d}r\mathrm{d}\theta\mathrm{d}z,$$

这就是柱面坐标系中的**体积元素**. 此时三重积分

$$\iiint\limits_{\Omega} f(x,y,z)\mathrm{d}v=\iiint\limits_{\Omega} f(r\cos\theta,r\sin\theta,z)r\mathrm{d}r\mathrm{d}\theta\mathrm{d}z.$$

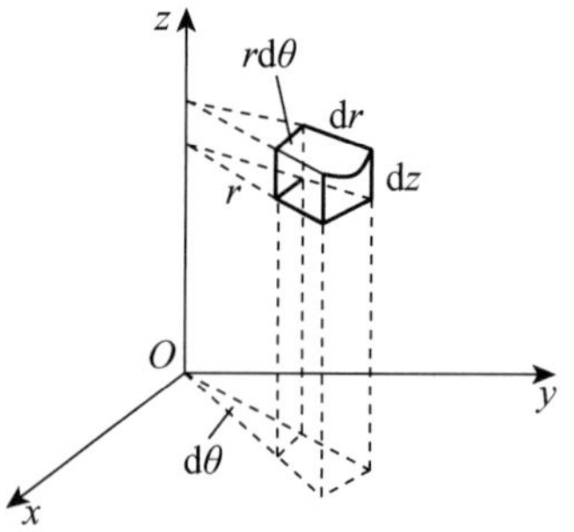

图 7—27

3. 柱面坐标系中化三重积分为三次积分

把闭区域 Ω 投影到 xoy 面上，得到平面闭区域 D_{xy}，设闭区域 D_{xy} 用极坐标表示为

$$D_{xy}:\alpha\leqslant\theta\leqslant\beta, \varphi_1(\theta)\leqslant r\leqslant\varphi_2(\theta).$$

确定积分变量 z 的范围的方法与直角坐标类似，在 D_{xy} 上任取一点作平行于 z 轴的直线. 这直线从曲面 S_1 穿入 Ω 内，然后通过曲面 S_2 穿出 Ω 内，曲面 S_1,S_2 的方程可用柱面坐标表示为

$$S_1: z=z_1(r,\theta);\ S_2: z=z_2(r,\theta).$$

所以 $z_1(r,\theta)\leqslant z\leqslant z_2(r,\theta)$，故在柱面坐标系下，闭区域 Ω 可用不等式表示为

$$\Omega:\alpha\leqslant\theta\leqslant\beta,\ \varphi_1(\theta)\leqslant r\leqslant\varphi_2(\theta),\ z_1(r,\theta)\leqslant z\leqslant z_2(r,\theta).$$

于是在柱面坐标系下三重积分计算公式是

$$\iiint\limits_{\Omega} f(x,y,z)\mathrm{d}v=\int_{\alpha}^{\beta}\mathrm{d}\theta\int_{\varphi_1(\theta)}^{\varphi_2(\theta)}r\mathrm{d}r\int_{z_1(r,\theta)}^{z_2(r,\theta)}f(r\cos\theta,r\sin\theta,z)\mathrm{d}z.$$

三重积分的次序是：先对 z，再对 r，最后对 θ 积分.

例 4 利用柱面坐标计算三重积分 $\iiint\limits_{\Omega} z\mathrm{d}x\mathrm{d}y\mathrm{d}z$，其中 Ω 是由曲面 $z=x^2+y^2$ 与平面 $z=4$ 所围成的闭区域.

解 画出积分区域(见图 7—28)，把闭区域 Ω 投影到 xoy 面上，得到半径为 2 的圆形闭区域

$$D_{xy}: 0\leqslant\theta\leqslant2\pi,\ 0\leqslant r\leqslant2.$$

在 D_{xy} 内任取一点 (r,θ)，过此点作平行于 z 轴的直线，此直线通过曲面 $z=x^2+y^2$ 穿入 Ω 内，然后通过平面 $z=4$ 穿出 Ω

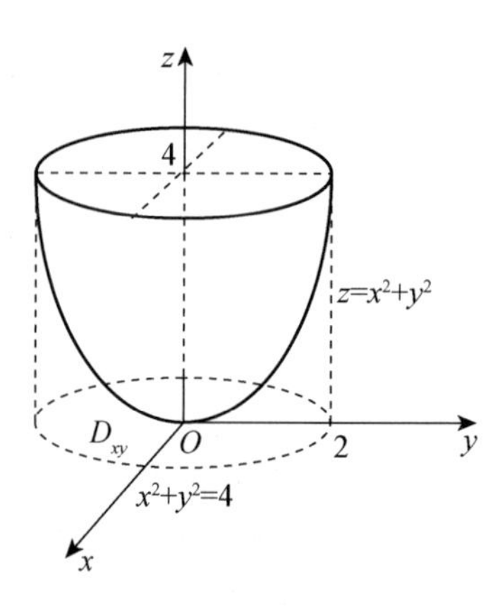

图 7—28

外. 因此闭区域 Ω 可用不等式

$$r^2\leqslant z\leqslant 4,\ 0\leqslant\theta\leqslant 2\pi,\ 0\leqslant r\leqslant 2$$

来表示. 于是

$$\iiint\limits_{\Omega} z\mathrm{d}x\mathrm{d}y\mathrm{d}z=\iiint\limits_{\Omega} zr\mathrm{d}r\mathrm{d}\theta\mathrm{d}z=\int_0^{2\pi}\mathrm{d}\theta\int_0^2 r\mathrm{d}r\int_{r^2}^4 z\mathrm{d}z$$

$$=\frac{1}{2}\int_0^{2\pi}\mathrm{d}\theta\int_0^2 r(16-r^4)\mathrm{d}r=\frac{1}{2}\times 2\pi\left[8r^2-\frac{1}{6}r^6\right]\Bigg|_0^2=\frac{64}{3}\pi.$$

例 5 计算三重积分 $\iiint\limits_{\Omega}(x^2+y^2+z^2)\mathrm{d}v$,其中 Ω 是由上半圆锥面与平面 $z=1$ 所围成的闭区域.

解 积分区域(见图 7—29),上半圆锥面与平面的交线为 $\begin{cases}z=\sqrt{x^2+y^2},\\ z=1,\end{cases}$ Ω 在 xoy 面上的投影为平面闭区域 D_{xy},把 D_{xy} 用极坐标表示为

$$D_{xy}: 0\leqslant\theta\leqslant 2\pi,\ 0\leqslant r\leqslant 1.$$

在 D_{xy} 内任取一点 (r,θ),过此点作平行于 z 轴的直线,此直线通过曲面 $z=\sqrt{x^2+y^2}$ 穿入 Ω 内,然后通过平面 $z=1$ 穿出 Ω 外. 因此闭区域 Ω 可用不等式

$$r\leqslant z\leqslant 1,\ 0\leqslant\theta\leqslant 2\pi,\ 0\leqslant r\leqslant 1$$

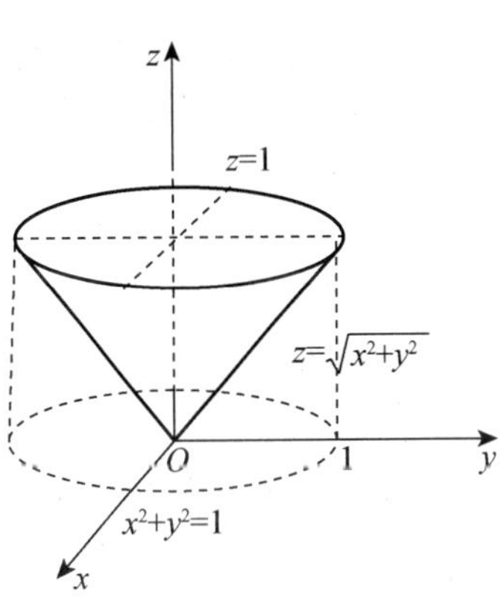

图 7—29

来表示. 于是

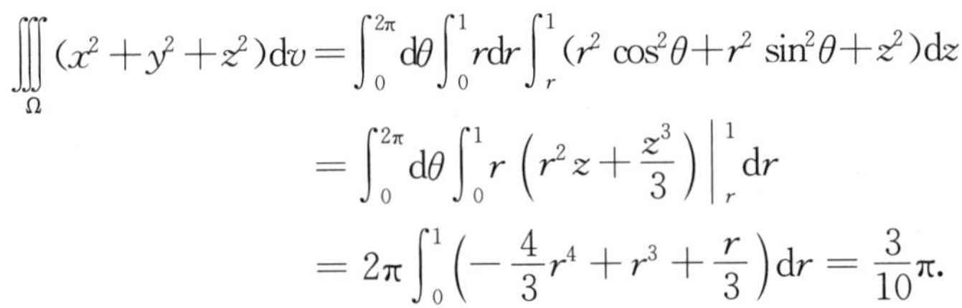

$$\iiint\limits_{\Omega}(x^2+y^2+z^2)\mathrm{d}v=\int_0^{2\pi}\mathrm{d}\theta\int_0^1 r\mathrm{d}r\int_r^1(r^2\cos^2\theta+r^2\sin^2\theta+z^2)\mathrm{d}z$$

$$=\int_0^{2\pi}\mathrm{d}\theta\int_0^1 r\left(r^2 z+\frac{z^3}{3}\right)\Bigg|_r^1\mathrm{d}r$$

$$=2\pi\int_0^1\left(-\frac{4}{3}r^4+r^3+\frac{r}{3}\right)\mathrm{d}r=\frac{3}{10}\pi.$$

例 6 化三重积分 $\iiint\limits_{\Omega} f(x,y,z)\mathrm{d}v$ 为柱面坐标系下的三次积分,其中

(1) Ω 由旋转抛物面 $2z=x^2+y^2$ 与平面 $z=2$ 所围成;

(2) $\Omega: x^2+y^2+z^2\leqslant a^2, x^2+y^2\leqslant b^2, z\geqslant 0(0<b<a)$.

解 (1)积分区域(见图 7—30),旋转抛物面与平面的交线为

$$\begin{cases}2z=x^2+y^2,\\ z=2,\end{cases}\text{即}\begin{cases}x^2+y^2=4,\\ z=2,\end{cases}$$

Ω 在 xoy 面上的投影为平面闭区域 D_{xy},把 D_{xy} 用极坐标表示为

$$D_{xy}: 0\leqslant\theta\leqslant 2\pi, 0\leqslant r\leqslant 2.$$

在 D_{xy} 内任取一点 (r,θ),过此点作平行于 z 轴的直线,找穿入点和穿出点. 因此闭区域 Ω 可用不等式 $\frac{r^2}{2}\leqslant z\leqslant 2, 0\leqslant\theta\leqslant 2\pi, 0\leqslant r\leqslant 2$ 来表示. 于是

$$\iiint\limits_{\Omega} f(x,y,z)\mathrm{d}v=\int_0^{2\pi}\mathrm{d}\theta\int_0^2 r\mathrm{d}r\int_{\frac{r^2}{2}}^2 f(r\cos\theta,r\sin\theta,z)\mathrm{d}z.$$

(2)积分区域(见图 7—31)所示,Ω 在 xoy 面上的投影为平面闭区域 D_{xy},把 D_{xy} 用极坐标表示为 D_{xy}:$0\leqslant\theta\leqslant 2\pi, 0\leqslant r\leqslant b$. 在 D_{xy} 内任取一点(r,θ),过此点作平行于 z 轴的直线,该直线从平面 $z=0$ 穿入 Ω,从上半球面 $z=\sqrt{a^2-r^2}$ 穿出 Ω. 因此闭区域 Ω 可用不等式

$$0\leqslant z\leqslant\sqrt{a^2-r^2},\ 0\leqslant\theta\leqslant 2\pi,\ 0\leqslant r\leqslant b$$

来表示. 于是

$$\iiint\limits_{\Omega} f(x,y,z)\mathrm{d}v=\int_0^{2\pi}\mathrm{d}\theta\int_0^b r\mathrm{d}r\int_0^{\sqrt{a^2-r^2}} f(r\cos\theta, r\sin\theta, z)\mathrm{d}z.$$

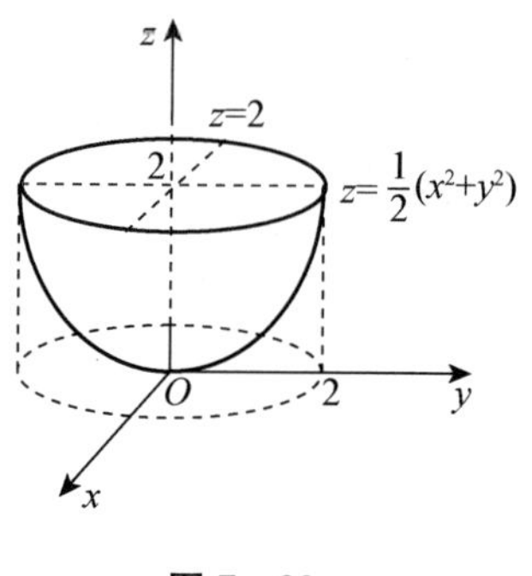

图 7—30

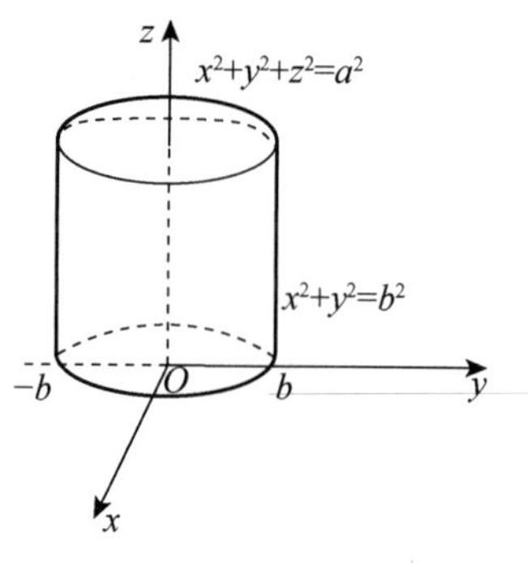

图 7—31

*四、利用球面坐标计算三重积分

1. 空间点的球面坐标

设 $M(x,y,z)$为空间一点,并设点 M 在 xoy 面上的投影 P,原点 O 到点 M 的距离为 r. 有向线段$\overrightarrow{OM}$与 z 轴正向所夹的角为 φ,有向线段$\overrightarrow{OP}$与 x 轴正向所夹的角为 θ. 这样的三个数 r,φ,θ 叫做点 M 的**球面坐标**. 如图 7—32 所示.

规定:$0\leqslant r\leqslant+\infty, 0\leqslant\theta\leqslant 2\pi, 0<\varphi<\pi$.

设点 P 在 x 轴上的投影为 A,则 $OA=x, AP=y, PM=z$. 则 $OP=r\sin\varphi, z=r\cos\varphi$. 因此,点 M 的直角坐标和柱面坐标的关系为:

$$x=r\sin\varphi\cos\theta, y=r\sin\varphi\sin\theta, z=r\cos\varphi.$$

2. 球面坐标系中的体积元素

球面坐标系中的三组坐标面分别为:

r=常数,表示以原点为心的球面;

φ=常数,表示以原点为顶点、z 轴为轴的圆锥面;

θ=常数,表示过 z 轴的半平面.

用球面坐标系中的三组坐标面把空间 Ω 划分成许多小闭区域,考虑由 r,θ,φ 分别取得微小增量 $\mathrm{d}r,\mathrm{d}\theta,\mathrm{d}\varphi$ 所成的六面体的体积(见图 7—33). 不计高阶无穷小,可把这六面体看作长方体,三边长分别为 $r\mathrm{d}\varphi, \mathrm{d}r, r\sin\varphi\mathrm{d}\theta$,于是,

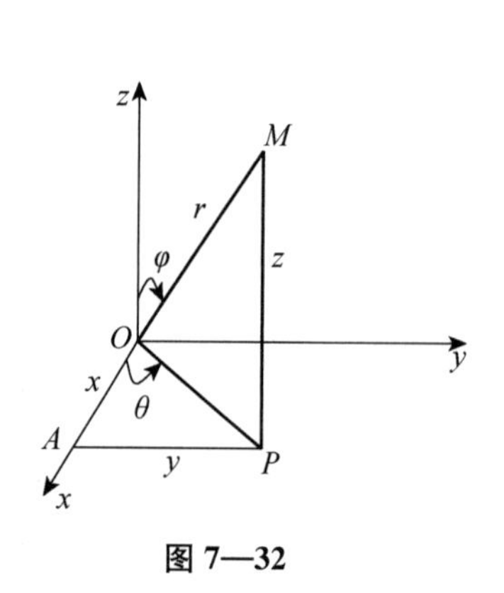

图 7—32

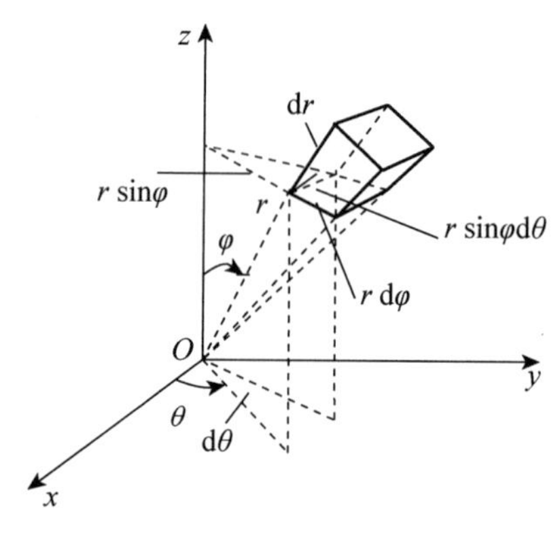

图 7—33

$$dv=r^2\sin\varphi drd\theta d\varphi,$$

这就是球面坐标系中的**体积元素**.

此时三重积分

$$\iiint_{\Omega} f(x,y,z)dv=\iiint_{\Omega} f(r\sin\varphi\cos\theta,r\sin\varphi\sin\theta,r\cos\varphi)r^2\sin\varphi drd\theta d\varphi.$$

3. 球面坐标系中化三重积分为三次积分

当被积函数含有 $x^2+y^2+z^2$,积分区域是球面围成的区域或由球面及锥面围成的区域等,在球面坐标变换下,区域用 r,θ,φ 表示比较简单时,利用球面坐标变换能化简积分的计算.

特别地,当积分区域 Ω 为球面 $r=a$ 所围成时,有

$$\iiint_{\Omega} f(x,y,z)dv=\int_0^{2\pi}d\theta\int_0^{\pi}d\varphi\int_0^a f(r\sin\varphi\cos\theta,r\sin\varphi\sin\theta,r\cos\varphi)r^2\sin\varphi dr.$$

球的体积:上式中令 $f(x,y,z)=1$,即得球的体积

$$V=\iiint_{\Omega} dv=\int_0^{2\pi}d\theta\int_0^{\pi}d\varphi\int_0^a r^2\sin\varphi dr=2\pi\times 2\times\frac{a^3}{3}=\frac{4a^3}{3}.$$

例 7　计算球体 $x^2+y^2+z^2\leqslant 2a^2$ 在锥面 $z=\sqrt{x^2+y^2}$上方部分 Ω 的体积.

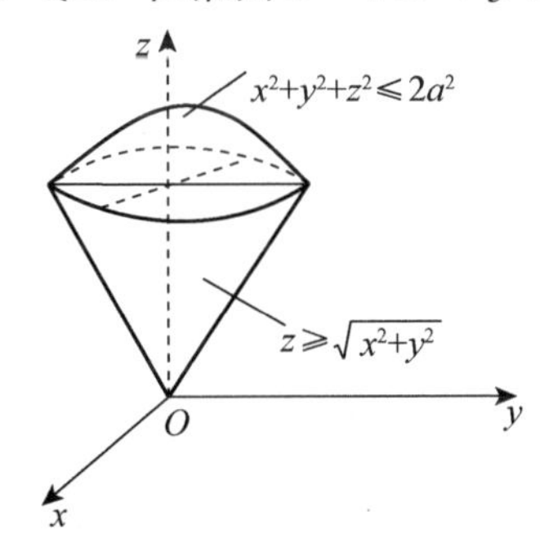

图 7—34

解　积分区域如图 7—34 所示. 在球面坐标变换下,球面 $x^2+y^2+z^2=2a^2$ 的方程为 $r=\sqrt{2}a$,锥面 $z=\sqrt{x^2+y^2}$的方程为 $\varphi=\frac{\pi}{4}$,于是区域 Ω 可表示为

$$0\leqslant r\leqslant\sqrt{2}a,\ 0\leqslant\varphi\leqslant\frac{\pi}{4},\ 0\leqslant\theta\leqslant 2\pi,$$

所以

$$V=\iiint_{\Omega} dv=\int_0^{2\pi}d\theta\int_0^{\frac{\pi}{4}}d\varphi\int_0^{\sqrt{2}a}r^2\sin\varphi dr$$

$$=2\pi\int_0^{\frac{\pi}{4}}\sin\varphi\frac{(\sqrt{2}a)^3}{3}d\varphi=\frac{4}{3}\pi(\sqrt{2}-1)a^3.$$

习题 7—3

1. 计算下列累次积分:

(1) $\int_0^2 dx\int_{-1}^4 dy\int_0^{3y+x} dz$； (2) $\int_1^4 dz\int_{z-1}^{2z} dy\int_0^{y+2z} dx$；

(3) $\int_0^{\frac{\pi}{2}} dx\int_0^x dy\int_0^y \sin(x+y+z)dz$； (4) $\int_0^4 dy\int_0^y dx\int_0^{\frac{3}{2}} e^y dz$.

2.设有一物体，占有空间闭区域 $\Omega:\{(x,y,z)\mid 0\leqslant x\leqslant 1,0\leqslant y\leqslant 1,0\leqslant z\leqslant 1\}$，在点 (x,y,z) 处的密度 $\rho(x,y,z)=x+y+z$，计算该物体的质量.

3.如果三重积分 $\iiint\limits_{\Omega} f(x,y,z)dxdydz$ 的被积函数 $f(x,y,z)$ 是三个函数 $f_1(x)$、$f_2(x)$、$f_3(x)$ 的乘积，即 $f(x,y,z)=f_1(x)f_2(x)f_3(x)$，积分区域 $\Omega=\{(x,y,z)\mid a\leqslant x\leqslant b,c\leqslant y\leqslant d,l\leqslant z\leqslant m\}$，证明这个三重积分等于三个单积分的乘积，即 $\iiint\limits_{\Omega} f_1(x)f_2(x)f_3(x)dxdydz=\int_a^b f_1(x)dx\int_c^d f_2(y)dy\int_l^m f_3(z)dz$.

4.计算下列三重积分：

(1) $\iiint\limits_{\Omega} xy^2z^3dxdydz$，其中 Ω 由曲面 $z=xy$ 与平面 $y=x,x=1,z=0$ 所围成；

(2) $\iiint\limits_{\Omega} xyz\,dxdydz$，其中 Ω 是球体 $x^2+y^2+z^2\leqslant 1$ 在第一卦限中的部分；

(3) $\iiint\limits_{\Omega} \frac{dxdydz}{(1+x+y+z)^3}$，其中 Ω 是平面 $x=0,y=0,z=0,x+y+z=1$ 所围成的四面体；

(4) $\iiint\limits_{\Omega} xz\,dxdydz$，其中 Ω 由抛物柱面 $y=x^2$ 与平面 $z=0,z=y,y=1$ 所围成.

5.化三重积分 $\iiint\limits_{\Omega} f(x,y,z)dv$ 为直角坐标系下的三次积分，其中积分区域 Ω 分别为：

(1) 由 $x+2y+z=1,x=0,y=0,z=0$ 四个平面所围成的闭区域；

(2) 由曲面 $z=x^2+y^2$ 及平面 $z=1$ 所围成的闭区域；

(3) 由 $x^2+y^2+z^2\leqslant R^2(R>0)$ 围成的闭区域.

6.利用柱面坐标计算下列三重积分：

(1) $\iiint\limits_{\Omega} z\,dv$，其中 Ω 由曲面 $z=\sqrt{2-x^2-y^2}$ 与 $z=x^2+y^2$ 所围成；

(2) $\iiint\limits_{\Omega} (x^2+y^2)dv$，其中 Ω 由曲面 $x^2+y^2=2z$ 与平面 $z=2$ 所围成；

(3) $\iiint\limits_{\Omega} \sqrt{x^2+y^2}dv$，其中 Ω 由曲面 $z=\sqrt{x^2+y^2}$ 与 $z=x^2+y^2$ 所围成；

(4) $\iiint\limits_{\Omega} xy\,dv$，其中 Ω 是由 $x^2+y^2=1$ 与 $z=0,z=1,x=0,y=0$ 在第一卦限围成的部分.

7.利用球面坐标计算下列三重积分：

(1) $\iiint\limits_{\Omega} (x^2+y^2+z^2)dv$，其中 Ω 是由球面 $x^2+y^2+z^2=1$ 所围成的闭区域；

(2) $\iiint\limits_{\Omega}(x^2+y^2+z^2)\mathrm{d}v$,其中 Ω 是由球面 $x^2+y^2+z^2=2z$ 所围成的闭区域;

(3) $\iiint\limits_{\Omega}\left(\frac{x^2}{a^2}+\frac{y^2}{b^2}+\frac{z^2}{c^2}\right)\mathrm{d}v$,其中 Ω 是由椭球面$\frac{x^2}{a^2}+\frac{y^2}{b^2}+\frac{z^2}{c^2}=1$ 所围成的闭区域.

8. 选用适当的坐标计算下列三重积分:

(1) $\iiint\limits_{\Omega}\mathrm{d}v$,由 $x+y+z=1,x=0,y=0,z=0$ 四个平面所围成的闭区域;

(2) $\iiint\limits_{\Omega}z\mathrm{d}v$,其中 Ω 是由 $x^2+y^2=1,z=0$ 及 $z=\sqrt{x^2+y^2}$ 所围成的闭区域;

(3) $\iiint\limits_{\Omega}(x^2+y^2)\mathrm{d}v$,其中 Ω 由曲面 $25(x^2+y^2)=4z^2$ 与平面 $z=5$ 所围成的闭区域;

(4) $\iiint\limits_{\Omega}z\sqrt{x^2+y^2}\mathrm{d}v$,其中 Ω 由曲面 $z=0,z=\sqrt{R^2-x^2-y^2}$ 所围成的闭区域.

第四节　重积分应用举例

一、曲面的面积

在定积分中我们计算过平面图形的面积,也可以用二重积分来求平面图形的面积.根据二重积分的性质知,在积分区域 D 上,若令 σ 表示区域 D 的面积,则

$$\iint\limits_{D}\mathrm{d}\sigma=\sigma.$$

本节我们主要讨论用二重积分求空间曲面的面积.

设曲面 Σ 由方程 $z=f(x,y)$ 给出,D_{xy} 为曲面 Σ 在 xoy 面上的投影区域(见图 7—35),函数 $f(x,y)$ 在 D_{xy} 上具有连续偏导数.可以证明曲面上的面积元素 $\mathrm{d}S$ 与其在 xoy 面上的投影区域的面积元素 $\mathrm{d}\sigma$ 之间有

$$\mathrm{d}S=\sqrt{1+f_x'^2+f_y'^2}\mathrm{d}\sigma.$$

则曲面 Σ 的面积可以用二重积分表示:

$$S=\iint\limits_{D_{xy}}\sqrt{1+f_x'^2+f_y'^2}\mathrm{d}x\mathrm{d}y.$$

类似地,若空间曲面 Σ 的方程为 $x=f(y,z)$,则 Σ 的面积为

$$S=\iint\limits_{D_{yz}}\sqrt{1+f_y'^2+f_z'^2}\mathrm{d}y\mathrm{d}z.$$

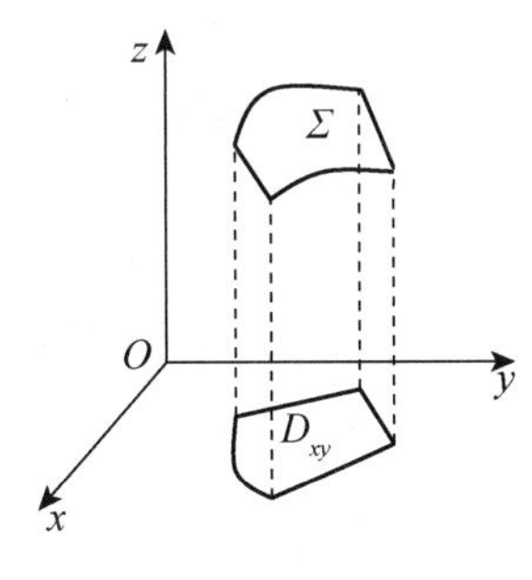

图 7—35

若空间曲面 Σ 的方程为 $y=f(x,z)$,则 Σ 的面积为

$$S=\iint\limits_{D_{xz}}\sqrt{1+f_x'^2+f_z'^2}\mathrm{d}x\mathrm{d}z.$$

例 1　求旋转抛物面 $z=x^2+y^2$ 被平面 $z=1$ 所截下的有限部分的面积.

解　如图 7—36 所示,抛物面与平面的交线为

$$\begin{cases}z=x^2+y^2\\z=1\end{cases},\qquad 即\quad \begin{cases}x^2+y^2=1\\z=1\end{cases},$$

曲面在 xoy 面上的投影为 $D_{xy}: x^2+y^2\leqslant 1$,且

$$\frac{\partial z}{\partial x}=2x,\frac{\partial z}{\partial y}=2y.$$

故曲面的面积为

$$S=\iint_{D_{xy}}\sqrt{1+4x^2+4y^2}\,\mathrm{d}x\mathrm{d}y=\int_0^{2\pi}\mathrm{d}\theta\int_0^1 r\sqrt{1+4r^2}\,\mathrm{d}r$$

$$=2\pi\times\frac{1}{8}\int_0^1\sqrt{1+4r^2}\,\mathrm{d}(1+4r^2)=\frac{\pi}{4}\times\frac{2}{3}(1+4r^2)^{\frac{3}{2}}\Big|_0^1$$

$$=\frac{\pi}{6}(5\sqrt{5}-1).$$

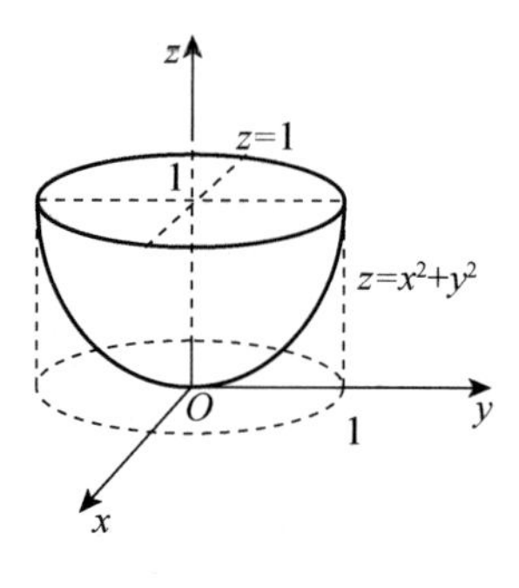

图 7—36

例 2 求半径为 a 的球的表面积.

解 取上半球面方程为 $z=\sqrt{a^2-x^2-y^2}$,则它在 xoy 面上的投影为 $D_{xy}: x^2+y^2\leqslant a^2$. 则 $\frac{\partial z}{\partial x}=\frac{-x}{\sqrt{a^2-x^2-y^2}},\frac{\partial z}{\partial y}=\frac{-y}{\sqrt{a^2-x^2-y^2}}$. 得

$$\sqrt{1+\left(\frac{\partial z}{\partial x}\right)^2+\left(\frac{\partial z}{\partial y}\right)^2}=\frac{a}{\sqrt{a^2-x^2-y^2}}.$$

因为这函数在闭区域 D_{xy} 上无界,我们不能直接应用曲面面积公式. 所以先取区域 D_1: $x^2+y^2\leqslant b^2(0<b<a)$ 为积分区域,算出相应于 D_1 上的球面面积 A_1 后,令 $b\to a$ 取 A_1 的极限就得半球面的面积.

$$A_1=\iint_{D_1}\frac{a}{\sqrt{a^2-x^2-y^2}}\mathrm{d}x\mathrm{d}y=a\int_0^{2\pi}\mathrm{d}\theta\int_0^b\frac{r}{\sqrt{a^2-r^2}}\mathrm{d}r=2\pi a(a-\sqrt{a^2-b^2}).$$

于是,

$$\lim_{b\to a}A_1=\lim_{b\to a}2\pi a(a-\sqrt{a^2-b^2})=2\pi a^2.$$

这就是半个球面的面积,因此整个球面的面积为

$$A=4\pi a^2.$$

二、质心和转动惯量

1. 质心

先讨论平面薄片的质心.

设在 xoy 面上有 n 个质点,它们分别位于点 $(x_1,y_1),(x_2,y_2),\cdots,(x_n,y_n)$ 处,质量分别为 $m_1,m_2,\cdots,m_n$. 由力学知道,该质点系的质心坐标为

$$\bar{x}=\frac{M_y}{M}=\frac{\sum_{i=1}^n m_i x_i}{\sum_{i=1}^n m_i},\quad \bar{y}=\frac{M_x}{M}=\frac{\sum_{i=1}^n m_i y_i}{\sum_{i=1}^n m_i},$$

其中 $M=\sum_{i=1}^n m_i$ 为该质点系的质量,$M_y=\sum_{i=1}^n m_i x_i$,$M_x=\sum_{i=1}^n m_i y_i$ 分别为该质点系对 y 轴和 x 轴的**静矩**.

设有一平面薄片,占有 xoy 面上的闭区域 D,在点 (x,y) 处的面密度为 $\mu(x,y)$,这里 $\mu(x,y)$ 在 D 上连续. 现在要找该薄片的质心的坐标.

在闭区域 D 上任取一直径很小的闭区域 $\mathrm{d}\sigma$(这小闭区域的面积也记作 $\mathrm{d}\sigma$),(x,y)是这小闭区域上的一个点.由于 $\mathrm{d}\sigma$ 的直径很小,且 $\mu(x,y)$在 D 上连续,所以薄片中相应于 $\mathrm{d}\sigma$ 的部分的质量近似等于 $\mu(x,y)\mathrm{d}\sigma$,这部分质量可近似地看作集中在点(x,y)上,于是可写出静矩元素 $\mathrm{d}M_y$ 及 $\mathrm{d}M_x$:

$$\mathrm{d}M_y=x\mu(x,y)\mathrm{d}\sigma,\quad \mathrm{d}M_x=y\mu(x,y)\mathrm{d}\sigma.$$

以这些元素为被积表达式,在闭区域 D 上积分,便得

$$M_y=\iint_D x\mu(x,y)\mathrm{d}\sigma,\quad M_x=\iint_D y\mu(x,y)\mathrm{d}\sigma.$$

又由第一节知道,薄片的质量为 $M=\iint_D \mu(x,y)\mathrm{d}\sigma$.所以,薄片的质心坐标为

$$\bar{x}=\frac{M_y}{M}=\frac{\iint_D x\mu(x,y)\mathrm{d}\sigma}{\iint_D \mu(x,y)\mathrm{d}\sigma},\quad \bar{y}=\frac{M_x}{M}=\frac{\iint_D y\mu(x,y)\mathrm{d}\sigma}{\iint_D \mu(x,y)\mathrm{d}\sigma}.$$

如果薄片是均匀的,即面密度为常量,则上式中可把 μ 提到积分号外面并从分子、分母中约去,这样便得均匀薄片的质心的坐标为

$$\bar{x}=\frac{1}{A}\iint_D x\,\mathrm{d}\sigma,\quad \bar{y}=\frac{1}{A}\iint_D y\,\mathrm{d}\sigma,$$

其中 $A=\iint_D \mathrm{d}\sigma$ 为闭区域D 的面积.这时薄片的质心完全由闭区域 D 的形状所决定.我们把均匀薄片的质心叫做这平面薄片所占的平面图形的**形心**.

类似地,占有空间有界闭区域 Ω、在点(x,y,z)处的密度为 $\rho(x,y,z)$(假定 $\rho(x,y,z)$在 Ω 上连续)的物体的质心坐标是

$$\bar{x}=\frac{1}{M}\iiint_\Omega x\rho(x,y,z)\mathrm{d}v,\ \bar{y}=\frac{1}{M}\iiint_\Omega y\rho(x,y,z)\mathrm{d}v,\ \bar{z}=\frac{1}{M}\iiint_\Omega z\rho(x,y,z)\mathrm{d}v$$

其中$M=\iiint_\Omega \rho(x,y,z)\mathrm{d}v$.

例 3　求位于两圆 $r=2\sin\theta$ 和 $r=4\sin\theta$ 之间的均匀薄片的质心.

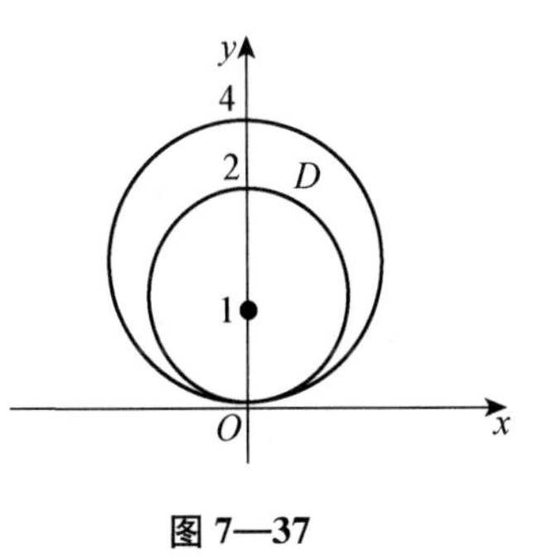

图 7—37

解　因为闭区域 D 对称于 y 轴(见图 7—37),所以质心 $C(\bar{x},\bar{y})$必位于 y 轴上,于是 $\bar{x}=0$.又由于闭区域 D 位于半径为 1 与半径为 2 的两圆之间,所以它的面积等于这两个圆的面积之差,即 $A=3\pi$.则

$$\begin{aligned}\bar{y}&=\frac{1}{A}\iint_D y\,\mathrm{d}\sigma=\frac{1}{3\pi}\iint_D r^2\sin\theta\mathrm{d}r\mathrm{d}\theta\\&=\frac{1}{3\pi}\int_0^\pi\sin\theta\mathrm{d}\theta\int_{2\sin\theta}^{4\sin\theta}r^2\mathrm{d}r=\frac{1}{3\pi}\int_0^\pi\frac{1}{3}\sin\theta\, r^3\Big|_{2\sin\theta}^{4\sin\theta}\mathrm{d}\theta\\&=\frac{1}{3\pi}\times\frac{56}{3}\int_0^\pi\sin^4\theta\mathrm{d}\theta=\frac{7}{3}.\end{aligned}$$

2. 转动惯量

先讨论平面薄片的转动惯量.

设在 xoy 面上有 n 个质点,它们分别位于点$(x_1,y_1),(x_2,y_2),\cdots,(x_n,y_n)$处,质量分别为 $m_1,m_2,\cdots,m_n$. 由力学知道,该质点系对于 x 轴以及对于 y 轴的转动惯量依次为

$$I_x=\sum_{i=1}^{n}y_i^2m_i,\ I_y=\sum_{i=1}^{n}x_i^2m_i.$$

设有一平面薄片,占有 xoy 面上的闭区域 D,在点(x,y)处的面密度为 $\mu(x,y)$,这里 $\mu(x,y)$在 D 上连续. 现在要找该薄片对于 x 轴以及对于 y 轴的转动惯量.

在闭区域 D 上任取一直径很小的闭区域 $\mathrm{d}\sigma$(这小闭区域的面积也记作 $\mathrm{d}\sigma$),(x,y)是这小闭区域上的一个点. 由于 $\mathrm{d}\sigma$ 的直径很小,且 $\mu(x,y)$在 D 上连续,所以薄片中相应于 $\mathrm{d}\sigma$ 的部分的质量近似等于 $\mu(x,y)\mathrm{d}\sigma$,这部分质量可近似地看作集中在点(x,y)上,于是可写出该薄片的对于 x 轴以及对于 y 轴的转动惯量元素:$\mathrm{d}I_x=y^2\mu(x,y)\mathrm{d}\sigma$,$\mathrm{d}I_y=x^2\mu(x,y)\mathrm{d}\sigma$. 以这些元素为被积表达式,在闭区域 D 上积分,便得

$$I_x=\iint_D y^2\mu(x,y)\mathrm{d}\sigma,\ I_y=\iint_D x^2\mu(x,y)\mathrm{d}\sigma.$$

类似地,占有空间有界闭区域 Ω、在点(x,y,z)处的密度为 $\rho(x,y,z)$(假定 $\rho(x,y,z)$在 Ω 上连续)的物体的对于 x、y、z 轴的转动惯量为

$$I_x=\frac{1}{M}\iiint_\Omega(y^2+z^2)\rho(x,y,z)\mathrm{d}v,$$

$$I_y=\frac{1}{M}\iiint_\Omega(z^2+x^2)\rho(x,y,z)\mathrm{d}v,$$

$$I_z=\frac{1}{M}\iiint_\Omega(x^2+y^2)\rho(x,y,z)\mathrm{d}v.$$

例 4 求半径为 a 的均匀半圆薄片(面密度为常量 μ)对于其直径边的转动惯量.

解 取坐标系(如图 7—38 所示),则薄片所占闭区域 D:$x^2+y^2\leqslant a^2,y\geqslant0$. 而所求转动惯量即半圆薄片对于 x 轴的转动惯量为

$$I_x=\iint_D y^2\mu\mathrm{d}\sigma=\mu\iint_D r^3\ \sin^2\theta\mathrm{d}r\mathrm{d}\theta=\mu\int_0^{\pi}\mathrm{d}\theta\int_0^a r^3\ \sin^2\theta\mathrm{d}r$$

$$=\mu\frac{a^4}{4}\int_0^{\pi}\sin^2\theta\mathrm{d}\theta=\frac{\mu a^4}{4}\times\frac{\pi}{2}=\frac{Ma^2}{4},$$

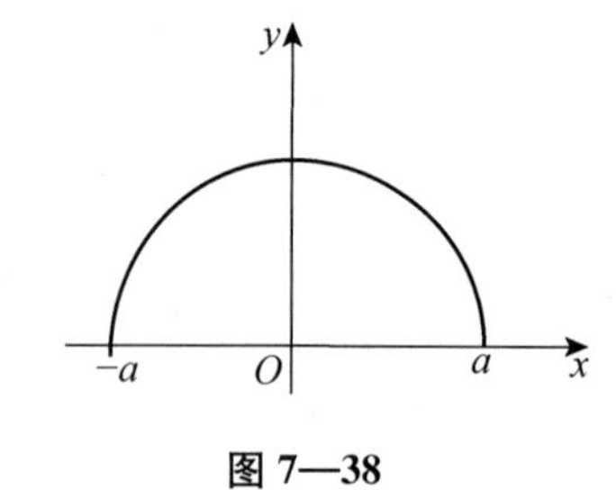

图 7—38

其中 $M=\dfrac{1}{2}\pi a^2\mu$ 为半圆薄片的质量.

三、引力

下面讨论空间一物体对于物体外一点 $P_0(x_0,y_0,z_0)$处的单位质量的质点的引力问题.

设物体占有空间有界闭区域 Ω,它在点(x,y,z)处的密度为 $\rho(x,y,z)$,并假定 $\rho(x,y,z)$在 Ω 上连续. 在物体内任取一直径很小的闭区域 $\mathrm{d}v$(这小闭区域的体积也记作 $\mathrm{d}v$),(x,y,z)是这一小块中的一个点. 把这一小块物体的质量 $\rho\mathrm{d}v$ 近似地看作集中在点(x,y,z)处. 于

是按两质点间的引力公式，可得这一小块物体对于 $P_0(x_0,y_0,z_0)$ 处的单位质量的质点的引力近似地为

$$\begin{aligned}\mathrm{d}F&=(\mathrm{d}F_x,\mathrm{d}F_y,\mathrm{d}F_z)\\&=\left(G\frac{\rho(x,y,z)(x-x_0)}{r^3}\mathrm{d}v,G\frac{\rho(x,y,z)(y-y_0)}{r^3}\mathrm{d}v,G\frac{\rho(x,y,z)(z-z_0)}{r^3}\mathrm{d}v\right),\end{aligned}$$

其中 $\mathrm{d}F_x,\mathrm{d}F_y,\mathrm{d}F_z$ 为引力元素 $\mathrm{d}F$ 在三个坐标轴上的分量，$r=\sqrt{(x-x_0)^2+(y-y_0)^2+(z-z_0)^2}$，$G$ 为引力常数. 将 $\mathrm{d}F_x,\mathrm{d}F_y,\mathrm{d}F_z$ 在 Ω 上分别积分，即得

$$\begin{aligned}F&=(F_x,F_y,F_z)\\&=\left(\iiint\limits_{\Omega}G\frac{\rho(x,y,z)(x-x_0)}{r^3}\mathrm{d}v,\iiint\limits_{\Omega}G\frac{\rho(x,y,z)(y-y_0)}{r^3}\mathrm{d}v,\iiint\limits_{\Omega}G\frac{\rho(x,y,z)(z-z_0)}{r^3}\mathrm{d}v\right).\end{aligned}$$

如果考虑平面薄片对薄片外一点 $P_0(x_0,y_0,z_0)$ 处的单位质量的质点的引力，设平面薄片占有 xoy 面上的闭区域 D，在点 (x,y) 处的面密度为 $\mu(x,y)$，那么只要将上式中的密度 $\rho(x,y,z)$ 换成面密度 $\mu(x,y)$，将 Ω 上的三重积分换成 D 上的二重积分，就可得到相应的计算公式.

例 5　设半径为 R 的匀质球占有空间闭区域 $\Omega=\{(x,y,z)\mid x^2+y^2+z^2\leqslant R^2\}$. 求它对位于 $M_0(0,0,a)(a>R)$ 处的单位质量的质点的引力.

解　设球的密度为 ρ_0，由球体的对称性及质量分布的均匀性知 $F_x=F_y=0$，

所求引力沿 z 轴的分量为

$$\begin{aligned}F_z&=\iiint\limits_{\Omega}G\rho_0\frac{z-a}{[x^2+y^2+(z-a)^2]^{\frac{3}{2}}}\mathrm{d}v\\&=G\rho_0\int_{-R}^{R}(z-a)\mathrm{d}z\iint\limits_{x^2+y^2\leqslant R^2-z^2}\frac{1}{[x^2+y^2+(z-a)^2]^{\frac{3}{2}}}\mathrm{d}x\mathrm{d}y\\&=G\rho_0\int_{-R}^{R}(z-a)\mathrm{d}z\int_0^{2\pi}\mathrm{d}\theta\int_0^{\sqrt{R^2-z^2}}\frac{r}{[r^2+(z-a)^2]^{\frac{3}{2}}}\mathrm{d}r\\&=2\pi G\rho_0\int_{-R}^{R}(z-a)\left(\frac{1}{a-z}-\frac{1}{\sqrt{R^2-2az+a^2}}\right)\mathrm{d}z\\&=2\pi G\rho_0\left[-2R+\frac{1}{a}\int_{-R}^{R}(z-a)\mathrm{d}\sqrt{R^2-2az+a^2}\right]\\&=2\pi G\rho_0\left(-2R+2R-\frac{2R^3}{3a^2}\right)=-G\rho_0\frac{4\pi R^3}{3a^2}.\end{aligned}$$

上述结果表明：匀质球对球外一质点的引力如同球的质量集中于球心时两质点间的引力.

习题 7—4

1. 求下列曲面的面积：

(1) 抛物面 $z=x^2+y^2$ 在 $z=9$ 以下的面积；

(2) 马鞍面 $z=xy$ 在柱面 $x^2+y^2=4$ 内的面积；

(3) 上半球面 $z=\sqrt{R^2-x^2-y^2}$ 被圆柱面 $x^2+y^2=Rx$ 所截部分的面积；

(4)球面 $x^2+y^2+z^2=a^2$ 含在圆柱面 $x^2+y^2-ax(a>0)$ 内部的那部分面积.

2. 已知平面薄片 S 的形状是第一象限中半径为 a 的四分之一圆盘,每一点的密度与该点到圆心的距离成正比,求 S 的质心.

3. 设薄板 S 在平面上所占的区域由 $y=3+2x$,$y=3-2x$ 和 $y=0$ 围成,密度为 $\rho(x,y)=y$,求 S 的质心.

4. 利用三重积分计算下列由曲面所围立体的质心(设密度 $\rho=1$):

(1)$z^2=x^2+y^2$,$z=1$;

(2)$z=x^2+y^2$,$x+y=a$,$x=0$,$y=0$,$z=0$.

5. 设均匀薄片(面密度为常数 1)所占闭区域 D 如下,求指定的转动惯量;

(1)$D=\left\{(x,y)\,|\,\dfrac{x^2}{a^2}+\dfrac{y^2}{b^2}\leqslant 1\right\}$,求 I_y;

(2)D 由抛物线 $y^2=\dfrac{9}{2}x$ 与直线 $x=2$ 所围成,求 I_x 和 I_y;

(3) $D=\{(x,y)\,|\,0\leqslant x\leqslant a,0\leqslant y\leqslant b\}$,求 I_x 和 I_y.

6. 设面密度为常量 μ 的匀质半圆形薄片占有闭区域 $\Omega=\{(x,y,0z)\,|\,R_1\leqslant\sqrt{x^2+y^2}\leqslant R_2,x\geqslant 0\}$,求它对位于 $M_0(0,0,a)(a>R)$ 处的单位质量的质点的引力.

总复习题七

1. 计算下列二重积分:

(1) $\iint\limits_D(1+x)\sin y\mathrm{d}\sigma$,其中 D 是顶点分别为(0,0),(1,0),(1,2) 和(0,1) 的梯形闭区域;

(2) $\iint\limits_D(x^2-y^2)\mathrm{d}\sigma$,其中 $D=\{(x,y)\mid 0\leqslant x\leqslant\pi,0\leqslant y\leqslant\sin x\}$;

(3) $\iint\limits_D\sqrt{R^2-x^2-y^2}\mathrm{d}\sigma$,其中 D 是圆周 $x^2+y^2=Rx$ 所围成的闭区域;

(4) $\iint\limits_D(y^2+3x-6y+9)\mathrm{d}\sigma$,其中 $D=\{(x,y)\mid x^2+y^2\leqslant R^2\}$.

2. 改变下列二次积分的积分次序:

(1) $\int_0^{2\pi}\mathrm{d}x\int_0^{\sin x}f(x,y)\mathrm{d}y$;

(2) $\int_0^{2a}\mathrm{d}x\int_{\sqrt{2ax-x^2}}^{\sqrt{2ax}}f(x,y)\mathrm{d}y(a>0)$;

(3) $\int_0^1\mathrm{d}y\int_0^{2y}f(x,y)\mathrm{d}x+\int_1^3\mathrm{d}y\int_0^{3-y}f(x,y)\mathrm{d}x$;

(4) $\int_0^1\mathrm{d}x\int_x^{\sqrt{x}}\dfrac{\sin y}{y}\mathrm{d}y$.

3. 设 $f(x)$ 在[0,1] 上连续,并设$\int_0^1 f(x)=A$,求$\int_0^1\mathrm{d}x\int_x^1 f(x)f(y)\mathrm{d}y$.

4. 证明$\int_a^b\mathrm{d}x\int_a^x(x-y)^{n-2}f(y)\mathrm{d}y=\dfrac{1}{n-1}\int_a^b(b-y)^{n-1}f(y)\mathrm{d}y$.

5. 证明$\int_0^a\mathrm{d}y\int_0^y e^{m(a-x)}f(x)\mathrm{d}x=\int_0^a(a-x)e^{m(a-x)}f(x)\mathrm{d}x$.

6. 把积分 $\iiint\limits_{\Omega} f(x,y,z)\mathrm{d}x\mathrm{d}y\mathrm{d}z$ 化为三次积分，其中积分区域 Ω 是由曲面 $z=x^2+y^2$，$y=x^2$ 及平面 $y=1,z=0$ 所围成的闭区域.

7. 计算下列三重积分：

(1) $\iiint\limits_{\Omega}(x+y+z)\mathrm{d}x\mathrm{d}y\mathrm{d}z$，其中积分区域 Ω 是由平面 $x+y+z=1$ 及三个坐标轴所围成；

(2) $\iiint\limits_{\Omega} z\mathrm{d}x\mathrm{d}y\mathrm{d}z$，其中积分区域 Ω 是由锥面 $z=\dfrac{h}{R}\sqrt{x^2+y^2}$ 与平面 $z=h(R>0,h>0)$ 所围成；

(3) $\iiint\limits_{\Omega}(x^2+y^2+z^2)\mathrm{d}v$，其中积分区域 Ω 是由球面 $x^2+y^2+(z-1)^2=1$ 所围成；

(4) $\iiint\limits_{\Omega}(y^2+z^2)\mathrm{d}v$，其中积分区域 Ω 是由 xoy 平面上曲线 $y^2=2x$ 绕 x 轴旋转而成的曲面与平面 $x=5$ 所围成的闭区域.

8. 求下列曲面的面积：

(1) 锥面 $z=\sqrt{x^2+y^2}$ 被柱面 $z^2=2x$ 所割下部分的曲面面积；

(2) 底圆半径相等的两个直交圆柱面 $x^2+y^2=R^2$ 及 $x^2+z^2=R^2$ 所围成立体的表面积；

(3) 平面 $\dfrac{x}{a}+\dfrac{y}{b}+\dfrac{z}{c}=1$ 被三坐标面所割出的有限部分的面积.

9. 在球体 $x^2+y^2+z^2\leqslant 2Rz$ 内，任意点的密度等于该点到坐标原点的距离的平方，试求这个球体的质心.

10. 求半径为 a，高为 h 的均匀圆柱体对于过它的几何中心而垂直于母线的轴的转动惯量(设密度 $\rho=1$).

11. 一均匀物体(设密度 ρ 为常量)占有的闭区域 Ω 由曲面 $z=x^2+y^2$ 和平面 $z=0$，$|x|=a,|y|=a$ 所围成，

(1) 求物体的体积；

(2) 求物体的质心；

(2) 求物体关于 z 轴的转动惯量.

第八章

曲线积分与曲面积分

定积分是一个实数区间的积分，二重积分和三重积分是在平面区域 D 上或空间闭域 Ω 上的积分. 实际应用中可将积分范围推广到一段曲线弧或一片曲面上，即所谓曲线积分和曲面积分. 本章我们研究这种积分的一些基本内容.

第一节　对弧长的曲线积分

一、对弧长的曲线积分的概念与性质

沿曲线分布的物体质量　设在一条平面曲线 L 上有物质连续分布，其线密度为 $\rho(x,y)$，其中(x,y)是曲线 L 上一点的坐标，求曲线 L 的质量 M(见图 8—1).

如果线密度 ρ 是一个常量，那么质量 M 就等于它的线密度 ρ 与长度的乘积. 若线密度 $\rho(x,y)$是变量，不能直接用上述方法计算. 为解决这个问题，在 L 上插入点 $M_1,M_2,\cdots,M_{n-1}$ 把 L 分成 n 个小段 $M_0=A,M_n=B$，取其中一小段$\widehat{M_{i-1}M_i}$来分析. 在线密度连续变化的前提下，只要这小段很短，就可以用这小段上任一点(ξ_i,η_i)处的线密度代替这小段上其它各点处的线密度，从而得到这小段的质量的近似值为

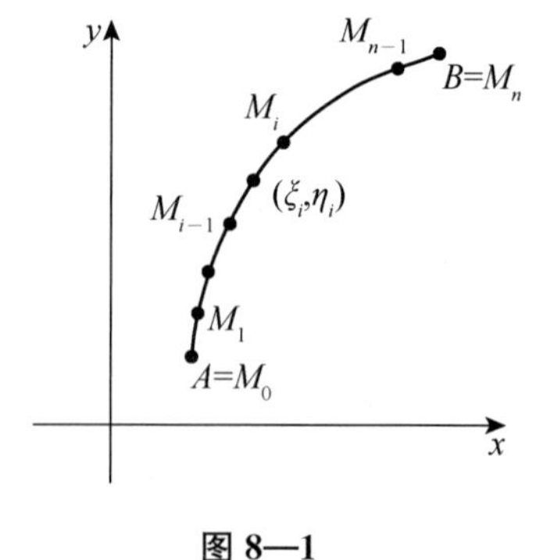

图 8—1

$$\rho(\xi_i,\eta_i)\Delta s_i$$

其中 Δs_i 表示$\widehat{M_{i-1}M_i}$的长度，于是整个质量

$$M\approx\sum_{i=1}^{n}\rho(\xi_i,\eta_i)\Delta s_i.$$

记 $\lambda=\max\limits_{i}\{\Delta s_i\}$，则有

$$M=\lim_{\lambda\to 0}\sum_{i=1}^{n}\rho(\xi_i,\eta_i)\Delta s_i.$$

这种和的极限，我们还在许许多多其它实际问题中碰到，所以抽去它们的具体意义，就形成了下面的对弧长的曲线积分概念.

定义 1　设 L 为 xOy 平面内的一条光滑曲线弧，函数 $f(x,y)$ 在 L 上有界，在 L 上任意插入一点列 $M_1,M_2,\cdots,M_{n-1}$ 把 L 分成 n 个小段，设第 i 个小段弧长为 Δs_i，又 (ξ_i,η_i) 为第 i 个小段上任意取定的一点，作乘积 $f(\xi_i,\eta_i)\Delta s_i(i=1,2,\cdots,n)$，并作和 $\sum\limits_{i=1}^{n}f(\xi_i,\eta_i)\Delta s_i$. 如果当各小弧段的长度的最大值 $\lambda\to 0$ 时，这和式的极限总存在，则称此极限为函数 $f(x,y)$ 在曲线弧 L 上对弧长的曲线积分或第一类曲线积分，记作 $\int_L f(x,y)\mathrm{d}s$，即

$$\int_L f(x,y)\mathrm{d}s=\lim_{\lambda\to 0}\sum_{i=1}^{n}f(\xi_i,\eta_i)\Delta s_i.$$

其中 $f(x,y)$ **叫做被积函数**，L **叫做积分弧段.**

关于这个定义，我们应当注意几点：

(1)只有被积函数 $f(x,y)$ 在光滑曲线弧 L 上连续时，对弧长的曲线积分 $\int_L f(x,y)\mathrm{d}s$ 才是存在的. 当曲线弧 L 为封闭曲线时，记为 $\oint_L f(x,y)\mathrm{d}s$.

(2) Δs_i 表示每一小段弧的长度，所以始终为正值.

(3)对弧长的曲线积分的几何意义和物理意义：

物理意义：当 $f(x,y)$ 在光滑曲线弧 L 上表示连续密度函数时，对弧长的曲线积分 $\int_L f(x,y)\mathrm{d}s$ 表示曲线形物件的质量.

几何意义：当 $f(x,y)$ 是定义在平面光滑曲线弧 L 上正值连续函数时，对弧长的曲线积分 $\int_L f(x,y)\mathrm{d}s$ 表示以 L 为准线，母线平行 z 轴，以 xOy 平面为底，以 $f(x,y)$ 为顶的柱面的侧面积.

由上述定义可知，以密度 $\rho(x,y)$ 分布在曲线 L 上的物体的质量等于密度函数 $\rho(x,y)$ 沿曲线 L 对弧长的曲线积分

$$M=\int_L \rho(x,y)\mathrm{d}s.$$

如果函数 $f(x,y,z)$ 在空间光滑或分段光滑的曲线弧 Γ 上连续，则可类似得到函数 $f(x,y,z)$ 在空间曲线 Γ 上对弧长的曲线积分

$$\int_L f(x,y,z)\mathrm{d}s=\lim_{\lambda\to 0}\sum_{i=1}^{n}f(\xi_i,\eta_i,\zeta_i)\Delta s_i.$$

由对弧长的曲线积分的定义可知，它有以下性质：

(1) $\int_L[f(x,y)\pm g(x,y)]\mathrm{d}s=\int_L f(x,y)\mathrm{d}s\pm\int_L g(x,y)\mathrm{d}s.$

(2) $\int_L kf(x,y)\mathrm{d}s=k\int_L f(x,y)\mathrm{d}s$　(k 为常数).

(3) $\int_L f(x,y)\mathrm{d}s=\int_{L_1} f(x,y)\mathrm{d}s+\int_{L_2} g(x,y)\mathrm{d}s \quad (L=L_1+L_2)$.

(4)若 $f(x,y)=1$,则 $\int_L f(x,y)\mathrm{d}s=L \quad$ (L 为弧长).

二、对弧长的曲线积分的计算方法

对弧长的曲线积分的计算的基本思想是将其转化为定积分进行计算.

(1)当曲线 L 用参数方程 $x=\varphi(t)$,$y=\psi(t)$表示时,首先给出下面定理:

定理1 设 $f(x,y)$在曲线 L 上有定义且连续,L 的参数方程为

$$\begin{cases}x=\varphi(t)\\ y=\psi(t)\end{cases} \quad (\alpha\leqslant t\leqslant\beta),$$

其中 $\varphi(t)$,$\psi(t)$在$[\alpha,\beta]$上具有一阶连续导数,且 $\varphi'^2(t)+\psi'^2(t)\neq 0$,则曲线积分 $\int_L f(x,y)\mathrm{d}s$ 存在,且

$$\int_L f(x,y)\mathrm{d}s=\int_\alpha^\beta f[\varphi(t),\psi(t)]\sqrt{\varphi'^2(t)+\psi'^2(t)}\,\mathrm{d}t \quad (\alpha<\beta) \tag{1}$$

证 假定当参数 t 由 α 变至 β 时,L 上的点 $M(x,y)$依点 A 至 B 的方向描出曲线 L. 在 L 上取一系列点

$$A=M_0,M_1,M_2,\cdots,M_{n-1},M_n=B,$$

它们对应于一列单调增加的参数值

$$\alpha=t_0<t_1<t_2<\cdots<t_{n-1}<t_n=\beta.$$

根据对弧长的曲线积分的定义,有

$$\int_L f(x,y)\mathrm{d}s=\lim_{\lambda\to 0}\sum_{i=1}^n f(\xi_i,\eta_i)\Delta s_i,$$

设点(ξ_i,η_i)对应于参数值 τ_i,即 $\xi_i=\varphi(\tau_i)$,$\eta_i=\psi(\tau_i)$,这里 $t_{i-1}\leqslant\tau_i\leqslant t_i$,由于

$$\Delta s_i=\int_{t_{i-1}}^{t_i}\sqrt{\varphi'^2(t)+\psi'^2(t)}\,\mathrm{d}t,$$

应用积分中值定理,有

$$\Delta s_i=\sqrt{\varphi'^2(\tau_i')+\psi'^2(\tau_i')}\,\Delta t_i,$$

其中 $\Delta t_i=t_i-t_{i-1}$,$t_{i-1}\leqslant\tau_i'\leqslant t_i$,于是

$$\int_L f(x,y)\mathrm{d}s=\lim_{\lambda\to 0}\sum_{i=1}^n f[\varphi(\tau_i),\psi(\tau_i)]\sqrt{\varphi'^2(\tau_i')+\psi'^2(\tau_i')}\,\Delta t_i.$$

由于函数$\sqrt{\varphi'^2(\tau_i')+\psi'^2(\tau_i')}$在闭区间$[\alpha,\beta]$上连续,我们可以把上式中的 τ_i'换成 τ_i,从而

$$\int_L f(x,y)\mathrm{d}s=\lim_{\lambda\to 0}\sum_{i=1}^n f[\varphi(\tau_i),\psi(\tau_i)]\sqrt{\varphi'^2(\tau_i)+\psi'^2(\tau_i)}\,\Delta t_i.$$

上式右端的和的极限,就是函数 $f[\varphi(t),\psi(t)]\cdot\sqrt{\varphi'^2(t)+\psi'^2(t)}$在区间$[\alpha,\beta]$上的定积分. 由于这个函数在$[\alpha,\beta]$上连续,所以这个定积分是存在的,因此上式左端的曲线积分 $\int_L f(x,y)\mathrm{d}s$ 也存在,并且有

$$\int_L f(x,y)\mathrm{d}s=\int_\alpha^\beta f[\varphi(t),\psi(t)]\sqrt{\varphi'^2(t)+\psi'^2(t)}\,\mathrm{d}t \quad (\alpha<\beta).$$

根据定理证明，对弧长的曲线积分的计算方法，可以归纳为：“一定，二代，三替换”，同时这里的弧长 s 是随着参变数的增大而增大的，而对弧长的曲线积分的定义中规定 Δs_i 总是正的，因此定积分中下限 α 总小于上限 β.

(2)如果曲线 L 由方程

$$y=\psi(x), a\leqslant x\leqslant b$$

给出，那么可以将 x 当参数，得曲线 L 的参数方程为

$$\begin{cases} x=x, \\ y=\psi(x). \end{cases} \quad (a\leqslant x\leqslant b)$$

从而由公式(1)得出

$$\int_L f(x,y)\mathrm{d}s=\int_a^b f[x,\psi(x)]\sqrt{1+\psi'^2(x)}\mathrm{d}x \quad (a<b). \tag{2}$$

(3)如果曲线由方程

$$x=\varphi(y), c\leqslant y\leqslant d$$

给出，那么可以将 y 当参数，得曲线 L 的参数方程为

$$\begin{cases} x=\varphi(y), \\ y=y. \end{cases} \quad (c\leqslant y\leqslant d)$$

从而由公式(1)得出

$$\int_L f(x,y)\mathrm{d}s=\int_c^d f[\varphi(y),y]\sqrt{1+\varphi'^2(y)}\mathrm{d}y \quad (c<d). \tag{3}$$

(4)如果空间曲线 Γ 由参数方程

$$x=\varphi(t), y=\psi(t), z=\omega(t) \quad (\alpha\leqslant t\leqslant\beta)$$

给出，那么有

$$\int_\Gamma f(x,y,z)\mathrm{d}s=\int_\alpha^\beta f[\varphi(t),\psi(t),\omega(t)]\sqrt{\varphi'^2(t)+\psi'^2(t)+\omega'^2(t)}\mathrm{d}t \quad (\alpha<t<\beta). \tag{4}$$

例 1　计算 $\int_L (x+y)\mathrm{d}s$，其中 L 为从点(0,0)到(1,1)的直线段.

解　$\int_L (x+y)\mathrm{d}s=\int_0^1 (x+x)\sqrt{1+1}\mathrm{d}x=\sqrt{2}$.

例 2　求 $\int_L \sqrt{y}\mathrm{d}s$，其中 L 是抛物线 $y=x^2$ 上点 $O(0,0)$ 与点 $B(1,1)$ 之间的一段弧(见图 8—2).

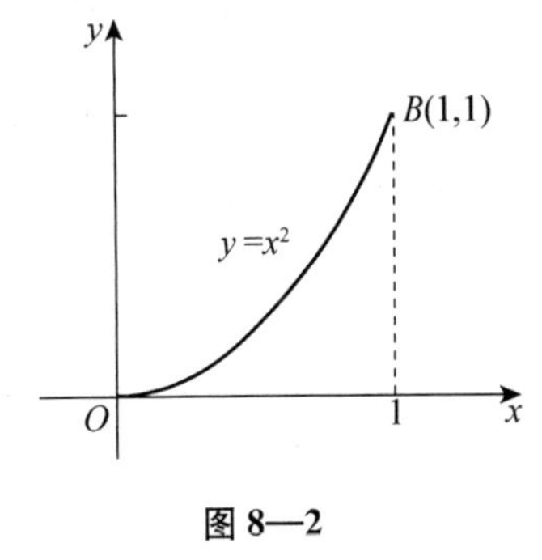

图 8—2

解　L 由方程 $y=x^2(0\leqslant x\leqslant 1)$ 给出，由公式(2)得

$$\begin{aligned}\int_L \sqrt{y}\mathrm{d}s&=\int_0^1 \sqrt{x^2}\sqrt{1+(x^2)'^2}\mathrm{d}x\\&=\int_0^1 x\sqrt{1+4x^2}\mathrm{d}x\\&=\left[\frac{1}{12}(1+4x^2)^{\frac{3}{2}}\right]_0^1=\frac{1}{12}(5\sqrt{5}-1).\end{aligned}$$

例 3　求 $\int_L y\mathrm{d}s$，其中 L 是抛物线 $y^2=4x$ 上从点(1,2)到点(1,−2)的一段弧.

解 将L的方程改写为$x=\frac{y^2}{4}$，$-2\leqslant y\leqslant 2$，由公式(3)和奇函数在对称区间上的积分等于零，有

$$\int_L y\mathrm{d}s=\int_{-2}^{2}y\sqrt{1+\left(\frac{y}{2}\right)^2}\mathrm{d}y=0.$$

例4 求$\int_\Gamma xyz\mathrm{d}s$，其中$\Gamma$是螺旋线$x=a\cos\theta$，$y=a\sin\theta$，$z=k\theta$上的一段($0\leqslant\theta\leqslant 2\pi$).

解 由公式(4)得

$$\begin{aligned}\int_\Gamma xyz\mathrm{d}s&=\int_0^{2\pi}a^2\cos\theta\sin\theta\cdot k\theta\sqrt{a^2+k^2}\mathrm{d}\theta\\&=\frac{1}{2}ka^2\sqrt{a^2+k^2}\int_0^{2\pi}\theta\sin 2\theta\mathrm{d}\theta\\&=\frac{1}{2}ka^2\sqrt{a^2+k^2}\left(\frac{-\theta\cos 2\theta}{2}\Big|_0^{2\pi}+\frac{1}{2}\int_0^{2\pi}\cos 2\theta\mathrm{d}\theta\right)\\&=-\frac{1}{2}\pi ka^2\sqrt{a^2+k^2}.\end{aligned}$$

习题8—1

1. 计算$\oint_L(x^2+y^2)\mathrm{d}s$，其中$L$为圆周$x=a\cos t$，$y=a\sin t$ ($0\leqslant t\leqslant 2\pi$).

2. 计算$\oint_L x\mathrm{d}s$，其中L为由直线$y=x$及抛物线$y=x^2$所围成的区域的整个边界.

3. 计算$\int_L y\mathrm{d}s$，其中L是抛物线$y^2=4x$上从$O(0,0)$到$A(1,2)$的一段弧.

4. 求$I=\int_L xy\mathrm{d}s$，其中积分路径Γ是在第一象限内的一段椭圆：

   $x=a\cos t$，$y=b\sin t$，$0\leqslant t\leqslant\frac{\pi}{2}$.

5. 计算$\int_L xyz\mathrm{d}s$，其中L是曲线$x=t$，$y=\frac{2}{3}\sqrt{2t^3}$，$z=\frac{1}{2}t^2$($0\leqslant t\leqslant 1$)的一段.

6. 计算$\oint_L e^{\sqrt{x^2+y^2}}\mathrm{d}s$，其中$L$为圆周$x^2+y^2=a^2$，直线$y=x$及$x$轴在第一象限所围成的扇形的整个边界.

7. 计算$\int_\Gamma\frac{z^2}{x^2+y^2}\mathrm{d}s$，$\Gamma$为螺线$x=a\cos t$，$y=a\sin t$，$z=at$，($0\leqslant t\leqslant 2\pi$).

8. 计算$\oint_L(x^2+y^2)^n\mathrm{d}s$，其中$L$为圆周$x=a\cos t$，$y=a\sin t$，($0\leqslant t\leqslant 2\pi$).

第二节　对坐标的曲线积分

一、对坐标的曲线积分的概念与性质

变力沿曲线所做的功　设一个质点在xOy平面内从点A沿光滑曲线弧L移动到点B，

在移动过程中，这质点受到力

$$\boldsymbol{F}(x,y)=P(x,y)\boldsymbol{i}+Q(x,y)\boldsymbol{j}$$

的作用，其中函数 $P(x,y)$，$Q(x,y)$ 在 L 上连续，现要计算在上述移动过程中变力 $\boldsymbol{F}(x,y)$ 所做的功（见图 8—3）.

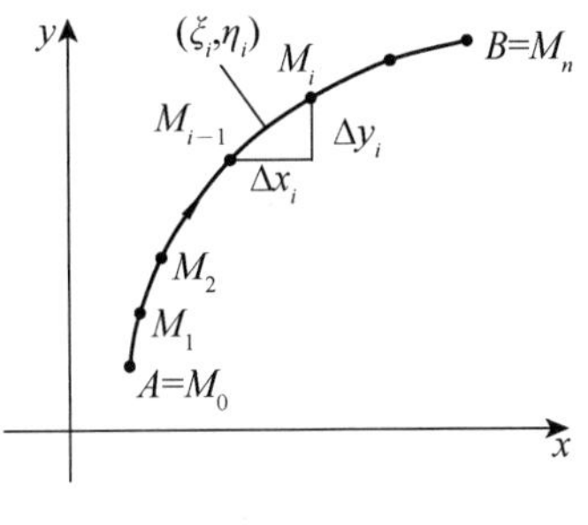

图 8—3

如果 $\boldsymbol{F}$ 是常力，质点从 A 沿直线移动到 B，那么常力 $\boldsymbol{F}$ 所做的功等于向量 $\boldsymbol{F}$ 与 $\overrightarrow{AB}$ 的数量积，即

$$W=\boldsymbol{F}\cdot\overrightarrow{AB}.$$

可是，现在 $\boldsymbol{F}(x,y)$ 是变力，且质点沿曲线 L 移动，功 W 不能直接按上述公式计算. 如何来克服这个困难呢？我们仍然采用“分割、近似、求和、取极限”的方法来求变力沿曲线所做的功 W. 为此，我们用有向曲线 L 上的点 $A=M_0(x_0,y_0)$，$M_1(x_1,y_1)$，…，$M_{n-1}(x_{n-1},y_{n-1})$，$M_n(x_n,y_n)=B$，将 L 任意分成 n 个有向小弧段：

$$\widehat{M_0M_1},\widehat{M_1M_2},\cdots,\widehat{M_{n-1}M_n},$$

当各小弧段的长度很小时，可以用有向线段

$$\overrightarrow{M_{i-1}M_i}=\Delta x_i\boldsymbol{i}+\Delta y_i\boldsymbol{j}$$

来近似代替有向弧段 $\widehat{M_{i-1}M_i}$，这里 $\Delta x_i=x_i-x_{i-1}$，$\Delta y_i=y_i-y_{i-1}$. 因为 $P(x,y)$，$Q(x,y)$ 在 L 上连续，故可用小弧段 $\widehat{M_{i-1}M_i}$ 上任一点 (ξ_i,η_i) 处的力

$$\boldsymbol{F}(\xi_i,\eta_i)=P(\xi_i,\eta_i)\boldsymbol{i}+Q(\xi_i,\eta_i)\boldsymbol{j}$$

来近似代替其上各点处的力. 于是，质点沿小弧段 $\widehat{M_{i-1}M_i}$ 从点 M_{i-1} 移动至点 M_i 时，力 $\boldsymbol{F}$ 所做的功

$$\Delta W_i\approx\boldsymbol{F}(\xi_i,\eta_i)\cdot\overrightarrow{M_{i-1}M_i}=P(\xi_i,\eta_i)\Delta x_i+Q(\xi_i,\eta_i)\Delta y_i,$$

求和即得

$$W=\sum_{i=1}^{n}\Delta W_i\approx\sum_{i=1}^{n}[P(\xi_i,\eta_i)\Delta x_i+Q(\xi_i,\eta_i)\Delta y_i].$$

令各小弧段长度的最大值 $\lambda\to0$，便得到

$$W=\lim_{\lambda\to0}\sum_{i=1}^{n}[P(\xi_i,\eta_i)\Delta x_i+Q(\xi_i,\eta_i)\Delta y_i].$$

在一些实际问题中，常常遇到上述类型的极限，因此，我们引入对坐标的曲线积分的定义.

定义 1　设 L 为 xOy 面内从点 A 到点 B 的一条有向光滑曲线弧，函数 $P(x,y)$，$Q(x,y)$ 在 L 上有界. 用 L 上的点

$$A=M_0(x_0,y_0),M_1(x_1,y_1),\cdots,M_{n-1}(x_{n-1},y_{n-1}),M_n(x_n,y_n)=B$$

将 L 分成 n 个有向小弧段

$$\widehat{M_0M_1},\widehat{M_1M_2},\cdots,\widehat{M_{n-1}M_n},$$

设 $\Delta x_i=x_i-x_{i-1}$，$\Delta y_i=y_i-y_{i-1}$，(ξ_i,η_i) 为 $\widehat{M_{i-1}M_i}$ 上任一点，如果当各小弧段长度的最大值 $\lambda\to0$ 时，和式

$$\sum_{i=1}^{n}[P(\xi_i,\eta_i)\Delta x_i+Q(\xi_i,\eta_i)\Delta y_i]$$

的极限存在，且极限与曲线 L 的分法及点 (ξ_i,η_i) 的取法无关，则称此极限为函数 $P(x,y)$，$Q(x,y)$ 在有向弧段 L 上对坐标的曲线积分，也叫第二类曲线积分，记作

$$\int_L P(x,y)\mathrm{d}x + Q(x,y)\mathrm{d}y.$$

即 $\int_L P(x,y)\mathrm{d}x + Q(x,y)\mathrm{d}y = \lim\limits_{\lambda \to 0}\sum\limits_{i=1}^{n}[P(\xi_i,\eta_i)\Delta x_i + Q(\xi_i,\eta_i)\Delta y_i]$.

其中 $P(x,y)$,$Q(x,y)$**称为被积函数**,L **称为积分弧段**.

特别地,当 $Q(x,y)\equiv 0$ 时,称 $\int_L P(x,y)\mathrm{d}x$ 为函数 $P(x,y)$ 在有向曲线弧 L 上对坐标 x 的曲线积分;当 $P(x,y)\equiv 0$ 时,称 $\int_L Q(x,y)\mathrm{d}y$ 为函数 $Q(x,y)$ 在有向弧 L 上对坐标 y 的曲线积分.

由定义1可知,一质点在变力 $F(x,y)=P(x,y)i+Q(x,y)j$ 的作用下,沿曲线 L 从点 A 移动至点 B 时,力 F 所做的功为

$$W=\int_L P(x,y)\mathrm{d}x + Q(x,y)\mathrm{d}y.$$

可以证明,如果 $P(x,y)$,$Q(x,y)$ 在有向光滑曲线弧 L 上连续,则 $\int_L P(x,y)\mathrm{d}x + Q(x,y)\mathrm{d}y$ 存在.

如果积分弧段为封闭曲线,则常把曲线积分 $\int_L P(x,y)\mathrm{d}x + Q(x,y)\mathrm{d}y$ 写成 $\oint_L P(x,y)\mathrm{d}x + Q(x,y)\mathrm{d}y$.

此时封闭曲线 L 围成平面区域 D. 对 L 的方向我们作这样的规定:当观察者沿 L 行走时,若 D 内邻近他的部分总位于他的左边,则称观察者前进的方向为曲线 L 的正向. 我们用 $-L$ 表示方向与 L 相反的有向曲线弧.

定义1可以类似推广到积分弧段为空间有向曲线弧 Γ 的情形. 如果函数 $P(x,y,z)$,$Q(x,y,z)$,$R(x,y,z)$ 在空间有向曲线弧 Γ 上连续,则有

$$\int_\Gamma P(x,y,z)\mathrm{d}x + Q(x,y,z)\mathrm{d}y + R(x,y,z)\mathrm{d}z$$
$$= \lim_{\lambda \to 0}\sum_{i=1}^{n}[P(\xi_i,\eta_i,\zeta_i)\Delta x_i + Q(\xi_i,\eta_i,\zeta_i)\Delta y_i + R(\xi_i,\eta_i,\zeta_i)\Delta z_i].$$

对坐标的曲线积分的性质有:

性质1 如果把 L 分成 L_1+L_2,则

$$\int_L P\mathrm{d}x + Q\mathrm{d}y = \int_{L_1} P\mathrm{d}x + Q\mathrm{d}y + \int_{L_2} P\mathrm{d}x + Q\mathrm{d}y. \tag{5}$$

式(5)可以推广到 L 由 L_1,L_2,$\cdots$,L_n 组成的情形.

性质2 设 L 是有向曲线弧,$-L$ 是与 L 方向相反的有向曲线弧,则

$$\int_{-L} P\mathrm{d}x + Q\mathrm{d}y = -\int_L P\mathrm{d}x + Q\mathrm{d}y. \tag{6}$$

证明从略.

二、对坐标的曲线积分的计算方法

定理1 设 $P(x,y)$,$Q(x,y)$ 在有向曲线弧 L 上有定义且连续,L 的参数方程为

$$\begin{cases} x=\varphi(t), \\ y=\psi(t). \end{cases}$$

当参数 t 单调地由 α 变到 β 时，点 $M(x,y)$ 从 L 的起点 A 沿 L 运动到终点 B，$\varphi(t)$，$\psi(t)$ 在以 α 及 β 为端点的闭区间上具有一阶连续导数，且 $\varphi'^2(t)+\psi'^2(t)\neq 0$，则曲线积分 $\int_L P(x,y)\mathrm{d}x+Q(x,y)\mathrm{d}y$ 存在，且

$$\int_L P(x,y)\mathrm{d}x+Q(x,y)\mathrm{d}y=\int_\alpha^\beta\{P[\varphi(t),\psi(t)]\varphi'(t)+Q[\varphi(t),\psi(t)]\psi'(t)\}\mathrm{d}t. \tag{7}$$

证　在 L 上取一点列

$$A=M_0,M_1,M_2,\cdots,M_{n-1},M_n=B,$$

它们对应于一列单调变化的参数值

$$\alpha=t_0<t_1<t_2<\cdots<t_{n-1}<t_n=\beta.$$

根据对坐标的曲线积分的定义，有

$$\int_L P(x,y)\mathrm{d}x=\lim_{\lambda\to 0}\sum_{i=1}^n P(\xi_i,\eta_i)\Delta x_i,$$

设点 (ξ_i,η_i) 对应于参数值 τ_i，即 $\xi_i=\varphi(\tau_i)$，$\eta_i=\psi(\tau_i)$，这里 τ_i 在 t_{i-1} 与 t_i 之间. 由于

$$\Delta x_i=x_i-x_{i-1}=\varphi(t_i)-\varphi(t_{i-1}),$$

应用微分中值定理，有

$$\Delta x_i=\varphi'(\tau_i')\Delta t_i,$$

其中 $\Delta t_i=t_i-t_{i-1}$，τ_i' 在 t_{i-1} 与 t_i 之间. 于是

$$\int_L P(x,y)\mathrm{d}x=\lim_{\lambda\to 0}\sum_{i=1}^n P[\varphi(\tau_i),\psi(\tau_i)]\varphi'(\tau_i')\Delta t_i.$$

因为函数 $\varphi'(t)$ 在闭区间 $[\alpha,\beta]$（或 $[\beta,\alpha]$）上连续，我们可以把上式中的 τ_i' 换成 τ_i，从而

$$\int_L P(x,y)\mathrm{d}x=\lim_{\lambda\to 0}\sum_{i=1}^n P[\varphi(\tau_i),\psi(\tau_i)]\varphi'(\tau_i)\Delta t_i,$$

上式右端的和的极限就是定积分 $\int_\alpha^\beta P[\varphi(t),\psi(t)]\varphi'(t)\mathrm{d}t$. 由于函数 $P[\varphi(t),\psi(t)]\varphi'(t)$ 连续，这个定积分是存在的，因此上式左端的曲线 $\int_L P(x,y)\mathrm{d}x$ 也存在，并且有

$$\int_L P(x,y)\mathrm{d}x=\int_\alpha^\beta P[\varphi(t),\psi(t)]\varphi'(t)\mathrm{d}t.$$

同理可证

$$\int_L Q(x,y)\mathrm{d}y=\int_\alpha^\beta Q[\varphi(t),\psi(t)]\psi'(t)\mathrm{d}t.$$

把以上两式相加，得

$$\int_L P(x,y)\mathrm{d}x+Q(x,y)\mathrm{d}y=\int_\alpha^\beta\{P[\varphi(t),\psi(t)]\varphi'(t)+Q[\varphi(t),\psi(t)]\psi'(t)\}\mathrm{d}t.$$

这里下限 α 对应于 L 的起点，上限 β 对应于 L 的终点.

式(7)表明，计算对坐标的曲线积分 $\int_L P(x,y)\mathrm{d}x+Q(x,y)\mathrm{d}y$ 时，只要把 x、y、$\mathrm{d}x$、$\mathrm{d}y$ 依次换为 $\varphi(t)$、$\psi(t)$、$\varphi'(t)\mathrm{d}t$、$\psi'(t)\,\mathrm{d}t$，然后从 L 的起点所对应的参数值 α 到 L 的终点所对应的参数值 β 作定积分就行了. 这里必须注意，下限 α 对应于 L 的起点，上限 β 对应于 L 的终点，α 不一定小于 β.

如果曲线弧 L 的方程为 $y=\psi(x)$，取 x 作参数，即得参数方程

$$\begin{cases}x=x,\\ y=\psi(x),\end{cases}\quad (a\leqslant x\leqslant b)$$

式(7)变为

$$\int_L P(x,y)\mathrm{d}x+Q(x,y)\mathrm{d}y=\int_a^b\{P[x,\psi(x)]+Q[x,\psi(x)]\psi'(x)\}\mathrm{d}x \tag{8}$$

这里下限 a 对应于 L 的起点，上限 b 对应于 L 的终点.

如果曲线弧 L 的方程为 $x=\varphi(y)$，取 y 作参数，即得参数方程

$$\begin{cases}x=\varphi(y),\\ y=y,\end{cases}\quad (c\leqslant y\leqslant d)$$

式(7)变为

$$\int_L P(x,y)\mathrm{d}x+Q(x,y)\mathrm{d}y=\int_c^d\{P[\varphi(y),y]\varphi'(y)+Q[\varphi(y),y]\}\mathrm{d}y. \tag{9}$$

这里下限 c 对应于 L 的起点，上限 d 对应于 L 的终点.

式(7)可推广到空间曲线 Γ 由参数方程

$$x=\varphi(t),y=\psi(t),z=\omega(t)$$

给出的情形，这样便得到

$$\begin{aligned}&\int_L P(x,y,z)\mathrm{d}x+Q(x,y,z)\mathrm{d}y+R(x,y,z)\mathrm{d}z\\ =&\int_\alpha^\beta\{P[\varphi(t),\psi(t),\omega(t)]\varphi'(t)+Q[\varphi(t),\psi(t),\omega(t)]\psi'(t)\\ &+R[\varphi(t),\psi(t),\omega(t)]\omega'(t)\}\mathrm{d}t,\end{aligned} \tag{10}$$

这里下限 α 对应于 L 的起点，上限 β 对应于 L 的终点.

例 1 计算 $\int_L(x^2+y^2)\mathrm{d}x+(x^2-y^2)\mathrm{d}y$，其中 L 是(见图 8—4)：

(1)有向折线 OAB；

(2)有向直线段 OB.

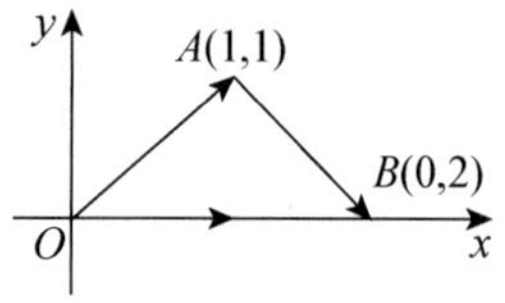

图 8—4

解

(1)利用性质 1，有

$$\begin{aligned}&\int_L(x^2+y^2)\mathrm{d}x+(x^2-y^2)\mathrm{d}y\\ =&\int_{OA}(x^2+y^2)\mathrm{d}x+(x^2-y^2)\mathrm{d}y+\int_{AB}(x^2+y^2)\mathrm{d}x+(x^2-y^2)\mathrm{d}y.\end{aligned}$$

直线段 OA 的方程为 $y=x$，x 从 0 变到 1，所以

$$\int_{OA}(x^2+y^2)\mathrm{d}x+(x^2-y^2)\mathrm{d}y=\int_0^1[(x^2+x^2)+(x^2-x^2)]\mathrm{d}x=\frac{2}{3};$$

直线段 AB 的方程为 $y=2-x$，x 从 1 变到 2，所以

$$\begin{aligned}&\int_{AB}(x^2+y^2)\mathrm{d}x+(x^2-y^2)\mathrm{d}y\\ =&\int_1^2\{[x^2+(2-x)^2]+[x^2-(2-x)^2](-1)\}\mathrm{d}x=\int_1^2 2(2-x)^2\mathrm{d}x=\frac{2}{3},\end{aligned}$$

于是 $\int_L (x^2+y^2)\mathrm{d}x+(x^2-y^2)\mathrm{d}y=\frac{4}{3}$.

(2)直线段 OB 的方程为 $y=0$,x 从 0 变到 2,所以

$$\int_L (x^2+y^2)\mathrm{d}x+(x^2-y^2)\mathrm{d}y=\int_0^2 (x^2+0^2)\mathrm{d}x+0=\frac{8}{3}.$$

例 1 说明,尽管被积函数相同,起点和终点相同,但沿不同路径的曲线积分之值却可以不相等.

例 2　计算 $\int_L 2xy\mathrm{d}x+x^2\mathrm{d}y$,其中 L 为(见图 8—5):

(1)抛物线 $y=x^2$ 从点 $O(0,0)$ 至点 $B(1,1)$ 的一段;

(2)抛物线 $x=y^2$ 从点 $O(0,0)$ 至点 $B(1,1)$ 的一段;

(3)有向折线段 OAB.

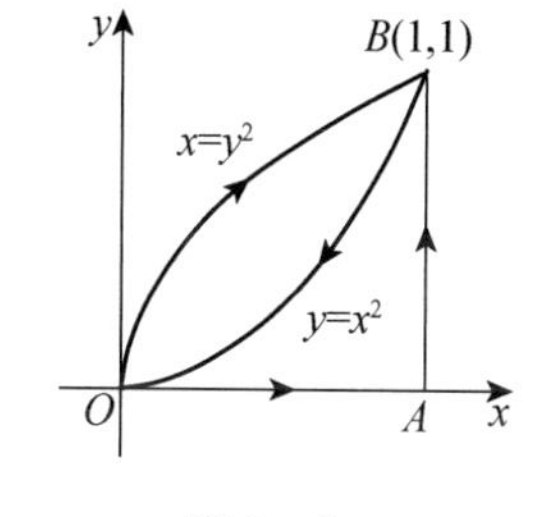

图 8—5

解

(1)由公式(8)得

$$\int_L 2xy\mathrm{d}x+x^2\mathrm{d}y=\int_0^1 (2x\cdot x^2+x^2\cdot 2x)\mathrm{d}x=1.$$

(2)由公式(9)得

$$\int_L 2xy\mathrm{d}x+x^2\mathrm{d}y=\int_0^1 (2y^2\cdot y\cdot 2y+y^4)\mathrm{d}y=1.$$

(3)直线段 OA 的方程是 $y=0$,x 从 0 变到 1;直线段 AB 的方程是 $x=1$,y 从 0 变到 1,由性质 1 得

$$\begin{aligned}\int_L 2xy\mathrm{d}x+x^2\mathrm{d}y&=\int_{OA} 2xy\mathrm{d}x+\int_{AB} x^2\mathrm{d}y\\&=\int_0^1 2x\cdot 0\mathrm{d}x+\int_0^1 1^2\mathrm{d}y=1.\end{aligned}$$

例 2 表明,当被积函数相同,起点和终点也相同时,沿不同路径的曲线积分的值有时也是可以相等的.

例 3　计算 $\oint_L \frac{x\mathrm{d}y-y\mathrm{d}x}{x^2+y^2}$,其中 L 是圆周 $x^2+y^2=a^2$ 取逆时针方向.

解　L 的参数方程为:$x=a\cos t$,$y=a\sin t$.

当 t 由 0 增到 2π 时,曲线取逆时针方向,于是

$$\oint_L \frac{x\mathrm{d}y-y\mathrm{d}x}{x^2+y^2}=\int_0^{2\pi} \frac{(a\cos t)(a\cos t)-(a\sin t)(-a\sin t)}{a^2}\mathrm{d}t=\int_0^{2\pi}\mathrm{d}t=2\pi.$$

例 4　设有一质量为 m 的质点受重力作用沿铅直平面上的某条曲线 L 从点 A 下落至点 B,下落距离为 h,求重力所做的功.

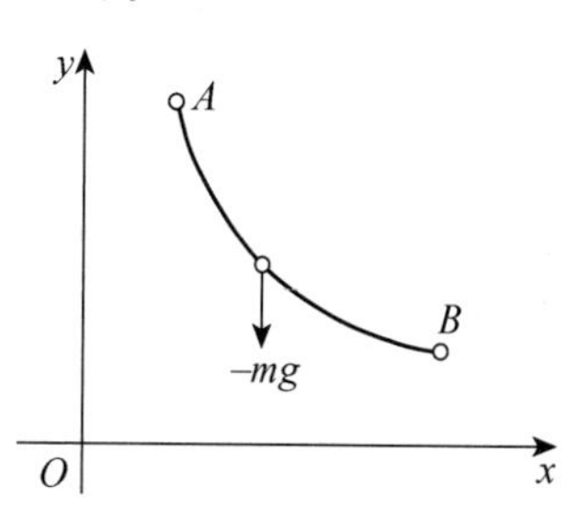

图 8—6

解　取如图 8—6 所示的坐标系,重力 $\boldsymbol{F}$ 在 x 轴上的投影为 0,在 y 轴上的投影为 $-mg$,即

$$\boldsymbol{F}=0\cdot\boldsymbol{i}+(-mg)\boldsymbol{j}.$$

设曲线 L 的方程为 $x=\varphi(y)$,y 从 y_1 下降至 y_2,则重力所做的功为

$$W=\int_L 0\mathrm{d}x+(-mg)\mathrm{d}y=\int_{y_1}^{y_2}(-mg)\mathrm{d}y=mg(y_1-y_2).$$

因为下落距离是 h,即 $y_1-y_2=h$,所以重力所做的功为

$$W=mgh.$$

它与路径无关,仅与下落的距离有关.

例 5 计算 $\int_\Gamma x^3\mathrm{d}x+3y^2z\mathrm{d}y-x^2y\mathrm{d}z$,其中 Γ 是从点 $A(1,2,3)$ 到点 $B(0,0,0)$ 的直线段 AB.

解 直线段 AB 的方程是

$$\frac{x}{1}=\frac{y}{2}=\frac{z}{3},$$

化为参数方程是 $x=t,y=2t,z=3t,t$ 从 1 变到 0.
所以由公式(10)得

$$\begin{aligned}&\int_\Gamma x^3\mathrm{d}x+3y^2z\mathrm{d}y-x^2y\mathrm{d}z\\&=\int_1^0[t^3+3(2t)^2\cdot 3t\cdot 2-3\cdot t^2\cdot 2t]\mathrm{d}t\\&=67\int_1^0 t^3\mathrm{d}t=-\frac{67}{4}.\end{aligned}$$

例 6 设一个质点在 $M(x,y)$ 处受到力 F 的作用,F 的大小与 M 到原点 O 的距离成正比,F 的方向恒指向原点,此质点由 $A(a,0)$ 沿椭圆 $\frac{x^2}{a^2}+\frac{y^2}{b^2}=1$ 按逆时针方向移动到 $B(0,b)$,求力 F 所做的功.

解 $\overrightarrow{OM}=x\boldsymbol{i}+y\boldsymbol{j}$,$|\overrightarrow{OM}|=\sqrt{x^2+y^2}$.

由假设有 $\boldsymbol{F}=-k(x\boldsymbol{i}+y\boldsymbol{j})$,其中 $k>0$ 是比例常数,于是

$$W=\int_{\overset{\frown}{AB}}-kx\mathrm{d}x-ky\mathrm{d}y=-k\int_{\overset{\frown}{AB}}x\mathrm{d}x+y\mathrm{d}y.$$

利用椭圆的参数方程 $\begin{cases}x=a\cos t,\\y=b\sin t\end{cases}$ 可知起点 A、终点 B 分别对应参数 0、$\frac{\pi}{2}$,于是

$$\begin{aligned}W&=-k\int_0^{\frac{\pi}{2}}(-a^2\cos t\sin t+b^2\sin t\cos t)\mathrm{d}t\\&=k(a^2-b^2)\int_0^{\frac{\pi}{2}}\sin t\cos t\mathrm{d}t=\frac{k}{2}(a^2-b^2).\end{aligned}$$

三、两类曲线积分之间的联系

设光滑有向曲线弧 L 的起点为 A、终点为 B,曲线弧 L 由参数方程 $\begin{cases}x=\varphi(t)\\y=\psi(t)\end{cases}$ 给出,起点 A、终点 B 分别对应参数 α、β. 函数 $\varphi(t)$、$\psi(t)$ 在以 α、β 为端点的闭区间上具有一阶连续导数,且 $\varphi'^2(t)+\psi'^2(t)\neq 0$. 又函数 $P(x,y)$、$Q(x,y)$ 在 L 上连续. 于是,由对坐标的曲线积分计算公式(7)有

$$\int_L P(x,y)\mathrm{d}x+Q(x,y)\mathrm{d}y=\int_\alpha^\beta\{P[\varphi(t),\psi(t)]\varphi'(t)+Q[\varphi(t),\psi(t)]\psi'(t)\}\mathrm{d}t.$$

又有向曲线弧 L 的切向量为 $\tau=\{\varphi'(t),\psi'(t)\}$,方向余弦为

$$\cos\alpha=\frac{\varphi'(t)}{\sqrt{\varphi'^2(t)+\psi'^2(t)}},\cos\beta=\frac{\psi'(t)}{\sqrt{\varphi'^2(t)+\psi'^2(t)}}.$$

由此得平面曲线 L 上的两类曲线积分之间有如下联系：

$$\int_L P\mathrm{d}x+Q\mathrm{d}y=\int_L(P\cos\alpha+Q\cos\beta)\mathrm{d}s, \tag{11}$$

其中 $\alpha(x,y)$、$\beta(x,y)$为有向曲线弧 L 上点(x,y)处的切线向量的方向角.

类似地，空间曲线 Γ 上的两类曲线积分之间有如下联系：

$$\int_\Gamma P\mathrm{d}x+Q\mathrm{d}y+R\mathrm{d}z=\int_\Gamma(P\cos\alpha+Q\cos\beta+R\cos\gamma)\mathrm{d}s, \tag{12}$$

其中 $\alpha(x,y,z)$、(x,y,z)、$\gamma(x,y,z)$为有向曲线弧 Γ 上点(x,y,z)处的切线向量的方向角.

习题 8—2

1. 设 L 是曲线 $x=t+1,y=t^2+1$ 上从点$(1,1)$到点$(2,2)$的一段弧，计算

$$I=\int_L 2y\mathrm{d}x+(2-x)\mathrm{d}y.$$

2. 计算 $\int_L y\mathrm{d}x+x\mathrm{d}y$，其中 L 为圆周 $x=R\cos t,y=R\sin t$ 上对应 t 从 0 到$\frac{\pi}{2}$的一段弧.

3. 计算 $\int_L x\mathrm{d}y+y\mathrm{d}x$，其中 L 分别为

(1)沿抛物线 $y=2x^2$ 从 $O(0,0)$到 $B(1,2)$的一段；

(2)沿从 $O(0,0)$到 $B(1,2)$的直线段；

(3)沿封闭曲线 $OABO$，其中 $A(1,0)$，$B(1,2)$.

4. 计算 $\int_\Gamma x^2\mathrm{d}x+2\mathrm{d}y-y\mathrm{d}z$，其中 Γ 为曲线 $x=k\theta,y=\cos\theta,z=a\sin\theta$ 上对应 θ 从 0 到 π 的一段弧.

5. 计算 $\int_\Gamma x^2\mathrm{d}x+y\mathrm{d}y+(x+y-1)\mathrm{d}z$，其中 Γ 是从点$(1,1,1)$到点$(2,3,4)$的一段直线.

6. 计算 $\int_L x\mathrm{d}y-y\mathrm{d}x$，其中 L 是抛物线 $y=x^2$ 上从点 $A(1,1)$至点 $B(-1,1)$的一段.

7. 计算 $\int_L (x^2-y^2)\mathrm{d}x$，其中 L 是抛物线 $y=x^2$ 上从点$(0,0)$到点$(2,4)$的一段弧.

第三节　格林公式及其应用

一、格林公式

格林公式无论在理论上还是在应用上都十分重要，因为它揭示了平面闭曲线上对坐标的曲线积分与闭曲线所围区域上的二重积分之间的内在关系. 下面介绍格林公式及其应用.

定理 1　设有界闭区域 D 由分段光滑的曲线 L 围成，函数 $P(x,y)$及 $Q(x,y)$在 D 上具有一阶连续偏导数，则有

$$\iint_D \left(\frac{\partial Q}{\partial x}-\frac{\partial P}{\partial y}\right)\mathrm{d}x\mathrm{d}y=\oint_L P\mathrm{d}x+Q\mathrm{d}y \tag{13}$$

其中 L 是 D 的取正方向的边界曲线. 称公式(13)为**格林公式.**

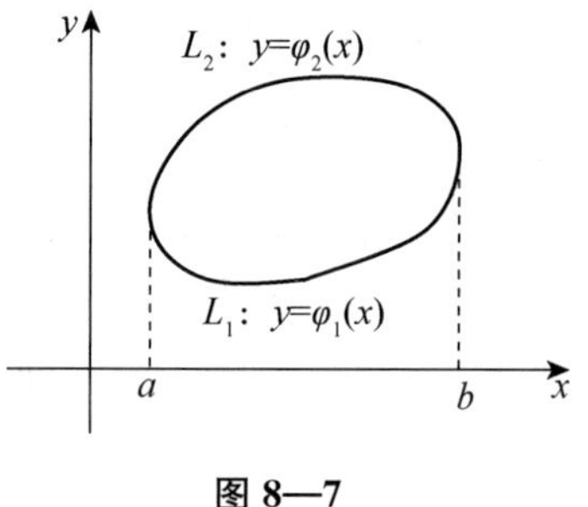

图 8—7

证 首先考虑平行坐标轴的直线与区域 D 的边界曲线至多只有两个交点的情形(见图 8—7),并将区域 D 表示为 $\varphi_1(x)\leqslant y\leqslant\varphi_2(x)$, $a\leqslant x\leqslant b$. 利用二重积分的计算方法,有

$$\begin{aligned}\iint_D \frac{\partial P}{\partial y}\mathrm{d}x\mathrm{d}y&=\int_a^b\mathrm{d}x\int_{\varphi_1(x)}^{\varphi_2(x)}\frac{\partial P}{\partial y}\mathrm{d}y\\&=\int_a^b\left[P(x,y)\right]_{\varphi_1(x)}^{\varphi_2(x)}\mathrm{d}x\\&=\int_a^b P[(x,\varphi_2(x)]\mathrm{d}x-\int_a^b P[(x,\varphi_1(x)]\mathrm{d}x.\end{aligned}$$

另一方面,根据对坐标曲线积分的计算方法,有

$$\begin{aligned}\oint_L P(x,y)\mathrm{d}x&=\oint_{L_1}P(x,y)\mathrm{d}x+\oint_{L_2}P(x,y)\mathrm{d}x\\&=\int_a^b P[(x,\varphi_1(x)]\mathrm{d}x+\int_b^a P[(x,\varphi_2(x)]\mathrm{d}x\\&=-\left\{\int_a^b P[(x,\varphi_2(x)]\mathrm{d}x-\int_a^b P[(x,\varphi_1(x)]\mathrm{d}x\right\}.\end{aligned}$$

于是得

$$-\iint_D \frac{\partial P}{\partial y}\mathrm{d}x\mathrm{d}y=\oint_L P\mathrm{d}x. \tag{14}$$

若将区域 D 表示为(见图 8—8)

$\psi_1(x)\leqslant x\leqslant\psi_2(x)$, $c\leqslant y\leqslant d$,

类似可得

$$\iint_D \frac{\partial Q}{\partial x}\mathrm{d}x\mathrm{d}y=\oint_L Q\mathrm{d}y, \tag{15}$$

合并公式(14)、(15)即得公式(13).

一般地,若区域 D 不属于图 8—7 及图 8—8 的情形,则可在区域 D 内引入辅助线段把 D 分成有限个部分区域,使每个区域都属于上述类型. 例如,对于图 8—9 所示的区域 D,引辅助线 AB,将 D 分为 $D_1(\overline{ANBA})$ 与 $D_2(\overline{ABMA})$ 两个部分. 对每个部分应用公式(13),得到

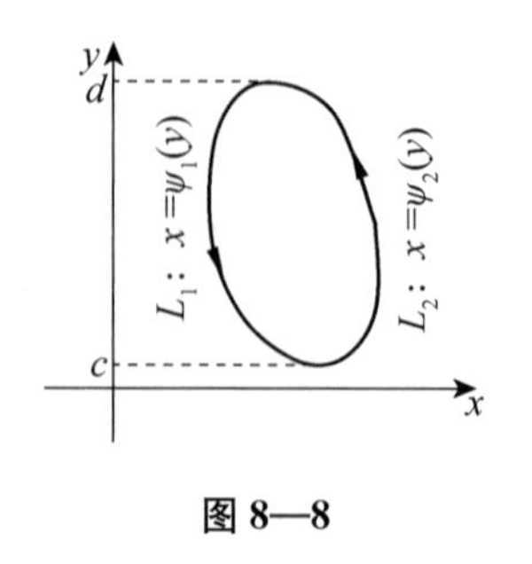

图 8—8

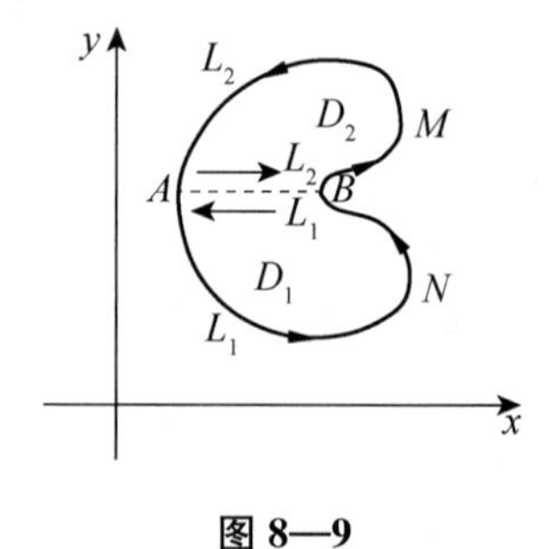

图 8—9

$$\iint\limits_{D_1}\left(\frac{\partial Q}{\partial x}-\frac{\partial P}{\partial y}\right)\mathrm{d}x\mathrm{d}y=\oint_{L_1}P\mathrm{d}x+Q\mathrm{d}y,$$

$$\iint\limits_{D_2}\left(\frac{\partial Q}{\partial x}-\frac{\partial P}{\partial y}\right)\mathrm{d}x\mathrm{d}y=\oint_{L_2}P\mathrm{d}x+Q\mathrm{d}y.$$

其中 $L_1(\overline{ANBA})$ 与 $L_2(\overline{ABMA})$ 分别为区域 D_1 与 D_2 的正向边界曲线. 将上两式左右两端分别相加,注意到沿辅助线段上的积分值相互抵消,即得

$$\iint\limits_{D}\left(\frac{\partial Q}{\partial x}-\frac{\partial P}{\partial y}\right)\mathrm{d}x\mathrm{d}y=\oint_{L}P\mathrm{d}x+Q\mathrm{d}y,$$

定理证毕.

例 1 设 L 是任意一条有向闭曲线,证明 $\oint_L 2xy\mathrm{d}x+x^2\mathrm{d}y=0$.

证 这里 $P=2xy,Q=x^2$,故 $\frac{\partial Q}{\partial x}-\frac{\partial P}{\partial y}=2x-2x=0$.

由 L 围成区域 D,根据格林公式得 $\oint_L 2xy\mathrm{d}x+x^2\mathrm{d}y=\pm\iint\limits_D 0\mathrm{d}\sigma=0$.

其中正负号的取法是:当 L 为 D 的正向边界时取正号,反向时取负号.

例 2 计算 $\iint\limits_D y^2\mathrm{d}x\mathrm{d}y$,其中 D 是以 $O(0,0),A(1,1),B(0,1)$,为顶点的三角形闭区域(见图 8—10).

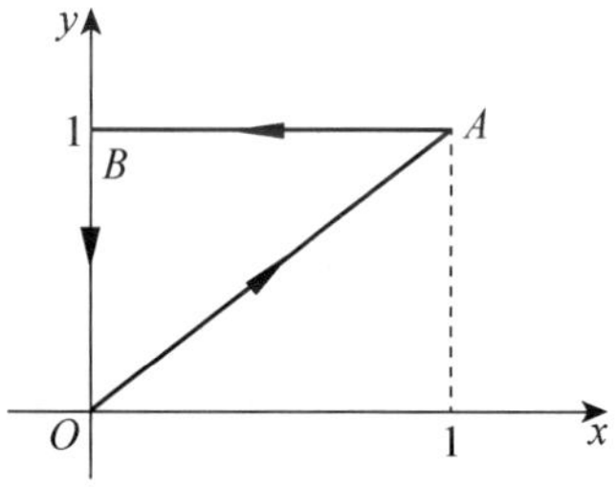

图 8—10

解 由二重积分的被积函数 y^2 可知,$\frac{\partial P}{\partial y}=0,\frac{\partial Q}{\partial x}=y^2$,故可令 $P=0,Q=xy^2$,则

$$\frac{\partial Q}{\partial x}-\frac{\partial P}{\partial y}=y^2.$$

于是,由公式(13)得

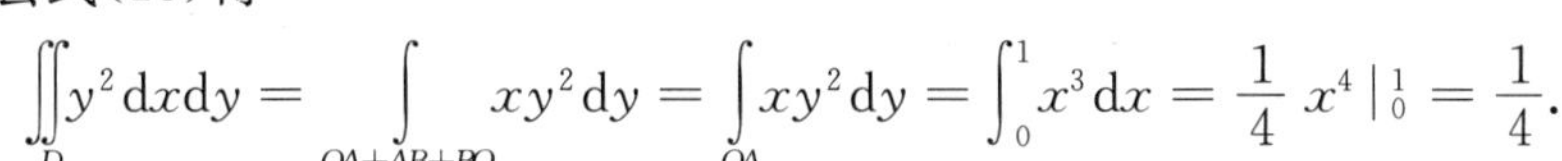

$$\iint\limits_D y^2\mathrm{d}x\mathrm{d}y=\int\limits_{OA+AB+BO}xy^2\mathrm{d}y=\int\limits_{OA}xy^2\mathrm{d}y=\int_0^1 x^3\mathrm{d}x=\frac{1}{4}x^4\Big|_0^1=\frac{1}{4}.$$

例 3 计算 $\int_L(x^2-y)\mathrm{d}x-(x+\sin^2 y)\mathrm{d}y$,其中 L 为自点 $A(1,0)$ 沿 $y=\sqrt{x-x^2}$ 至点 $O(0,0)$ 的上半圆周(见图 8—11).

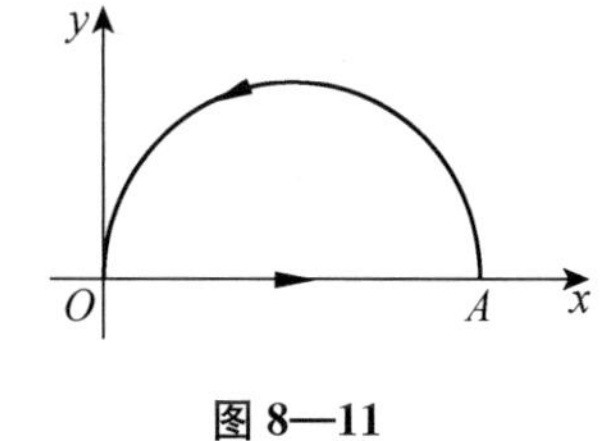

图 8—11

解 $P=x^2-y,Q=-(x+\sin^2 y)$,

$$\frac{\partial P}{\partial y}=-1,\frac{\partial Q}{\partial x}=-1,$$

由于 L 不是闭区线,不能直接用格林公式. 但 $L+OA$ 是闭曲线,取其正向,则由格林公式得到

$$\oint_{L+OA}(x^2-y)\mathrm{d}x-(x+\sin^2 y)\mathrm{d}y=\iint_D[(-1)-(-1)]\mathrm{d}\sigma=0,$$

因为直线 OA 的方程是 $y=0$,x 自 0 变到 1,所以

$$\int_{OA}(x^2-y)\mathrm{d}x-(x+\sin^2 y)\mathrm{d}y=\int_0^1 x^2\mathrm{d}x=\frac{1}{3},$$

于是

$$\int_L (x^2-y)\mathrm{d}x-(x+\sin^2 y)\mathrm{d}y$$
$$=\oint_{L+OA}(x^2-y)\mathrm{d}x-(x+\sin^2 y)\mathrm{d}y-\int_{OA}(x^2-y)\mathrm{d}x-(x+\sin^2 y)\mathrm{d}y=0-\frac{1}{3}$$
$$=-\frac{1}{3}.$$

下面说明格林公式的一个简单应用.

在公式(13)中令 $P=-y,Q=x$,即得

$$2\iint_D \mathrm{d}x\mathrm{d}y=\oint_L x\mathrm{d}y-y\mathrm{d}x.$$

上式左端是闭区域 D 的面积 A 的 2 倍,因此有

$$A=\frac{1}{2}\oint_L x\mathrm{d}y-y\mathrm{d}x, \tag{16}$$

其中 L 取正向.

例 4 求椭圆 $x=a\cos\theta,y=b\sin\theta$ 所围成的区域的面积.

解 根据公式(16)有

$$A=\frac{1}{2}\oint_L x\mathrm{d}y-y\mathrm{d}x=\frac{1}{2}\int_0^{2\pi}(ab\cos^2\theta+ab\sin^2\theta)\mathrm{d}\theta$$
$$=\frac{1}{2}ab\int_0^{2\pi}\mathrm{d}\theta=\pi ab.$$

二、平面上曲线积分与路径无关的条件

上节例 1 表明,当被积函数相同,曲线弧 L 的起点和终点相同时,而沿不同路径的曲线积分的值是不同的;上节例 2 表明,当被积分函数相同,曲线弧 L 的起点和终点相同时,而沿不同路径的曲线积分的值是相同的. 前者称曲线积分与路径有关,后者称曲线积分与路径无关,其严格定义如下:

定义 1 设 G 是开区域,函数 $P(x,y),Q(x,y)$ 在 G 内具有一阶连续偏导数,如果对 G 内任意两点 A、B 及 G 内从点 A 至点 B 的任意两条曲线 L_1、L_2 都有

$$\int_{L_1}P\mathrm{d}x+Q\mathrm{d}y=\int_{L_2}P\mathrm{d}x+Q\mathrm{d}y,$$

则称曲线积分 $\int_L P\mathrm{d}x+Q\mathrm{d}y$ 在 G 内与路径无关,否则称为与路径有关.

根据定义 1,如果曲线积分与路径无关,那么对 G 内起点和终点相同的任意两条曲线段 L_1、L_2(见图 8—12)都有

$$\int_{L_1}P\mathrm{d}x+Q\mathrm{d}y=\int_{L_2}P\mathrm{d}x+Q\mathrm{d}y,$$

由于 $$\int_{L_2}P\mathrm{d}x+Q\mathrm{d}y=-\int_{-L_2}P\mathrm{d}x+Q\mathrm{d}y,$$

故有

$$\int_{L_1}P\mathrm{d}x+Q\mathrm{d}y+\int_{-L_2}P\mathrm{d}x+Q\mathrm{d}y=0,$$

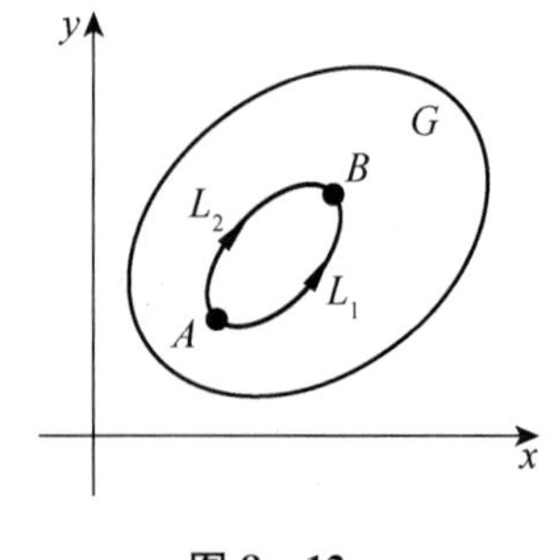

图 8—12

即

$$\oint_{L_1+(-L_2)} P\mathrm{d}x + Q\mathrm{d}y = 0.$$

这里$L_1+(-L_2)$是一条封闭曲线. 因此,在区域G内由曲线积分与路径无关可推得在G内沿闭曲线的曲线积分为零. 反之,如果在区域G内沿闭曲线的曲线积分为零,也可推得在G内曲线积分与路径无关. 由此得结论:曲线积分$\int_L P\mathrm{d}x+Q\mathrm{d}y$在$G$内与路径无关相当于沿$G$内任意闭曲线$C$的曲线积分$\oint_C P\mathrm{d}x+Q\mathrm{d}y$等于零.

值得注意的是:上述结论的区域G一定要是单连通区域. 为此,我们下面介绍单连通区域和复连通区域概念.

定义 2　如果在区域G内,任意一条闭曲线所围成的区域都完全属于G,则称G是**单连通区域**,否则称为**复连通区域**.

直观地说,单连通区域是无"洞"(包括点"洞")的区域,复连通区域是有"洞"(包括点"洞")的区域. 例如,平面上的圆形区域$\{(x,y)\mid x^2+y^2<1\}$、上半平面$\{(x,y)\mid y>0\}$都是单连通区域,圆环形区域$\{(x,y)\mid 1<x^2+y^2<4\}$,$\{(x,y)\mid 0<x^2+y^2<2\}$都是复连通区域.

定理 2　设开区域G是一个单连通区域,函数$P(x,y)$,$Q(x,y)$在G内具有一阶连续偏导数,则曲线积分$\int_L P\mathrm{d}x+Q\mathrm{d}y$在$G$内与路径无关(或沿$G$内任意闭曲线的曲线积分为零)的充分必要条件是等式

$$\frac{\partial P}{\partial y}=\frac{\partial Q}{\partial x} \tag{17}$$

在G内恒成立.

证　先证充分性. 设C为G内任意一条闭曲线,要证当条件(17)成立时有$\oint_C P\mathrm{d}x+Q\mathrm{d}y=0$. 因为$G$是单连通的,所以闭曲线$C$所围成的区域$D$全部在$G$内,于是(17)式在$D$上恒成立. 应用格林公式,有

$$\iint_D\left(\frac{\partial Q}{\partial x}-\frac{\partial P}{\partial y}\right)\mathrm{d}x\mathrm{d}y=\oint_C P\mathrm{d}x+Q\mathrm{d}y.$$

因为在D上$\frac{\partial Q}{\partial x}=\frac{\partial P}{\partial y}$,即$\frac{\partial Q}{\partial x}-\frac{\partial P}{\partial y}=0$,从而右端的积分也等于零.

再证必要性. 要证的是:如果沿G内任意闭曲线的曲线积分为零,那么(17)式在G内恒成立. 用反证法来证,假如上述论断不成立,那么在G内至少有一点M_0,使

$$\left(\frac{\partial Q}{\partial x}-\frac{\partial P}{\partial y}\right)_{M_0}\neq 0.$$

不妨假定$\left(\frac{\partial Q}{\partial x}-\frac{\partial P}{\partial y}\right)_{M_0}=\varepsilon>0$,

由于$\frac{\partial P}{\partial y}$、$\frac{\partial Q}{\partial x}$在$G$内连续,可以在$G$内取得一个以$M_0$为圆心、半径足够小的圆形闭区域$K$,使得在$K$上恒有

$$\frac{\partial Q}{\partial x}-\frac{\partial P}{\partial y}\geqslant\frac{\varepsilon}{2}.$$

于是由格林公式及二重积分的性质就有

$$\oint_{r} P\mathrm{d}x+Q\mathrm{d}y=\iint_{K}\left(\frac{\partial Q}{\partial x}-\frac{\partial P}{\partial y}\right)\mathrm{d}x\mathrm{d}y\geqslant\frac{\varepsilon}{2}\cdot\sigma,$$

这里 r 是 K 的正向边界曲线,σ 是 K 的面积. 因为 $\varepsilon>0,\sigma>0$,从而

$$\oint_{r} P\mathrm{d}x+Q\mathrm{d}y>0.$$

这结果与沿 C 内任意闭曲线的曲线积分为零的假定相矛盾,可见 G 内使(17)式不成立的点不可能存在,故(17)式在 G 内处处成立.

值得注意的是:定理 2 中要求开区域 G 是单连通区域,且函数 $P(x,y)$,$Q(x,y)$ 在 G 内具有一阶连续偏导数. 如果这两个条件之一不能满足,那么定理的结论不能保证成立. 例如,在例 3 中我们已经看到,当 L 所围成的区域含有原点时,虽然除去原点外,恒有$\frac{\partial Q}{\partial x}=\frac{\partial P}{\partial y}$,但沿封闭曲线的积分$\oint_{L} P\mathrm{d}x+Q\mathrm{d}y\neq 0$,其原因在于区域内含有破坏函数 P、Q 及$\frac{\partial Q}{\partial x}$、$\frac{\partial P}{\partial y}$连续性条件的点 $O(0,0)$,这种点通常称为奇点.

例 5 计算 $\int_{L} e^{x}(\cos y\mathrm{d}x-\sin y\mathrm{d}y)$,其中 L 是半圆 $y=\sqrt{2ax-x^{2}}$ 上自点 $O(0,0)$ 至点 $A(a,a)$ 的一段弧(见图 8—13).

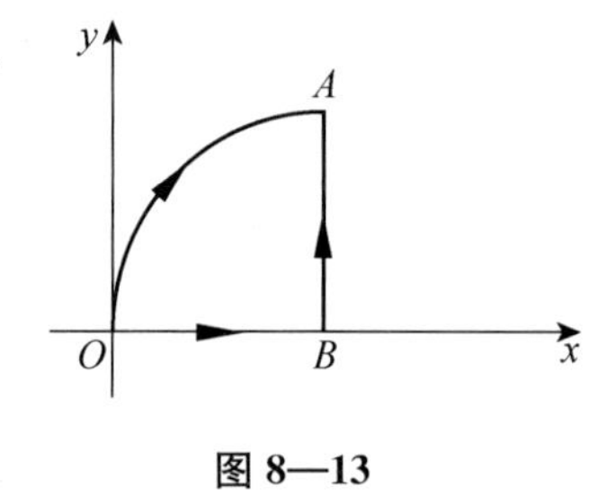

图 8—13

解 $P=e^{x}\cos y,Q=-e^{x}\sin y$,

$$\frac{\partial P}{\partial y}=-e^{x}\sin y=\frac{\partial Q}{\partial x},$$

因此所给曲线积分在整个 xOy 面上与路径无关.
于是

$$\int_{L} e^{x}(\cos y\mathrm{d}x-\sin y\mathrm{d}y)=\int_{OB} e^{x}(\cos y\mathrm{d}x-\sin y\mathrm{d}y)+\int_{BA} e^{x}(\cos y\mathrm{d}x-\sin y\mathrm{d}y).$$

OB 的方程是 $y=0$,x 从 0 变至 a,所以

$$\int_{OB} e^{x}(\cos y\mathrm{d}x-\sin y\mathrm{d}y)=\int_{0}^{a} e^{x}\cos 0\mathrm{d}x=e^{a}-1,$$

BA 的方程是 $x=a$,y 自 0 增至 a,所以

$$\int_{BA} e^{x}(\cos y\mathrm{d}x-\sin y\mathrm{d}y)=\int_{0}^{a} e^{a}(-\sin y)\mathrm{d}y=e^{a}(\cos a-1),$$

从而 $$\int_{L} e^{x}(\cos y\mathrm{d}x-\sin y\mathrm{d}y)=e^{a}\cos a-1.$$

经归纳,我们可以得出平面上曲线积分与路径无关的条件如下(证明略):

设函数 $P(x,y)$,$Q(x,y)$ 在单连通域 G 内有连续的一阶偏导数,则以下四个条件等价

(1)$\int_{L} P\mathrm{d}x+Q\mathrm{d}y$ 与路径无关,即

$$\int_{L} P\mathrm{d}x+Q\mathrm{d}y=\int_{L_1} P\mathrm{d}x+Q\mathrm{d}y,$$

其中 L、L_1 为 G 内具有相同始点和终点任意曲线;

(2)$\oint_{L} P\mathrm{d}x+Q\mathrm{d}y=0$,其中 L 为 G 内的任意闭曲线;

(3) $\frac{\partial P}{\partial y}=\frac{\partial Q}{\partial x}$ 在 G 内恒成立；

(4) $P\mathrm{d}x+Q\mathrm{d}y=\mathrm{d}u(x,y)$，即 $P\mathrm{d}x+Q\mathrm{d}y$ 在 G 内为某一函数 $u(x,y)$ 的全微分.

例 6　设 $\mathrm{d}u=(3x^2y+8xy^2)\mathrm{d}x+(x^3+8x^2y+12ye^y)\mathrm{d}y$，求 $u(x,y)$.

解　(方法一)设 $P=3x^2y+8xy^2$，$Q=x^3+8x^2y+12ye^y$

由
$$\frac{\partial P}{\partial y}=3x^2+16xy=\frac{\partial Q}{\partial x},$$
所以
$$\begin{aligned}u(x,y)&=\int_{(0,0)}^{(x,y)}(3x^2y+8xy^2)\mathrm{d}x+(x^3+8x^2y+12ye^y)\mathrm{d}y\\&=\int_0^x 0\cdot\mathrm{d}x+\int_0^y(x^3+8x^2y+12ye^y)\mathrm{d}y\\&=x^3y+4x^2y^2+12e^y(y-1)+C\end{aligned}$$

(方法二)由 $\frac{\partial u}{\partial x}=P=3x^2y+8xy^2$，把 y 看作不变的，对 x 积分得
$$u(x,y)=x^3y+4x^2y^2+\varphi(y)$$
而
$$\frac{\partial u}{\partial y}=Q=x^3+8x^2y+12ye^y=x^3+8x^2y+\varphi'(y)$$
故有
$$\varphi'(y)=12ye^y,\varphi(y)=\int 12ye^y\mathrm{d}y=12e^y(y-1)+C$$
所以
$$u(x,y)=x^3y+4x^2y^2+12e^y(y-1)+C.$$

注　(1)利用方法一求函数 $u(x,y)$ 时，选择的起点不同求出的 $u(x,y)$ 可能相差一个常数.

(2)此例还可以用方法二来求.

习题 8—3

1. 计算 $\oint_L xy^2\mathrm{d}x-x^2y\mathrm{d}y$，其中 L 为圆周 $x^2+y^2=a^2$，取逆时针方向.

2. 计算 $\int_L(x^2-y)\mathrm{d}x-(x+\sin^2y)\mathrm{d}y$，其中 L 是在圆周 $y=\sqrt{2x-x^2}$ 上由点(0,0)到点(1,1) 的一段弧.

3. 计算 $\int_L(1+ye^x)\mathrm{d}x+(x+e^x)\mathrm{d}y$，其中 L 为椭圆 $\frac{x^2}{a^2}+\frac{y^2}{b^2}=1$ 的上半周由点 $A(a,0)$ 到 $B(-a,0)$ 的弧段.

4. 计算 $\int_L(2xy^3-y^2\cos x)\mathrm{d}x+(1-2y\sin x+3x^2y^2)\mathrm{d}y$，其中 L 为在抛物线 $2x=\pi y^2$ 上由点(0,0)到 $\left(\frac{\pi}{2},1\right)$ 的一段弧.

5. 计算 $\oint_L\frac{y\mathrm{d}x-x\mathrm{d}y}{2(x^2+y^2)}$，其中 L 为圆周 $(x-1)^2+y^2=2$，L 的方向为逆时针方向.

6. 计算星形线 $x=a\cos^3t$，$y=a\sin^3t$，$(0\leqslant t\leqslant 2\pi)$ 所围成区域的面积.

7. 证明曲线积分 $\int_{(1,0)}^{(2,1)}(2xy-y^4)\mathrm{d}x+(x^2-4xy^3)\mathrm{d}y$ 在整个 xoy 面内与路径无关,并计算积分值.

8. 验证 $2xy\mathrm{d}x+x^2\mathrm{d}y$ 在整个 xoy 平面内是某一函数 $u(x,y)$ 的全微分,并求这样的一个 $u(x,y)$.

9. 试用曲线积分求 $(2x+\sin y)\mathrm{d}x+(x\cos y)\mathrm{d}y$ 的原函数.

10. 证明下列曲线积分在整个 xOy 面内与路径无关,并计算积分的值:

(1) $\int_{(1,1)}^{(2,3)}(x+y)\mathrm{d}x+(x-y)\mathrm{d}y$;

(2) $\int_{(1,2)}^{(3,4)}(6xy^2-y^3)\mathrm{d}x+(6x^2y-3xy^2)\mathrm{d}y$;

(3) $\int_{(1,0)}^{(2,1)}(2xy-y^4+3)\mathrm{d}x+(x^2-4xy^3)\mathrm{d}y$.

第四节　曲面积分

一、对面积的曲面积分的概念与性质

讨论沿曲线分布的质量问题时,我们引出对弧长的曲线积分. 如果研究薄面质量问题,可以抽象出什么数学理论呢? 即把曲线换成曲面,线密度 $\rho(x,y)$ 变为面密度 $\rho(x,y,z)$,小段曲线的弧长 Δs_i 改为小块曲面的面积 ΔS_i,而第 i 小段曲线上的一点 (ξ_i,η_i) 改为第 i 小块曲面上的一点 (ξ_i,η_i,ζ_i),那么,在面密度 $\rho(x,y,z)$ 为连续的前提下,类似地有沿曲面分布的质量 M 是下列和的极限:

$$M=\lim_{\lambda\to 0}\sum_{i=1}^{n}\rho(\xi_i,\eta_i,\zeta_i)\Delta S_i.$$

其中 λ 表示 n 小块曲面的直径的最大值.

这个问题就是对面积的曲面积分,下面给出数学定义.

定义 1　设曲面 Σ 是光滑的,函数 $f(x,y,z)$ 在 Σ 上有界,把 Σ 任意分成 n 小块 ΔS_i(ΔS_i 同时也代表第 i 小块曲面的面积),设 (ξ_i,η_i,ζ_i) 是 ΔS_i 上任意取定的一点,作乘积 $f(\xi_i,\eta_i,\zeta_i)\Delta S_i(i=1,2,\cdots,n)$,并作和 $\sum\limits_{i=1}^{n}f(\xi_i,\eta_i,\zeta_i)\Delta S_i$. 如果当各小块曲面的直径的最大值 $\lambda\to 0$ 时,这和的极限总存在,则称此极限为函数 $f(x,y,z)$ 在曲面 Σ 上对面积的曲面积分或第一类曲面积分,记作 $\iint\limits_{\Sigma}f(x,y,z)\mathrm{d}s$, 即

$$\iint\limits_{\Sigma}f(x,y,z)\mathrm{d}s=\lim_{\lambda\to 0}\sum_{i=1}^{n}f(\xi_i,\eta_i,\zeta_i)\Delta S_i,$$

其中 $f(x,y,z)$ 叫做**被积函数**,Σ 叫做**积分曲面**.

可证,当 $f(x,y,z)$ 在光滑曲面 Σ 上连续时,对面积的积分是存在的.

根据对面积的曲面积分定义,面密度为连续函数 $\rho(x,y,z)$ 的光滑曲面 Σ 的质量 M,可表示为 $\rho(x,y,z)$ 在 Σ 上对面积的曲面积分

$$M = \iint_{\Sigma} \rho(x,y,z)\mathrm{d}s.$$

由对面积的曲面积分的定义可知，它有以下性质：

(1) $\iint_{\Sigma}[f(x,y,z) \pm g(x,y,z)]\mathrm{d}s = \iint_{\Sigma}[f(x,y,z)]\mathrm{d}s \pm \iint_{\Sigma}[g(x,y,z)]\mathrm{d}s$；

(2) $\iint_{\Sigma} kf(x,y,z)\mathrm{d}s = k\iint_{\Sigma} f(x,y,z)\mathrm{d}s$，($k$ 为常数)；

(3) $\iint_{\Sigma} f(x,y,z)\mathrm{d}s = \iint_{\Sigma_1} f(x,y,z)\mathrm{d}s + \iint_{\Sigma_2} f(x,y,z)\mathrm{d}s \quad (\Sigma = \Sigma_1 + \Sigma_2)$.

二、对面积的曲面积分的计算

计算思路是将曲面积分转换成二重积分进行计算.

设积分曲面 Σ 由方程 $z=z(x,y)$ 给出，Σ 在 xOy 面上的投影区域为 D_{xy}（见图 8—14），函数 $z=z(x,y)$ 在 D_{xy} 上具有连续偏导数，被积函数 $f(x,y,z)$ 在 Σ 上连续.

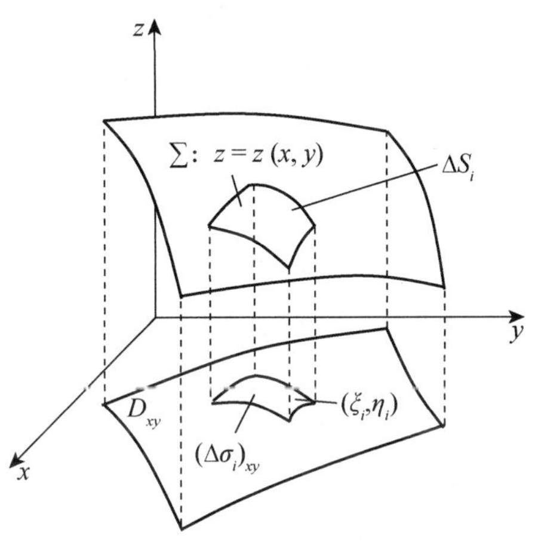

图 8—14

由对面积的曲面积分的定义

$$\iint_{\Sigma} f(x,y,z)\mathrm{d}S = \lim_{\lambda\to 0}\sum_{i=1}^{n} f(\xi_i,\eta_i,\zeta_i)\Delta S_i. \quad (18)$$

设 Σ 上第 i 小块曲面 ΔS_i（它的面积也记作 ΔS_i）在 xOy 面上的投影区域为 $(\Delta\sigma_i)_{xy}$（它的面积也记作 $(\Delta\sigma_i)_{xy}$），则(18)式中的 ΔS_i 可表示为二重积分：

$$\Delta S_i = \iint_{(\Delta\sigma_i)_{xy}} \sqrt{1+z_x^2(x,y)+z_y^2(x,y)}\,\mathrm{d}x\mathrm{d}y.$$

利用二重积分的中值定理，上式又可写成

$$\Delta S_i = \sqrt{1+z_x^2(\xi_i',\eta_i')+z_y^2(\xi_i',\eta_i')}\,(\Delta\sigma_i)_{xy},$$

其中 (ξ_i',η_i') 是小闭区域 $(\Delta\sigma_i)_{xy}$ 上的一点. 又因 (ξ_i,η_i,ζ_i) 是 Σ 上的一点，故 $\xi_i=z(\xi_i,\eta_i)$，这里 $(\xi_i,\eta_i,0)$ 也是小闭区域 $(\Delta\sigma_i)_{xy}$ 上的点，于是

$$\sum_{i=1}^{n} f(\xi_i,\eta_i,\zeta_i)\Delta S_i = \sum_{i=1}^{n} f[\xi_i,\eta_i,z(\xi_i,\eta_i)]\sqrt{1+z_x^2(\xi_i',\eta_i')+z_y^2(\xi_i',\eta_i')}\,(\Delta\sigma_i)_{xy}.$$

由于函数 $f[x,y,z(x,y)]$ 以及函数 $\sqrt{1+z_x^2(x,y)+z_y^2(x,y)}$ 都在闭区域 D_{xy} 上连续，当 $\lambda\to 0$ 时，上式右端的极限与

$$\sum_{i=1}^{n} f[\xi_i,\eta_i,z(\xi_i,\eta_i)]\sqrt{1+z_x^2(\xi_i,\eta_i)+z_y^2(\xi_i,\eta_i)}\,(\Delta\sigma_i)_{xy}$$

的极限相等，这个极限在开始所给的条件下是存在的，它等于二重积分

$$\iint_{D_{xy}} f[x,y,z(x,y)]\sqrt{1+z_x^2(x,y)+z_y^2(x,y)}\,\mathrm{d}x\mathrm{d}y,$$

因此左端的极限即曲面积分$\iint\limits_{\Sigma}f(x,y,z)\mathrm{d}S$也存在,且有

$$\iint\limits_{\Sigma}f(x,y,z)\mathrm{d}S=\iint\limits_{D_{xy}}f[x,y,z(x,y)]\sqrt{1+z_x^2(x,y)+z_y^2(x,y)}\mathrm{d}x\mathrm{d}y. \tag{19}$$

这就是把对面积的曲面积分化为二重积分的公式.显然,在计算时,只要把变量z换为$z(x,y)$,曲面的面积元素$\mathrm{d}S$换为$\sqrt{1+z_x^2(x,y)+z_y^2(x,y)}\mathrm{d}x\mathrm{d}y$,再确定$\Sigma$在$xOy$面上的投影区域$D_{xy}$,就可以化为二重积分计算了.

如果积分曲面Σ由方程$x=x(y,z)$或$y=y(x,z)$给出,也可类似地把对面积的曲面积分化为相应的二重积分.

例1 计算曲面积分$\iint\limits_{\Sigma}\frac{\mathrm{d}S}{z}$,其中$\Sigma$是球面$x^2+y^2+z^2=a^2$被平面$z=h,(0<h<a)$截出的顶部(见图8—15).

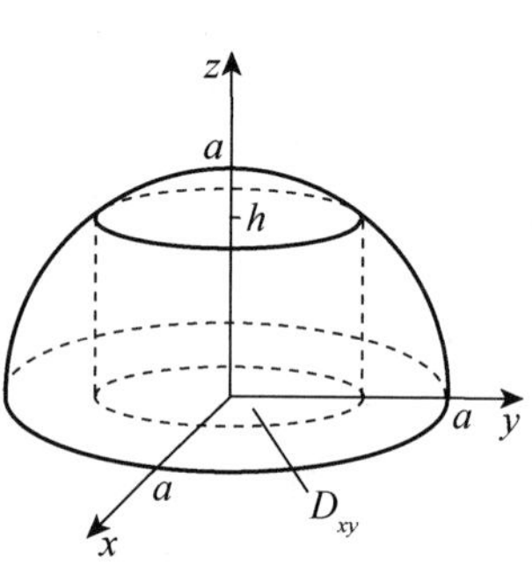

图8—15

解 Σ的方程为

$$z=\sqrt{a^2-x^2-y^2}.$$

Σ在xOy面上的投影区域D_{xy}为圆形区域:$x^2+y^2\leqslant a^2-h^2$,又

$$\sqrt{1+z_x^2+z_y^2}=\frac{a}{\sqrt{a^2-x^2-y^2}},$$

根据公式(19),有

$$\iint\limits_{\Sigma}\frac{\mathrm{d}S}{z}=\iint\limits_{D_{xy}}\frac{a\mathrm{d}x\mathrm{d}y}{a^2-x^2-y^2}.$$

利用极坐标,得

$$\begin{aligned}\iint\limits_{\Sigma}\frac{\mathrm{d}S}{z}&=\iint\limits_{D_{xy}}\frac{ar\mathrm{d}r\mathrm{d}\theta}{a^2-r^2}=a\int_0^{2\pi}\mathrm{d}\theta\int_0^{\sqrt{a^2-h^2}}\frac{r\mathrm{d}r}{a^2-r^2}\\&=2\pi a\left[-\frac{1}{2}\ln(a^2-r^2)\right]_0^{\sqrt{a^2-h^2}}=2\pi a\ln\frac{a}{h}.\end{aligned}$$

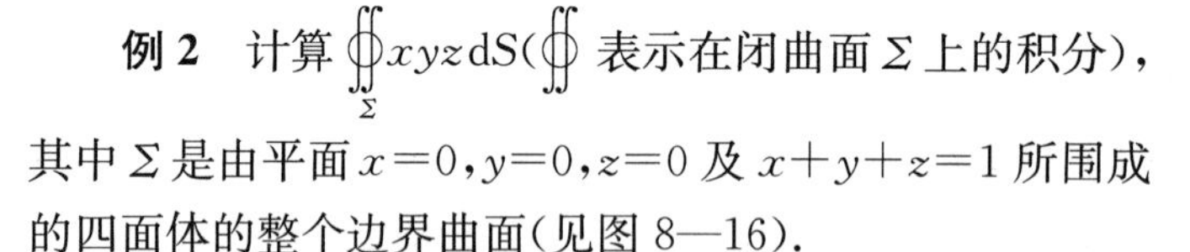

例2 计算$\oiint\limits_{\Sigma}xyz\mathrm{d}S$($\oiint$表示在闭曲面$\Sigma$上的积分),其中$\Sigma$是由平面$x=0,y=0,z=0$及$x+y+z=1$所围成的四面体的整个边界曲面(见图8—16).

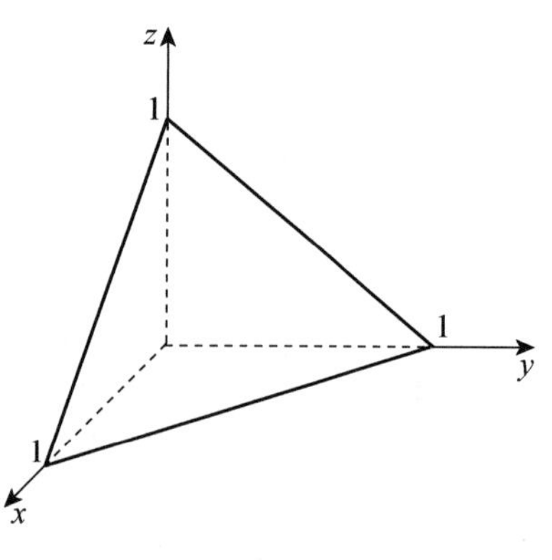

图8—16

解 整个边界曲面Σ在平面$x=0,y=0,z=0$及$x+y+z=1$上的部分依次记为$\Sigma_1,\Sigma_2,\Sigma_3,\Sigma_4$,于是

$$\begin{aligned}\oiint\limits_{\Sigma}xyz\mathrm{d}S=&\oiint\limits_{\Sigma_1}xyz\mathrm{d}S+\oiint\limits_{\Sigma_2}xyz\mathrm{d}S+\oiint\limits_{\Sigma_3}xyz\mathrm{d}S\\&+\oiint\limits_{\Sigma_4}xyz\mathrm{d}S.\end{aligned}$$

由于在$\Sigma_1,\Sigma_2,\Sigma_3$上,被积函数$f(x,y,z)=xyz$均为零,所以

$$\iint\limits_{\Sigma_1} xyz\,\mathrm{d}S=\iint\limits_{\Sigma_2} xyz\,\mathrm{d}S=\iint\limits_{\Sigma_3} xyz\,\mathrm{d}S=0.$$

在 Σ_4 上，$z=1-x-y$，所以

$$\sqrt{1+z_x^2+z_y^2}=\sqrt{1+(-1)^2+(-1)^2}=\sqrt{3}.$$

从而

$$\oiint\limits_{\Sigma} xyz\,\mathrm{d}S=\iint\limits_{\Sigma_4} xyz\,\mathrm{d}S=\iint\limits_{D_{xy}} \sqrt{3}xy(1-x-y)\,\mathrm{d}x\mathrm{d}y.$$

其中 D_{xy} 是 Σ_4 在 xOy 面上的投影区域，即由直线 $x=0$，$y=0$ 及 $x+y=1$ 所围成的闭区域，因此

$$\begin{aligned}\oiint\limits_{\Sigma} xyz\,\mathrm{d}S&=\sqrt{3}\int_0^1 x\mathrm{d}x\int_0^{1-x} y(1-x-y)\mathrm{d}y=\sqrt{3}\int_0^1 x\left[(1-x)\frac{y^2}{2}-\frac{y^3}{3}\right]_0^{1-x}\mathrm{d}x\\&=\sqrt{3}\int_0^1 x\cdot\frac{(1-x)^3}{6}\mathrm{d}x=\frac{\sqrt{3}}{6}\int_0^1(x-3x^2+3x^3-x^4)\mathrm{d}x=\frac{\sqrt{3}}{120}.\end{aligned}$$

三、对坐标的曲面积分的概念与性质

为了给曲面确定方向，先要了解曲面的侧的概念.

我们遇到的一般曲面都是双侧的，如果曲面是闭合的，它就有内侧和外侧之分；如果曲面不是闭合的，就有上侧与下侧，左侧与右侧或前侧与后侧之分. 现实生活中，单侧曲面的典型例子是莫比乌斯带.

我们可以通过轴面上法向量的指向来定出曲面的侧. 例如，对于曲面 $z=z(x,y)$，如果取它的法向量 $\boldsymbol{n}$ 的指向与 z 轴正向夹角是锐角，则认为取定曲面的上侧，并以上侧作为正向(或叫正侧)，记作 $+\Sigma$，下侧作为负向(或叫负侧)，记作 $-\Sigma$. 对于闭曲面如果取它的法向量的指向朝外，则认为取定曲面的外侧，并以外侧作为正向(或叫正侧)，内侧作为负向(或叫负侧). 这种取定法向量亦即选定了侧的曲面，就称为**有向曲面**.

设在有向曲面 Σ 上取一小块曲面 ΔS，它投影到 xOy 面上的投影区域的面积记为 $(\Delta\sigma)_{xy}$，假定 ΔS 上各点处的法向量与 z 轴的夹角 γ 的余弦 $\cos\gamma$ 有相同的符号(即 $\cos\gamma$ 都是正的或都是负的). 我们规定 ΔS 在 xOy 面上的投影 $(\Delta S)_{xy}$ 为

$$(\Delta S)_{xy}=\begin{cases}(\Delta\sigma)_{xy} & \cos\gamma>0,\\-(\Delta\sigma)_{xy} & \cos\gamma<0,\\0 & \cos\gamma\equiv0.\end{cases}$$

其中 $\cos\gamma\equiv0$ 也就是 $(\Delta\sigma)_{xy}=0$ 的情形. 类似地可以定义 ΔS 在 yOz 面及 zOx 面上的投影 $(\Delta S)_{yz}$ 及 $(\Delta S)_{zx}$.

为引进对坐标的曲面积分的概念，我们先观察一个计算流量的问题.

流向曲面一侧的流量　设有稳定流动(流速与时间 t 无关)的不可压缩的流体(设密度 $\mu=1$)流向有向曲面 Σ 的指定侧，并设其流速 $\boldsymbol{v}$ 与 Σ 上一点位置有关，要求在单位时间内流向 Σ 指定侧的流体的流量 Φ. 如图 8—17 所示，把有向曲面分为 n 个小片 ΔS_i，其面积也用 ΔS_i $(i=1,2,\cdots,n)$ 来表示，在每一小片上任取一点 (ξ_i,η_i,ζ_i)，则在单位时间内流过小片 ΔS_i 的流量 $\Delta\Phi_i$ 近似等于以 $|\boldsymbol{v}_i|\cos\theta_i$ 为高，ΔS_i 为底的柱体积 $|\boldsymbol{v}_i|\cos\theta_i\cdot\Delta S_i$. 其中 $\boldsymbol{v}_i$ 是流体流过

点(ξ_i,η_i,ζ_i)的流速,$|\boldsymbol{v}_i|$是它的模,θ_i 是流速 $\boldsymbol{v}_i$ 与曲面Σ 在点(ξ_i,η_i,ζ_i)的单位法线 $\boldsymbol{n}_i$间的夹角. 若令 P_i、Q_i、R_i是$\boldsymbol{v}_i$ 在坐标轴上的投影,$\cos\alpha_i$、$\cos\beta_i$、$\cos\gamma_i$ 是$\boldsymbol{n}_i$的方向余弦,则有

$$\begin{aligned}\Delta\Phi_i &\approx |\boldsymbol{v}_i|\cos\theta_i\cdot\Delta S_i=(\boldsymbol{v}_i\cdot\boldsymbol{n}_i)\Delta S_i\\ &=(P_i\cos\alpha_i+Q_i\cos\beta_i+R_i\cos\gamma_i)\Delta S_i\end{aligned}$$

或者 $\Delta\Phi_i\approx P_i(\Delta S)_{yz}+Q_i(\Delta S)_{zx}+R_i(\Delta S)_{xy}$,

这里 $(\Delta\sigma_i)_{yz}\approx\cos\alpha_i\Delta S_i$, $(\Delta\sigma_i)_{zx}\approx\cos\beta_i\Delta S_i$, $(\Delta\sigma_i)_{xy}\approx\cos\gamma_i\Delta S_i$ 分别是小片 ΔS_i 在三个坐标平面上的投影(有正负号). 于是总流量等于下列极限

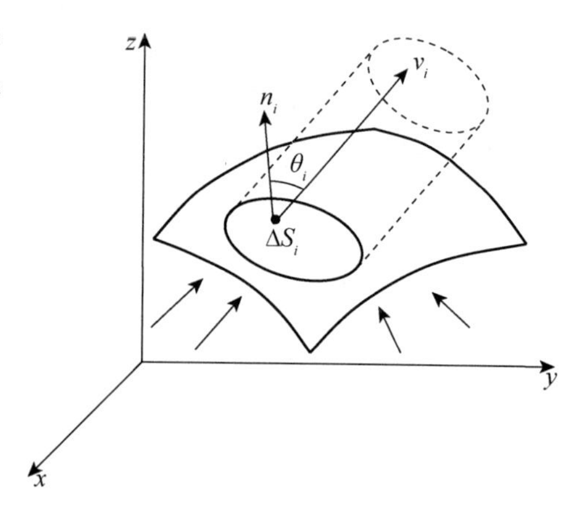

图 8—17

$$\Phi=\lim_{\lambda\to 0}\sum_{i=1}^{n}[P_i(\Delta\sigma_i)_{yz}+Q_i(\Delta\sigma_i)_{zx}+R_i(\Delta\sigma_i)_{xy}] \tag{20}$$

其中 $\lambda=\max\limits_{1\leqslant i\leqslant n}\{d_i\}$,$d_i$ 是 S_i 的直径.

定义 1 设Σ为光滑的有向曲面,函数 $P(x,y,z)$、$Q(x,y,z)$、$R(x,y,z)$在Σ上连续,而以 P_i,Q_i,R_i 表示这三个函数在点(ξ_i,η_i,ζ_i)的函数值,和(20)中的其余记号意义如上. 我们定义的极限(20)为函数 $P(x,y,z)$、$Q(x,y,z)$、$R(x,y,z)$在曲面Σ上**对坐标的曲面积分**或**第二类曲面积分**,记作

$$\begin{aligned}&\iint_{\Sigma}P(x,y,z)\mathrm{d}y\mathrm{d}z+Q(x,y,z)\mathrm{d}z\mathrm{d}x+R(x,y,z)\mathrm{d}x\mathrm{d}y\\ =&\lim_{\lambda\to 0}\sum_{i=1}^{n}[P_i(\Delta\sigma_i)_{yz}+Q_i(\Delta\sigma_i)_{zx}+R_i(\Delta\sigma_i)_{xy}].\end{aligned}$$

这里λ是所有小片的直径的最大值. 其中 $P(x,y,z)$、$Q(x,y,z)$、$R(x,y,z)$叫做**被积函数**,Σ叫做**积分曲面**.

我们指出,当 $P(x,y,z)$、$Q(x,y,z)$、$R(x,y,z)$在有向光滑曲面Σ上连续时,对坐标的曲面积分是存在的. 如果Σ是分片光滑的有向曲面,我们规定在Σ上对坐标的曲面积分等于函数在各片光滑曲面上对坐标的曲面积分之和.

由对坐标的曲面积分的定义可知,它具有以下性质:

(1)如果把Σ分成Σ_1 和 Σ_2,则

$$\begin{aligned}&\iint_{\Sigma}P\mathrm{d}y\mathrm{d}z+Q\mathrm{d}z\mathrm{d}x+R\mathrm{d}x\mathrm{d}y\\ =&\iint_{\Sigma_1}P\mathrm{d}y\mathrm{d}z+Q\mathrm{d}z\mathrm{d}x+R\mathrm{d}x\mathrm{d}y+\iint_{\Sigma_2}P\mathrm{d}y\mathrm{d}z+Q\mathrm{d}z\mathrm{d}x+R\mathrm{d}x\mathrm{d}y\end{aligned} \tag{21}$$

公式(21)可以推广到Σ分成有限多个部分的情形.

(2)设Σ是有向曲面,$-\Sigma$表示与Σ取相反侧的有向曲面,则

$$\iint_{-\Sigma}P\mathrm{d}y\mathrm{d}z+Q\mathrm{d}z\mathrm{d}x+R\mathrm{d}x\mathrm{d}y=-\iint_{\Sigma}P\mathrm{d}y\mathrm{d}z+Q\mathrm{d}z\mathrm{d}x+R\mathrm{d}x\mathrm{d}y \tag{22}$$

公式(22)表示，当积分曲面改变为相反侧时，对坐标的曲面积分要改变符号. 因此关于对坐标的曲面积分，我们必须注意积分曲面所取的侧.

四、对坐标的曲面积分的计算

为简便起见，我们先考虑$\iint\limits_{\Sigma} R(x,y,z)\mathrm{d}x\mathrm{d}y$.

设积分曲面Σ是由方程$z=z(x,y)$所给出的曲面上侧，$z=z(x,y)$在xOy面上的投影区域为D_{xy}，函数$z=z(x,y)$在D_{xy}上具有一阶连续偏导数，被积函数$R(x,y,z)$在Σ上连续. 则对坐标的曲面积分的定义，有

$$\iint\limits_{\Sigma} R(x,y,z)\mathrm{d}x\mathrm{d}y=\lim_{\lambda\to 0}\sum_{i=1}^{n}R(\xi_i,\eta_i,\zeta_i)(\Delta S_i)_{xy}.$$

因为Σ取上侧，$\cos\gamma>0$，所以

$$(\Delta S_i)_{xy}=(\Delta\sigma_i)_{xy}.$$

又因为(ξ_i,η_i,ζ_i)是Σ上的一点，故$\zeta_i=z(\xi_i,\eta_i)$. 从而有

$$\sum_{i=1}^{n}R(\xi_i,\eta_i,\zeta_i)(\Delta S_i)_{xy}=\sum_{i=1}^{n}R(\xi_i,\eta_i,z(\xi_i,\eta_i))(\Delta\sigma_i)_{xy},$$

令$\lambda\to 0$取上式两端的极限，得到

$$\iint\limits_{\Sigma} R(x,y,z)\mathrm{d}x\mathrm{d}y=\iint\limits_{D_{xy}} R(x,y,z(x,y))\mathrm{d}x\mathrm{d}y. \tag{23}$$

这就是把对坐标的曲面积分化为二重积分的公式.

公式(23)表明，计算曲面积分$\iint\limits_{\Sigma} R(x,y,z)\mathrm{d}x\mathrm{d}y$时，只要把其中变量$z$换为表示$\Sigma$的函数$z(x,y)$，然后在$\Sigma$的投影区域$D_{xy}$上计算二重积分就可以了. 必须注意，公式(23)的曲面积分是取在曲面Σ上侧的. 如果曲面积分取在曲面Σ下侧，这时$\cos\gamma<0$，那么

$$(\Delta S_i)_{xy}=-(\Delta\sigma_i)_{xy},$$

从而有

$$\iint\limits_{\Sigma} R(x,y,z)\mathrm{d}x\mathrm{d}y=-\iint\limits_{D_{xy}} R(x,y,z(x,y))\mathrm{d}x\mathrm{d}y. \tag{24}$$

类似地，如果Σ由$x=x(y,z)$给出，则有

$$\iint\limits_{\Sigma} P(x,y,z)\mathrm{d}y\mathrm{d}z=\pm\iint\limits_{D_{yz}} P(x(y,z),y,z)\mathrm{d}y\mathrm{d}z. \tag{25}$$

等式右端的符号这样决定：如果积分曲面Σ是由方程$x=x(y,z)$所给出的曲面前侧，即$\cos\alpha>0$，应取正号；反之，如果Σ取后侧，即$\cos\alpha<0$，应取负号.

如果Σ由$y=y(z,x)$给出，则

$$\iint\limits_{\Sigma} Q(x,y,z)\mathrm{d}z\mathrm{d}x=\pm\iint\limits_{D_{zx}} P(x,y(z,x),z)\mathrm{d}z\mathrm{d}x. \tag{26}$$

等式右端的符号这样决定：如果积分曲面Σ是由方程$y=y(z,x)$所给出的曲面右侧，即$\cos\beta>0$，应取正号；反之，如果Σ取左侧，即$\cos\beta<0$，应取负号.

值得注意的是，上述讨论是在平行于坐标轴的直线交曲面Σ不多于一点，即表示曲面Σ

的函数是单值函数. 如果平行于坐标轴的直线交曲面多于一点，可以把它分为几部分，使得每一部分均满足条件，然后对每一部分应用上述公式，再把结果加起来，就得在整个曲面 Σ 上的曲面积分的值.

例 3 计算曲面积分 $\iint\limits_{\Sigma} xyz\,\mathrm{d}x\mathrm{d}y$，曲面 Σ 是在 $x\geqslant 0, y\geqslant 0$ 时球面 $x^2+y^2+z^2=1$ 的四分之一的外侧.

解 如图 8—18 所示，把曲面 Σ 分为成 Σ_1 和 Σ_2 两部分，Σ_1 的方程为

$$z_1=-\sqrt{1-x^2-y^2},$$

Σ_2 的方程为

$$z_2=\sqrt{1-x^2-y^2}.$$

于是

$$\iint\limits_{\Sigma} xyz\,\mathrm{d}x\mathrm{d}y=\iint\limits_{\Sigma_2} xyz\,\mathrm{d}x\mathrm{d}y+\iint\limits_{\Sigma_1} xyz\,\mathrm{d}x\mathrm{d}y.$$

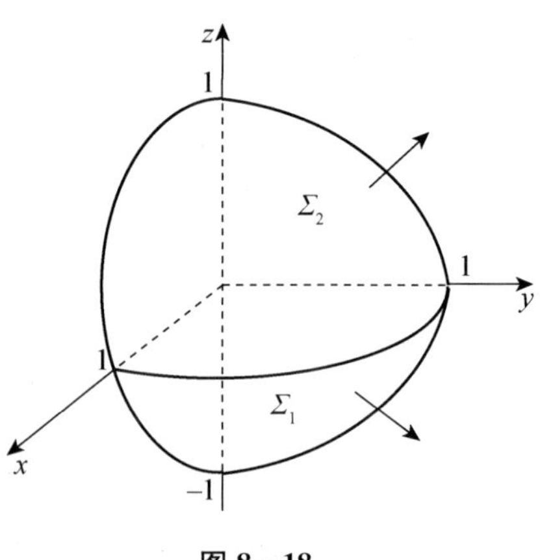

图 8—18

上式右端的第一个积分的积分曲面 Σ_2 取上侧，第二个积分的积分曲面 Σ_1 取下侧，因此应用公式(23)及(24)化为二重积分，就有

$$\begin{aligned}\iint\limits_{\Sigma} xyz\,\mathrm{d}x\mathrm{d}y&=\iint\limits_{D_{xy}} xy\sqrt{1-x^2-y^2}\,\mathrm{d}x\mathrm{d}y-\iint\limits_{D_{xy}} -xy\sqrt{1-x^2-y^2}\,\mathrm{d}x\mathrm{d}y\\&=2\iint\limits_{D_{xy}} xy\sqrt{1-x^2-y^2}\,\mathrm{d}x\mathrm{d}y,\end{aligned}$$

其中 D_{xy} 是 Σ_1 及 Σ_2 在 xOy 面上的投影区域，就是位于第一象限内的扇形 $x^2+y^2\leqslant 1(x\geqslant 0, y\geqslant 0)$. 利用极坐标计算这个二重积分如下：

$$\begin{aligned}2\iint\limits_{D_{xy}} xy\sqrt{1-x^2-y^2}\,\mathrm{d}x\mathrm{d}y&=2\iint\limits_{D_{xy}} r^2\sin\theta\cos\theta\sqrt{1-r^2}\,r\mathrm{d}r\mathrm{d}\theta\\&=\int_0^{\frac{\pi}{2}}\sin 2\theta\mathrm{d}\theta\int_0^1 r^3\sqrt{1-r^2}\,\mathrm{d}r=1\cdot\frac{2}{15}=\frac{2}{15}.\end{aligned}$$

从而 $\iint\limits_{\Sigma} xyz\,\mathrm{d}x\mathrm{d}y=\dfrac{2}{15}$.

例 4 计算曲面积分

$$\iint\limits_{\Sigma} x^2\mathrm{d}y\mathrm{d}z+y^2\mathrm{d}z\mathrm{d}x+z^2\mathrm{d}x\mathrm{d}y,$$

其中 Σ 是图 8—19 中正立方体的外侧.

解 把有向曲面 Σ 分成以下 6 大部分：

$\Sigma_1: x=a(0\leqslant y\leqslant a, 0\leqslant z\leqslant a)$ 的前侧；

$\Sigma_2: x=0(0\leqslant y\leqslant a, 0\leqslant z\leqslant a)$ 的后侧；

$\Sigma_3: y=a(0\leqslant x\leqslant a, 0\leqslant z\leqslant a)$ 的右侧；

$\Sigma_4: y=0(0\leqslant x\leqslant a, 0\leqslant z\leqslant a)$ 的左侧；

$\Sigma_5: z=a(0\leqslant x\leqslant a, 0\leqslant y\leqslant a)$的上侧；

$\Sigma_6: z=0(0\leqslant x\leqslant a, 0\leqslant y\leqslant a)$的下侧.

其中平面Σ_1和Σ_2在xOy面和zOx面上的投影等于零，平面Σ_3和Σ_4在xOy面和yOz面上的投影等于零，平面Σ_5和Σ_6在yOz面和zOx面上的投影等于零. 所以由公式(25)得

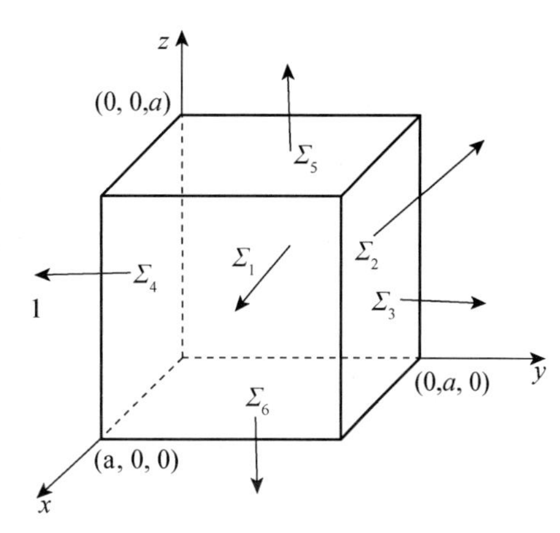

图 8—19

$$\iint_{\Sigma} x^2 \mathrm{d}y\mathrm{d}z = \iint_{\Sigma_1} x^2 \mathrm{d}y\mathrm{d}z + \iint_{\Sigma_2} x^2 \mathrm{d}y\mathrm{d}z$$
$$= \iint_{D_{yz}} a^2 \mathrm{d}y\mathrm{d}z - \iint_{D_{yz}} 0\mathrm{d}y\mathrm{d}z = a^4;$$

由公式(26)得

$$\iint_{\Sigma} y^2 \mathrm{d}z\mathrm{d}x = \iint_{\Sigma_3} y^2 \mathrm{d}z\mathrm{d}x + \iint_{\Sigma_4} y^2 \mathrm{d}z\mathrm{d}x$$
$$= \iint_{D_{zx}} y^2 \mathrm{d}z\mathrm{d}x - \iint_{D_{zx}} y^2 \mathrm{d}z\mathrm{d}x = a^4.$$

由公式(23)及(24)得

$$\iint_{\Sigma} z^2 \mathrm{d}x\mathrm{d}y = \iint_{\Sigma_5} z^2 \mathrm{d}x\mathrm{d}y + \iint_{\Sigma_6} z^2 \mathrm{d}x\mathrm{d}y = \iint_{D_{xy}} z^2 \mathrm{d}x\mathrm{d}y - \iint_{D_{xy}} z^2 \mathrm{d}x\mathrm{d}y = a^4.$$

于是，最后得到$\displaystyle\iint_{\Sigma} x^2 \mathrm{d}y\mathrm{d}z + y^2 \mathrm{d}z\mathrm{d}x + z^2 \mathrm{d}x\mathrm{d}y = 3a^4$.

例 5　计算曲面积分$\displaystyle\iint_{\Sigma} z\mathrm{d}x\mathrm{d}y + x\mathrm{d}y\mathrm{d}z + y\mathrm{d}z\mathrm{d}x$，$\Sigma$为柱面$x^2+y^2=1$被平面$z=0$及$z=3$所截部分的外侧.

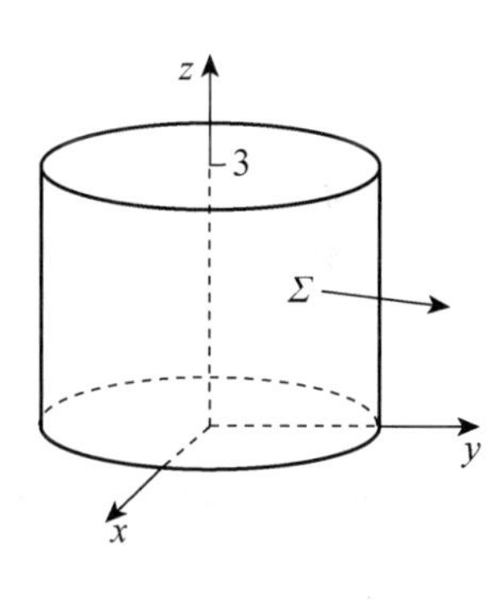

图 8—20

解　如图 8—20 所示，显见，Σ在xOy平面上的投影等于零，即$\displaystyle\iint_{\Sigma} z\mathrm{d}x\mathrm{d}y = 0$.

又因为$\Sigma: x=\pm\sqrt{1-y^2}$在$yOz$平面上的投影为矩形区域，它可表示为$0\leqslant z\leqslant 3, -1\leqslant y\leqslant 1$，

所以

$$\iint_{\Sigma} x\mathrm{d}y\mathrm{d}z = \iint_{D_{yz}} \sqrt{1-y^2}\mathrm{d}y\mathrm{d}z - \iint_{D_{yz}} -\sqrt{1-y^2}\mathrm{d}y\mathrm{d}z = 2\int_0^3 \mathrm{d}z \int_{-1}^1 \sqrt{1-y^2}\mathrm{d}y$$
$$= 12\int_0^1 \sqrt{1-y^2}\mathrm{d}y = 12\left[\frac{y}{2}\sqrt{1-y^2} + \frac{1}{2}\arcsin y\right]_0^1 = 3\pi.$$

由对称性，可知$\displaystyle\iint_{\Sigma} y\mathrm{d}z\mathrm{d}x = 3\pi$.

那么　$$\iint_{\Sigma} z\mathrm{d}x\mathrm{d}y + x\mathrm{d}y\mathrm{d}z + y\mathrm{d}z\mathrm{d}x = 0 + 3\pi + 3\pi = 6\pi.$$

五、两类曲面积分之间的联系

设有向曲面Σ由方程$z=z(x,y)$给出，Σ在xOy面上的投影区域为D_{xy}，函数$z=z(x,$

$y)$在 D_{xy} 上具有一阶连续偏导数，$R(x,y,z)$在 Σ 上连续，如果 Σ 取上侧，则由对坐标的曲面积分计算公式(23)有

$$\iint_{\Sigma} R(x,y,z)\mathrm{d}x\mathrm{d}y = \iint_{D_{xy}} R(x,y,z(x,y))\mathrm{d}x\mathrm{d}y.$$

另一方面，因上述有向曲面 Σ 的法向量的方向余弦为

$$\cos\alpha=\frac{-z_x}{\sqrt{1+z_x^2+z_y^2}},\ \cos\beta=\frac{-z_y}{\sqrt{1+z_x^2+z_y^2}},\ \cos\gamma=\frac{1}{\sqrt{1+z_x^2+z_y^2}},$$

而曲面的面积元素 $\mathrm{d}S$ 为

$$\mathrm{d}S=\sqrt{1+z_x^2+z_y^2}\mathrm{d}x\mathrm{d}y,$$

由此可见，有

$$\iint_{\Sigma} R(x,y,z)\mathrm{d}x\mathrm{d}y = \iint_{\Sigma} R(x,y,z)\cos\gamma\mathrm{d}S. \tag{27}$$

如果取下侧，则由公式(24)有

$$\iint_{\Sigma} R(x,y,z)\mathrm{d}x\mathrm{d}y = -\iint_{D_{xy}} R(x,y,z(x,y))\mathrm{d}x\mathrm{d}y,$$

但这时 $\cos\gamma=\dfrac{-1}{\sqrt{1+z_x^2+z_y^2}}$，因此公式(27)仍然成立.

类似地可推得

$$\iint_{\Sigma} P(x,y,z)\mathrm{d}y\mathrm{d}z = \iint_{\Sigma} P(x,y,z)\cos\alpha\mathrm{d}S. \tag{28}$$

$$\iint_{\Sigma} Q(x,y,z)\mathrm{d}z\mathrm{d}x = \iint_{\Sigma} Q(x,y,z)\cos\beta\mathrm{d}S. \tag{29}$$

合并(27)、(28)、(29)三式，得两类曲面积分之间有如下联系：

$$\iint_{\Sigma} P\mathrm{d}y\mathrm{d}z + Q\mathrm{d}z\mathrm{d}x + R\mathrm{d}x\mathrm{d}y = \iint_{\Sigma} (P\cos\alpha + Q\cos\beta + R\cos\gamma)\mathrm{d}S. \tag{30}$$

其中 $\cos\alpha$、$\cos\beta$、$\cos\gamma$ 是有向曲面 Σ 上点 (x,y,z) 处的法向量的方向余弦.

例 6 计算曲面积分 $\iint_{\Sigma}(z^2+x)\mathrm{d}y\mathrm{d}z - z\mathrm{d}x\mathrm{d}y$，其中 Σ 是旋转抛物面 $z=\frac{1}{2}(x^2+y^2)$ 介于平面 $z=0$ 及 $z=2$ 之间的部分的下侧.

解 如图 8—21 所示，根据两类曲面积分之间的联系公式(28)，可得

$$\iint_{\Sigma}(z^2+x)\mathrm{d}y\mathrm{d}z = \iint_{\Sigma}(z^2+x)\cos\alpha\mathrm{d}S = \iint_{\Sigma}(z^2+x)\frac{\cos\alpha}{\cos\gamma}\mathrm{d}x\mathrm{d}y,$$

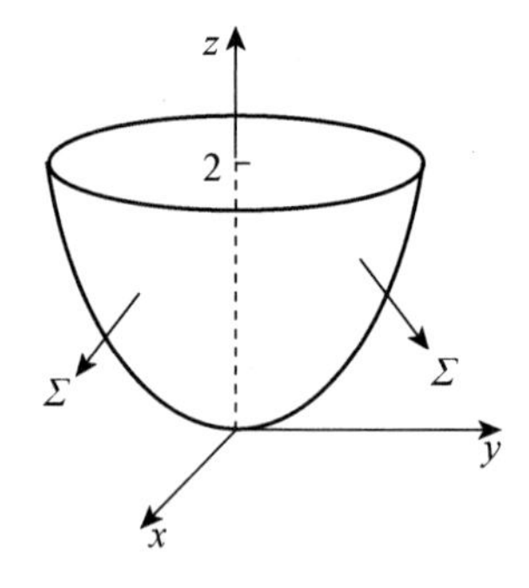

图 8—21

在曲面 Σ 上，有

$$\cos\alpha=\frac{x}{\sqrt{1+x^2+y^2}},\ \cos\gamma=\frac{-1}{\sqrt{1+x^2+y^2}},$$

故

$$\iint_{\Sigma}(z^2+x)\mathrm{d}y\mathrm{d}z-z\mathrm{d}x\mathrm{d}y=\iint_{\Sigma}[(z^2+x)(-x)-z]\mathrm{d}x\mathrm{d}y.$$

再按对坐标的曲面积分的计算法，便得

$$\iint_{\Sigma}(z^2+x)\mathrm{d}y\mathrm{d}z-z\mathrm{d}x\mathrm{d}y$$

$$=-\iint_{D_{xy}}\left\{\left[\frac{1}{4}(x^2+y^2)^2+x\right]\cdot(-x)-\frac{1}{2}(x^2+y^2)\right\}\mathrm{d}x\mathrm{d}y.$$

注意到 $\iint\limits_{D_{xy}}\frac{1}{4}x(x^2+y^2)^2\mathrm{d}x\mathrm{d}y=0$，故

$$\iint_{\Sigma}(z^2+x)\mathrm{d}y\mathrm{d}z-z\mathrm{d}x\mathrm{d}y=\iint_{D_{xy}}\left[x^2+\frac{1}{2}(x^2+y^2)\right]\mathrm{d}x\mathrm{d}y$$

$$=\int_0^{2\pi}\mathrm{d}\theta\int_0^2\left(r^2\cos^2\theta+\frac{1}{2}r^2\right)r\mathrm{d}r=8\pi.$$

习题 8—4

1. 计算 $\oiint\limits_{\Sigma}(x^2+y^2)\mathrm{d}S$，其中 Σ 是锥面 $z=\sqrt{x^2+y^2}$ 及平面 $z=1$ 所围成的区域的整个边界曲面.

2. 计算 $\oiint\limits_{\Sigma}(x+\frac{3}{2}y+\frac{z}{2})\mathrm{d}S$，其中 $\sum$ 为平面 $\frac{x}{2}+\frac{y}{3}+\frac{z}{4}=1$ 在第一卦限的部分.

3. 计算 $\iint\limits_{\Sigma}z^2\mathrm{d}S$，其中 Σ 为球面 $x^2+y^2+z^2=a^2$.

4. 计算 $\iint\limits_{\Sigma}x^2y^2z\mathrm{d}x\mathrm{d}y$，其中 Σ 是球面 $x^2+y^2+z^2=R^2$ 的下半部分的下侧.

5. 计算 $\oiint\limits_{\Sigma}xz\mathrm{d}x\mathrm{d}y+xy\mathrm{d}y\mathrm{d}z+yz\mathrm{d}z\mathrm{d}x$，其中 Σ 是平面 $x=0,y=0,z=0,x+y+z=1$ 所围成的空间区域的整个边界曲面的外侧.

6. 计算 $\iint\limits_{\Sigma}x^2\mathrm{d}y\mathrm{d}z+y^2\mathrm{d}z\mathrm{d}x+z^2\mathrm{d}x\mathrm{d}y$，其中 Σ 为半球面 $z=\sqrt{a^2-x^2-y^2}$ 的上侧.

7. 计算 $\iint\limits_{\Sigma}x\mathrm{d}y\mathrm{d}z+y\mathrm{d}z\mathrm{d}x+z\mathrm{d}x\mathrm{d}y$，其中 Σ 是柱面 $x^2+y^2=1$ 被 $z=0$ 及 $z=3$ 所截得的在第一卦限内的部分的前侧.

8. 设 Σ 为平面 $x+z=a$ 在柱面 $x^2+y^2=a^2$ 内那一部分的上侧，下面两个积分的解法是否正确？如果不对，给出正确解法.

(1) $\iint\limits_{\Sigma}(x+z)\mathrm{d}S=a\iint\limits_{\Sigma}\mathrm{d}S=a\times(\Sigma\text{ 的面积})=\sqrt{2}\pi a^3$；

(2) $\iint\limits_{\Sigma}(x+z)\mathrm{d}x\mathrm{d}y=a\iint\limits_{\Sigma}\mathrm{d}x\mathrm{d}y=a\times(\Sigma\text{ 的面积})=\sqrt{2}\pi a^3$.

第五节 高斯公式和斯托克斯公式

格林公式建立了沿封闭曲线的曲线积分与二重积分的关系.类似地,沿空间封闭曲面的曲面积分和三重积分也有类似地关系,即高斯公式.

一、高斯公式

定理 1 设空间闭区域Ω是由分片光滑的双侧闭曲面Σ所围成,函数$P(x,y,z)$、$Q(x,y,z)$、$R(x,y,z)$在Ω上具有一阶连续偏导数,则有

$$\iiint\limits_{\Omega}\left(\frac{\partial P}{\partial x}+\frac{\partial Q}{\partial y}+\frac{\partial R}{\partial z}\right)\mathrm{d}v=\oint\!\!\!\oint\limits_{\Sigma}P\,\mathrm{d}y\mathrm{d}z+Q\mathrm{d}z\mathrm{d}x+R\mathrm{d}x\mathrm{d}y,$$

或

$$\iiint\limits_{\Omega}\left(\frac{\partial P}{\partial x}+\frac{\partial Q}{\partial y}+\frac{\partial R}{\partial z}\right)\mathrm{d}v=\oint\!\!\!\oint\limits_{\Sigma}(P\cos\alpha+Q\cos\beta+R\cos\gamma)\mathrm{d}S \tag{31}$$

其中Σ取外侧,(31)式称为高斯公式.

例 1 利用高斯公式计算曲面积分$\oint\!\!\!\oint\limits_{\Sigma}(x-y)\mathrm{d}x\mathrm{d}y+(y-z)x\mathrm{d}y\mathrm{d}z$,其中$\Sigma$为柱面$x^2+y^2=1$及平面$z=0$,$z=3$所围成的空间闭区域$\Omega$的整个边界曲面的外侧.

解 由高斯公式$P=(y-z)x,Q=0,R=x-y$,

$$\frac{\partial P}{\partial x}=y-z,\frac{\partial Q}{\partial y}=0,\frac{\partial R}{\partial z}=0\,.$$

则有

$$\begin{aligned}\oint\!\!\!\oint\limits_{\Sigma}(x-y)\mathrm{d}x\mathrm{d}y+(y-z)\mathrm{d}y\mathrm{d}z&=\iiint\limits_{\Omega}(y-z)\mathrm{d}x\mathrm{d}y\mathrm{d}z=\iiint\limits_{\Omega}(\rho\sin\theta-z)\rho\mathrm{d}\rho\mathrm{d}\theta\mathrm{d}z\\&=\int_0^{2\pi}\mathrm{d}\theta\int_0^1\rho\mathrm{d}\rho\int_0^3(\rho\sin\theta-z)\mathrm{d}z=-\frac{9\pi}{2}\,.\end{aligned}$$

例 2 计算曲面积分$\iint\limits_{\Sigma}(x^2\cos\alpha+y^2\cos\beta+z^2\cos\gamma)\mathrm{d}S$,其中$\Sigma$为锥面$x^2+y^2=z^2$介于平面$z=0$及$z=h(h>0)$之间的部分的下侧,$\cos\alpha$、$\cos\beta$、$\cos\gamma$是$\Sigma$上点$(x,y,z)$处的法向量的方向余弦.

解 设Σ_1为$z=h(x^2+y^2\leqslant h^2)$的上侧,则$\Sigma$与$\Sigma_1$一起构成一个闭曲面,记它们围成的空间闭区域为$\Omega$,由高斯公式得

$$\begin{aligned}&\iint\limits_{\Sigma+\Sigma_1}(x^2\cos\alpha+y^2\cos\beta+z^2\cos\gamma)\mathrm{d}S=2\iiint\limits_{\Omega}(x+y+z)\mathrm{d}v\\&=2\iint\limits_{x^2+y^2\leqslant h^2}\mathrm{d}x\mathrm{d}y\int_{\sqrt{x^2+y^2}}^{h}(x+y+z)\mathrm{d}z=2\iint\limits_{x^2+y^2\leqslant h^2}\mathrm{d}x\mathrm{d}y\int_{\sqrt{x^2+y^2}}^{h}z\mathrm{d}z\\&=\iint\limits_{x^2+y^2\leqslant h^2}(h^2-x^2-y^2)\mathrm{d}x\mathrm{d}y=\frac{1}{2}\pi h^4.\end{aligned}$$

提示:$\displaystyle\iint\limits_{x^2+y^2\leqslant h^2}\mathrm{d}x\mathrm{d}y\int_{\sqrt{x^2+y^2}}^{h}(x+y)\mathrm{d}z=0\,.$

而 $\displaystyle\iint\limits_{\Sigma_1}(x^2\cos\alpha+y^2\cos\beta+z^2\cos\gamma)\mathrm{d}S=\iint\limits_{\Sigma_1}z^2\mathrm{d}S=\iint\limits_{x^2+y^2\leqslant h^2}h^2\mathrm{d}x\mathrm{d}y=\pi h^4,$

因此 $\iint\limits_{\Sigma}(x^2\cos\alpha+y^2\cos\beta+z^2\cos\gamma)\mathrm{d}S=\frac{1}{2}\pi h^4-\pi h^4=-\frac{1}{2}\pi h^4$.

例 3 计算 $I=\iint\limits_{\Sigma}x^3\mathrm{d}y\mathrm{d}z+y^3\mathrm{d}x\mathrm{d}z+z^3\mathrm{d}y\mathrm{d}x$，其中 Σ 为球面 $x^2+y^2+z^2=R^2$ 的内侧.

解 由对坐标的曲面积分的性质有：$I=-\iint\limits_{-\Sigma}x^3\mathrm{d}y\mathrm{d}z+y^3\mathrm{d}x\mathrm{d}z+z^3\mathrm{d}y\mathrm{d}x$，$-\Sigma$ 是球面外侧，$P=-x^3$，$Q=-y^3$，$R=-z^3$，从而 $\frac{\partial P}{\partial x}+\frac{\partial Q}{\partial y}+\frac{\partial R}{\partial z}=-3(x^2+y^2+z^2)$，有

$$I=-\iiint\limits_{\Omega}3(x^2+y^2+z^2)\mathrm{d}v=-3\int_0^{2\pi}\mathrm{d}\theta\int_0^{\pi}\mathrm{d}\varphi\int_0^R\rho^4\sin\varphi\mathrm{d}\rho=-\frac{12}{5}\pi R^5.$$

二、斯托克斯公式

定理 2 设 Γ 为分段光滑的空间有向闭曲线，Σ 是以 Γ 为边界的分片光滑的有向曲面，Γ 的正向与 Σ 的侧符合右手规则，函数 $P(x,y,z)$、$Q(x,y,z)$、$R(x,y,z)$ 在曲面 Σ(连同边界)上具有一阶连续偏导数，则有

$$\iint\limits_{\Sigma}\left(\frac{\partial R}{\partial y}-\frac{\partial Q}{\partial z}\right)\mathrm{d}y\mathrm{d}z+\left(\frac{\partial P}{\partial z}-\frac{\partial R}{\partial x}\right)\mathrm{d}z\mathrm{d}x+\left(\frac{\partial Q}{\partial x}-\frac{\partial P}{\partial y}\right)\mathrm{d}x\mathrm{d}y=\oint_{\Gamma}P\mathrm{d}x+Q\mathrm{d}y+R\mathrm{d}z. \tag{32}$$

公式(32)称为斯托克斯公式.

证 略.

简单记忆法：$\iint\limits_{\Sigma}\begin{vmatrix}\mathrm{d}y\mathrm{d}z & \mathrm{d}z\mathrm{d}x & \mathrm{d}x\mathrm{d}y\\ \frac{\partial}{\partial x} & \frac{\partial}{\partial y} & \frac{\partial}{\partial z}\\ P & Q & R\end{vmatrix}=\oint_{\Gamma}P\mathrm{d}x+Q\mathrm{d}y+R\mathrm{d}z$，

例 4 利用斯托克斯公式计算曲线积分 $\oint_{\Gamma}z\mathrm{d}x+x\mathrm{d}y+y\mathrm{d}z$，其中 Γ 为平面 $x+y+z=1$ 被三个坐标面所截成的三角形的整个边界，它的正向与这个三角形上侧的法向量之间符合右手规则.

解 设 Σ 为闭曲线 Γ 所围成的三角形平面，Σ 在 yOz 面、zOx 面和 xOy 面上的投影区域分别为 D_{yz}、D_{zx} 和 D_{xy}，按斯托克斯公式，有

$$\begin{aligned}\oint_{\Gamma}z\mathrm{d}x+x\mathrm{d}y+y\mathrm{d}z&=\iint\limits_{\Sigma}\begin{vmatrix}\mathrm{d}y\mathrm{d}z & \mathrm{d}z\mathrm{d}x & \mathrm{d}x\mathrm{d}y\\ \frac{\partial}{\partial x} & \frac{\partial}{\partial y} & \frac{\partial}{\partial z}\\ z & x & y\end{vmatrix}\\&=\iint\limits_{\Sigma}\mathrm{d}y\mathrm{d}z+\mathrm{d}z\mathrm{d}x+\mathrm{d}x\mathrm{d}y=\iint\limits_{D_{yz}}\mathrm{d}y\mathrm{d}z+\iint\limits_{D_{zx}}\mathrm{d}z\mathrm{d}x+\iint\limits_{D_{xy}}\mathrm{d}x\mathrm{d}y\\&=3\iint\limits_{D_{xy}}\mathrm{d}x\mathrm{d}y=\frac{3}{2}.\end{aligned}$$

例 5 利用斯托克斯公式计算曲线积分

$$I=\oint_{\Gamma}(y^2-z^2)\mathrm{d}x+(z^2-x^2)\mathrm{d}y+(x^2-y^2)\mathrm{d}z,$$

其中 Γ 是用平面 $x+y+z=\frac{3}{2}$ 截立方体：$0\leqslant x\leqslant 1$，$0\leqslant y\leqslant 1$，$0\leqslant z\leqslant 1$ 的表面所得的截痕，若

从 x 轴的正向看去，取逆时针方向.

解 取 Σ 为平面 $x+y+z=\frac{3}{2}$ 的上侧被 Γ 所围成的部分，Σ 的单位法向量 $\boldsymbol{n}=\frac{1}{\sqrt{3}}(1,1,1)$，即 $\cos\alpha=\cos\beta=\cos\gamma=\frac{1}{\sqrt{3}}$.按斯托克斯公式，有

$$I=\iint_{\Sigma}\begin{vmatrix}\frac{1}{\sqrt{3}} & \frac{1}{\sqrt{3}} & \frac{1}{\sqrt{3}}\\ \frac{\partial}{\partial x} & \frac{\partial}{\partial y} & \frac{\partial}{\partial z}\\ y^2-x^2 & z^2-x^2 & x^2-y^2\end{vmatrix}\mathrm{d}S=-\frac{4}{\sqrt{3}}\iint_{\Sigma}(x+y+z)\mathrm{d}S.$$

$$=-\frac{4}{\sqrt{3}}\cdot\frac{3}{2}\iint_{\Sigma}\mathrm{d}S=-2\sqrt{3}\iint_{D_{xy}}\sqrt{3}\mathrm{d}x\mathrm{d}y,$$

其中 D_{xy} 为 Σ 在 xOy 平面上的投影区域，于是

$$I=-6\iint_{D_{xy}}\mathrm{d}x\mathrm{d}y=-6\cdot\frac{3}{4}=-\frac{9}{2}.$$

习题 8—5

1. 计算 $\iint_{\Sigma}x\mathrm{d}y\mathrm{d}z+y\mathrm{d}z\mathrm{d}x+z\mathrm{d}x\mathrm{d}y$，其中 Σ 是曲面 $z=x^2+y^2$ 在第一卦限中 $0\leqslant z\leqslant 1$ 部分的下侧.

2. 计算 $\oiint_{\Sigma}y(x-z)\mathrm{d}y\mathrm{d}z+x^2\mathrm{d}z\mathrm{d}x+(y^2+xz)\mathrm{d}x\mathrm{d}y$，$\Sigma$ 为正方体 Ω 的表面并取外侧，其中

$$\Omega=\{(x,y,z)\mid 0\leqslant x\leqslant a,0\leqslant y\leqslant a,0\leqslant z\leqslant a\}.$$

3. 计算 $\oiint_{\Sigma}(x^2\cos\alpha+y^2\cos\beta+z^2\cos\gamma)\mathrm{d}S$，其中 Σ 是由 $x^2+y^2=z^2$ 及 $z=h(h>0)$ 所围成的闭曲面的外侧，$\cos\alpha,\cos\beta,\cos\gamma$ 是此曲面的外法线的方向余弦.

4. 计算 $\oint_L(2y+z)\mathrm{d}x+(x-z)\mathrm{d}y+(y-z)\mathrm{d}z$，其中 L 为平面 $x+y+z=1$ 与各坐标面的交线，取逆时针方向为正向.

5. 计算 $\oint_L(z-y)\mathrm{d}x+(x-z)\mathrm{d}y+(y-x)\mathrm{d}z$，其中 L 是从 $(a,0,0)$ 经 $(0,a,0)$ 和 $(0,0,a)$ 回到 $(a,0,0)$ 的三角形.

第六节　场论初步

在许多科学技术问题中，常常要考虑某种物理量(如温度、密度、电势、力、速度)在空间的分布和变化规律. 这时需要引入场的概念. 如果在全部空间或部分空间里的每一点，都对

应着某个物理量的一个确定的值，就说在这空间里确定了该物理量的一个场.

场是用空间位置函数 $u(x,y,z)$ 来表征的. 在物理学中，经常要研究某种物理量在空间的分布和变化规律. 如果物理量是标量，并且空间每一点 $M(x,y,z)$ 都对应着该物理量的一个确定数值 $u(x,y,z)$，则称此空间为**标量场**. 如：电势场、温度场等. 如果物理量是矢量，且空间每一点都存在着它的大小和方向，则称此空间为**矢量场**. 如：电场、速度场等. 若场中各点物理量不随时间变化，称为**稳定场**，否则，称为**不稳定场**.

下面介绍几个常见的场.

一、梯度场

设数量场 $u(x,y,z)$ 在空间 V 上有定义，点 $P(x,y,z)\in V$，且函数 $u(x,y,z)$ 在 V 上存在一阶偏导数，则称向量 $\left(\frac{\partial u}{\partial x},\frac{\partial u}{\partial y},\frac{\partial u}{\partial z}\right)=\frac{\partial u}{\partial x}\boldsymbol{i}+\frac{\partial u}{\partial y}\boldsymbol{j}+\frac{\partial u}{\partial z}\boldsymbol{k}$ 为数量场 $u(x,y,z)$ 在点 P 的**梯度**，记为 $\mathrm{grad}u$，即 $\mathrm{grad}u=\frac{\partial u}{\partial x}\boldsymbol{i}+\frac{\partial u}{\partial y}\boldsymbol{j}+\frac{\partial u}{\partial z}\boldsymbol{k}=\left(\frac{\partial u}{\partial x},\frac{\partial u}{\partial y},\frac{\partial u}{\partial z}\right)$. 若引入哈密顿算子 $\nabla=\left(\frac{\partial}{\partial x},\frac{\partial}{\partial y},\frac{\partial}{\partial z}\right)$，梯度也可写成 $\mathrm{grad}u=\nabla u$. 由梯度给出的向量场称为**梯度场**.

例 1　设质量为 m 的质点位于原点，质量为 1 的质点位于 $M(x,y,z)$，记 $OM=r=\sqrt{x^2+y^2+z^2}$，求 $\frac{m}{r}$ 的梯度.

解　$\nabla\frac{m}{r}=-\frac{m}{r^2}\left(\frac{x}{r},\frac{y}{r},\frac{z}{r}\right)$

若以 r_0 表示 $\overrightarrow{OM}$ 上的单位向量，则有 $\nabla\frac{m}{r}=-\frac{m}{r^2}r_0$.

它表示两质点间的引力，方向朝着原点，大小与质量的乘积成比例，与两点间的距离的平方成反比.

二、散度场

在分析和描绘矢量场的性质时，矢量场穿过一个曲面的通量是一个重要的基本概念，矢量场穿过闭合曲面的通量是一个积分量，不能反映场域内每一点的通量特性，而散度则表示在某点处的单位体积内散发出来的通量.

1. 散度的定义

设某量场 $\boldsymbol{F}$ 由

$$\boldsymbol{F}(x,y,z)=P(x,y,z)\boldsymbol{i}+Q(x,y,z)\boldsymbol{j}+R(x,y,z)\boldsymbol{k}$$

给出，其中 P、Q、R 具有一阶连续偏导数，Σ 是场内的一片有向曲面，$\boldsymbol{n}$ 是 Σ 在点 (x,y,z) 处的单位法向量，则 $\iint\limits_{\Sigma}\boldsymbol{F}\cdot\boldsymbol{n}\mathrm{d}S$ 叫做向量场通过曲面 Σ 向着指定侧的通量(或流量)，而 $\frac{\partial P}{\partial x}+\frac{\partial Q}{\partial y}+\frac{\partial R}{\partial z}$ 叫做**向量场 $\boldsymbol{F}$ 的散度**，记作 $\mathrm{div}\boldsymbol{F}$ 或 $\nabla\cdot\boldsymbol{F}$，即 $\mathrm{div}\boldsymbol{F}=\nabla\cdot F=\frac{\partial P}{\partial x}+\frac{\partial Q}{\partial y}+\frac{\partial R}{\partial z}$.

2. 散度的计算

散度在直角坐标系中的表达式为

$$\mathrm{div}\boldsymbol{F}=\lim_{\Delta V\to 0}\frac{\oiint_{\Sigma}\boldsymbol{F}\cdot \mathrm{d}S}{\Delta V}=\frac{\partial F_x}{\partial x}+\frac{\partial F_y}{\partial y}+\frac{\partial F_z}{\partial z}$$

引入哈密顿算子∇,可将 $\mathrm{div}\boldsymbol{F}$ 表示为

$$\mathrm{div}\boldsymbol{F}=\left(e_x\frac{\partial}{\partial x}+e_y\frac{\partial}{\partial y}+e_z\frac{\partial}{\partial z}\right)\cdot(e_xF_x+e_yF_y+e_zF_z)=\nabla\cdot\boldsymbol{F}$$

例 2 求例 1 中 $F=-\frac{m}{r^2}\left(\frac{x}{r},\frac{y}{r},\frac{z}{r}\right)$所产生的散度场.

解 因为 $r^2=x^2+y^2+z^2$,所以 $F=-\frac{m}{(x^2+y^2+z^2)^{3/2}}(x,y,z)$

$$\nabla\cdot F=-m\left[\frac{\partial}{\partial x}\left(\frac{x}{(x^2+y^2+z^2)^{3/2}}\right)+\frac{\partial}{\partial y}\left(\frac{y}{(x^2+y^2+z^2)^{3/2}}\right)+\frac{\partial}{\partial z}\left(\frac{z}{(x^2+y^2+z^2)^{3/2}}\right)\right]$$
$$=0.$$

三、旋度场

由于矢量场在某点的环流面密度与面元的法线方向有关,因此,在矢量场中,一个给定的点沿不同方向,其环流面密度的值一般是不同的.在某一个确定的方向上,环流面密度可能取得最大值,为了描述这个问题,我们引入了旋度的概念.

1. 旋度的定义

设有向量场

$$\boldsymbol{A}(x,y,z)=P(x,y,z)\boldsymbol{i}+Q(x,y,z)\boldsymbol{j}+R(x,y,z)\boldsymbol{k},$$

在坐标上的投影分别为

$$\frac{\partial R}{\partial y}-\frac{\partial Q}{\partial z},\frac{\partial P}{\partial z}-\frac{\partial R}{\partial x},\frac{\partial Q}{\partial x}-\frac{\partial P}{\partial y}$$

的向量叫做向量场 **A** 的**旋度**,记作 $\mathrm{rot}\boldsymbol{A}$ 或 $\mathrm{curl}\boldsymbol{A}$,即

$$\mathrm{rot}\boldsymbol{A}=\nabla\times\boldsymbol{A}=\left(\frac{\partial R}{\partial y}-\frac{\partial Q}{\partial z}\right)\boldsymbol{i}+\left(\frac{\partial P}{\partial z}-\frac{\partial R}{\partial x}\right)\boldsymbol{j}+\left(\frac{\partial Q}{\partial x}-\frac{\partial P}{\partial y}\right)\boldsymbol{k},$$

旋度 $\mathrm{rot}\boldsymbol{A}$ 的表达式可以用行列式记号形式表示:

$$\mathrm{rot}\boldsymbol{A}=\nabla\times\boldsymbol{A}=\begin{vmatrix}\boldsymbol{i} & \boldsymbol{j} & \boldsymbol{k}\\ \frac{\partial}{\partial x} & \frac{\partial}{\partial y} & \frac{\partial}{\partial z}\\ P & Q & R\end{vmatrix}.$$

2. 旋度的计算

旋度的定义与坐标系无关,但旋度的具体表达式与坐标系有关.在直角坐标系中旋度的表达式为

$$\nabla\times\boldsymbol{F}=(e_x\frac{\partial}{\partial x}+e_y\frac{\partial}{\partial y}+e_z\frac{\partial}{\partial z})\times(e_xF_x+e_yF_y+e_zF_z)$$

或写成

$$\nabla\times\boldsymbol{F}=\begin{vmatrix}e_x & e_y & e_z\\ \frac{\partial}{\partial x} & \frac{\partial}{\partial y} & \frac{\partial}{\partial z}\\ F_x & F_y & F_z\end{vmatrix}.$$

习题 8—6

1. 若 $r=\sqrt{x^2+y^2+z^2}$，计算 $\nabla r,\nabla r^2,\nabla\frac{1}{r},\nabla f(r)$.

2. 计算下列向量场 A 的散度和旋度.

(1)$A=(y^2+z^2,x^2+z^2,x^2+y^2)$；

(2)$A=(x^2yz,xy^2z,xyz^2)$；

(3)$A=\left(\frac{x}{yz},\frac{y}{xz},\frac{z}{xy}\right)$.

3. 求下列向量的散度：

(1)$\vec{A}=(x^2+yz)\boldsymbol{i}+(y^2+xz)\boldsymbol{j}+(z^2+xy)\boldsymbol{k}$；

(2)$\vec{A}=e^{xy}\boldsymbol{i}+\cos(xy)\boldsymbol{j}+\cos(xz^2)\boldsymbol{k}$.

4. 求下列向量场 $\vec{A}$ 的旋度：

(1)$\vec{A}=(2z-3y)\boldsymbol{i}+(3x-z)\boldsymbol{j}+(y-2x)\boldsymbol{k}$；

(2)$\vec{A}=(z+\sin y)\boldsymbol{i}-(z-x\cos y)\boldsymbol{j}$.

第七节　曲线积分和曲面积分的应用举例

曲线积分和曲面积分在几何和物理中有很多应用，下面简单介绍一下曲线积分和曲面积分的应用，并举几个例子.

一、第一类曲线积分的应用

(1)曲线 Γ 的长 $s=\int_\Gamma \mathrm{d}s$；

(2)若空间曲线形物体的线密度为 $f(x,y,z)$，$(x,y,z)\in\Gamma$，则其质量 $M=\int_\Gamma f(x,y,z)\mathrm{d}s$；

质心坐标为 $(\bar{x},\bar{y},\bar{z})$，其中 $\bar{x}=\frac{\int_\Gamma xf(x,y,z)\mathrm{d}s}{M}$，$\bar{y}=\frac{\int_\Gamma yf(x,y,z)\mathrm{d}s}{M}$，$\bar{z}=\frac{\int_\Gamma zf(x,y,z)\mathrm{d}s}{M}$；

对 x 轴的转动惯量 $I_x=\int_\Gamma (y^2+z^2)f(x,y,z)\mathrm{d}s$

例 1　利用线积分计算星形线 $x=a\cos^3 t,y=a\sin^3 t$ 所围成图形的面积.

解　$$A=\frac{1}{2}\int_L x\mathrm{d}y-y\mathrm{d}x$$

$$=\frac{1}{2}\int_0^{2\pi}[a\cos^3 t\cdot 3a\sin^2 t\cos t-a\sin^3 t\cdot 3a\cos^2 t(-\sin t)]\mathrm{d}t$$

$$=\frac{3a^2}{2}\int_0^{2\pi}\cos^2t\cdot\sin^2t\mathrm{d}t=\frac{3a^2}{16}\int_0^{2\pi}(1-\cos4t)\mathrm{d}t=\frac{3}{8}\pi a^2.$$

例 2 设在 xoy 面内有一分布着质量的曲线 L,在点 (x,y) 处它的线密度为 $\mu(x,y)$,试用对弧长的曲线积分分别表达:

(1)这条曲线弧对 x 轴,y 轴的转动惯量 I_x,I_y;

(2)这条曲线弧的质心坐标 $\bar{x},\bar{y}$.

解 (1) $I_x=\int_L\mu y^2\mathrm{d}s,\qquad I_y=\int_L\mu x^2\mathrm{d}s.$

(2) $\bar{x}=\dfrac{\int_L x\mu(x,y)\mathrm{d}s}{\int_L\mu(x,y)\mathrm{d}s},\qquad \bar{y}=\dfrac{\int_L y\mu(x,y)\mathrm{d}s}{\int_L\mu(x,y)\mathrm{d}s}.$

例 3 求均匀曲面 Σ: $z=\sqrt{a^2-x^2-y^2}$ 的重心坐标.

解 已知 Σ 是中心在原点,半径为 a 的上半球面. 由于 Σ 关于坐标面 yoz,zox 均对称,故有 $\bar{x}=0,\bar{y}=0.$

设 Σ 的面密度为 ρ,Σ 的质量为 $M=2\pi\rho a^2$. $\bar{z}=\dfrac{1}{M}\iint\limits_{\Sigma}\rho z\mathrm{d}s.$

曲面 Σ 在坐标面 xOy 上的投影 D_{xy}:$x^2+y^2\leqslant a^2$,则

$$\begin{aligned}\bar{z}&=\frac{1}{M}\iint\limits_{\Sigma}\rho z\mathrm{d}s=\frac{1}{2\pi\rho a^2}\iint\limits_{D_{xy}}\rho\sqrt{a^2-x^2-y^2}\cdot\sqrt{1+z_x^2+z_y^2}\mathrm{d}x\mathrm{d}y\\&=\frac{1}{2\pi\rho a^2}\iint\limits_{D_{xy}}\rho\sqrt{a^2-x^2-y^2}\cdot\sqrt{1+\frac{x^2+y^2}{a^2-x^2-y^2}}\mathrm{d}x\mathrm{d}y\\&=\frac{1}{2\pi\rho a^2}\iint\limits_{D_{xy}}\rho\sqrt{a^2-x^2-y^2}\cdot\sqrt{\frac{a^2}{a^2-x^2-y^2}}\mathrm{d}x\mathrm{d}y\\&=\frac{1}{2\pi a^2}\iint\limits_{D_{xy}}a\mathrm{d}x\mathrm{d}y=\frac{1}{2}a\end{aligned}$$

所以曲面 Σ 的重心坐标为:$\left(0,0,\frac{1}{2}a\right)$.

例 4 求抛物面壳 $z=\frac{1}{2}(x^2+y^2)(0\leqslant z\leqslant1)$ 的质量,此壳的面密度为 $\mu=z$.

解 $$M=\iint\limits_{\Sigma}z\mathrm{d}s=\iint\limits_{D_{xy}}\frac{1}{2}(x^2+y^2)\sqrt{1+x^2+y^2}\mathrm{d}x\mathrm{d}y=\frac{1}{2}\int_0^{2\pi}\mathrm{d}\theta\int_0^{\sqrt{2}}\rho^2\sqrt{1+\rho^2}\rho\mathrm{d}\rho$$

$$=\frac{2\pi(3\sqrt{3}+1)}{15}.$$

二、功的应用

若一质点从点 A 沿光滑曲线(或分断光滑曲线)Γ 移动到点 B,在移动过程中,这质点受到力 $\boldsymbol{F}=P(x,y,z)\boldsymbol{i}+Q(x,y,z)\boldsymbol{j}+R(x,y,z)\boldsymbol{k}$,则该力所做的功

$$W=\int_\Gamma\boldsymbol{F}\cdot\mathrm{d}\boldsymbol{r}=\int_\Gamma P(x,y,z)\mathrm{d}x+Q(x,y,z)\mathrm{d}y+R(x,y,z)\mathrm{d}z$$

例 5　已知力场 $\boldsymbol{F}=yz\boldsymbol{i}+zx\boldsymbol{j}+xy\boldsymbol{k}$，问质点从原点沿直线移动到曲面$\frac{x^2}{a^2}+\frac{y^2}{b^2}+\frac{z^2}{c^2}=1$在第一卦限部分上的哪一点做的功最大？并求出最大功.

解　设所求点(x_0,y_0,z_0)在椭球面上，原点到该点的直线的参数方程 Γ：$x=x_0t$，$y=y_0t$，$z=z_0t$，t 从 0 到 1.

$$\begin{aligned}W &= \int_{\Gamma} yz\mathrm{d}x + zx\mathrm{d}y + xy\mathrm{d}z \\ &= \int_0^1 (y_0z_0t^2 \cdot x_0 + z_0x_0t^2 \cdot y_0 + x_0y_0t^2 \cdot z_0)\mathrm{d}t \\ &= 3x_0y_0z_0\int_0^1 t^2\mathrm{d}t = x_0y_0z_0.\end{aligned}$$

求最大功的问题，实际上就是求 $W=xyz$ 在条件$\frac{x^2}{a^2}+\frac{y^2}{b^2}+\frac{z^2}{c^2}=1$下的极值问题.

设 $F(x,y,z,\lambda)=xyz+\lambda\left(\frac{x^2}{a^2}+\frac{y^2}{b^2}+\frac{z^2}{c^2}-1\right)$，分别对 x,y,z,λ 求偏导，并令偏导数等于0，得

$$F_x=yz+2\lambda\frac{x}{a^2}=0,\quad (1),\qquad F_y=xz+2\lambda\frac{y}{b^2}=0,\quad (2)$$

$$F_z=xy+2\lambda\frac{z}{c^2}=0,\quad (3),\qquad \frac{x^2}{a^2}+\frac{y^2}{b^2}+\frac{z^2}{c^2}=1,\quad (4)$$

(1)×x−(2)×y，得　$2\lambda\left(\frac{x^2}{a^2}-\frac{y^2}{b^2}\right)=0.$

当 $\lambda=0$ 时，解得(x,y,z)为：$(0,0,\pm c)$或$(0,\pm b,0)$或$(\pm a,0,0)$；

当 $\lambda\neq0$ 时，解得　$\frac{x^2}{a^2}=\frac{y^2}{b^2}.$

(2)×y−(3)×z，得　$2\lambda\left(\frac{y^2}{b^2}-\frac{z^2}{a^2}\right)=0.$

解得　$\frac{y^2}{b^2}=\frac{z^2}{c^2}.$

于是有　$\frac{x^2}{a^2}=\frac{y^2}{b^2}=\frac{z^2}{c^2}.$　　(5)

(5)代入(4)，得　$x=\frac{a}{\sqrt{3}},y=\frac{b}{\sqrt{3}},z=\frac{c}{\sqrt{3}}.$

由问题的实际意义知 $W_{\max}=\frac{\sqrt{3}}{9}abc$，即质点从原点沿直线 Γ 移动到曲面$\frac{x^2}{a^2}+\frac{y^2}{b^2}+\frac{z^2}{c^2}=1$在第一卦限部分上的点$\left(\frac{a}{\sqrt{3}},\frac{b}{\sqrt{3}},\frac{c}{\sqrt{3}}\right)$做的功最大，且最大功为 $W_{\max}=\frac{\sqrt{3}}{9}abc.$

例 6　若球面上每点的面密度等于该点到球的某一定直径的距离的平方. 求球面的质量.

解　选球心为坐标原点，定直线为 Oz 轴，则面密度为 $\rho=(\sqrt{x^2+y^2})^2=x^2+y^2$.

于是球的质量为 $M=2\iint\limits_S(x^2+y^2)\mathrm{d}s$，其中 S 的方程是：$Z=\sqrt{a^2-x^2-y^2}$，

它在 xOy 面投影区域 D_{xy}：$x^2+y^2\leqslant a^2$，故

$$M=2\iint_S(x^2+y^2)\mathrm{d}s=M=2\iint_{D_{xy}}(x^2+y^2)\frac{a}{\sqrt{a^2-x^2-y^2}}\mathrm{d}x\mathrm{d}y=\frac{8}{3}\pi a^4.$$

例 7　一半径为 R 的半球面 $Z=\sqrt{R^2-x^2-y^2}$ 被柱面 $x^2+y^2=Rx$ 所截部分的曲面面积.

解　曲面 S 的方程是：$Z=\sqrt{R^2-x^2-y^2}$，它在 xOy 面投影区域 D_{xy}：

$$(x-\frac{R}{2})^2+y^2\leqslant\frac{R^2}{4},$$

所以 $S=\iint_S\mathrm{d}s=\iint_{D_{xy}}\frac{R}{\sqrt{R^2-x^2-y^2}}\mathrm{d}x\mathrm{d}y$

$$=\int_{-\frac{\pi}{2}}^{\frac{\pi}{2}}\mathrm{d}\theta\int_0^{R\cos\theta}\frac{Rr\,\mathrm{d}r}{\sqrt{R^2-r^2}}=(\pi-2)R^2.$$

习题 8—7

1. 利用曲线积分计算闭曲线 $x=\cos t, y=\sin^3 t$ 所围成的图形的面积.

2. 一力场由沿横轴正方向的常力 F 所构成，试求当一质量为 m 的质点沿圆周 $x^2+y^2=R^2$ 按逆时针方向移过位于第一象限的那一段弧时场力所做的功.

3. 有一段铁丝成半圆 $x=a\cos t, y=a\sin t, 0\leqslant t\leqslant\pi$，其上每一点的密度等于该点的纵坐标，求铁丝的质量.

4. 求密度为 μ 的均匀半球壳 $Z=\sqrt{a^2-x^2-y^2}$ 对于 z 轴的转动惯量.

5. 如果曲线 $x=e^t\cos t, y=e^t\sin t, z=e^t$ 弧上每点的密度与该点矢径平方成反比，且在点 $(1,0,1)$ 处为 1，求曲线从对应于 $t=0$ 的点到任意点 $t=t_0$ 的一段弧的质量($t_0>0$).

总复习题八

1. 计算曲线积分：

(1) $\oint_L\sqrt{x^2+y^2}\mathrm{d}s$，其中 L 为圆周 $x^2+y^2=ax$；

(2) $\int_L z\mathrm{d}s$，其中 Γ 为曲线 $x=t\cos t, y=t\sin t, z=t(0\leqslant t\leqslant t_0)$；

(3) $\int_L(2a-y)\mathrm{d}x+x\mathrm{d}y$，其中 L 为摆线 $x=a(t-\sin t), y=a(1-\cos t)$ 上对应 t 从 0 到 2π 的一段弧；

(4) $\int_\Gamma(y^2-z^2)\mathrm{d}x+2yz\mathrm{d}y-x^2\mathrm{d}z$，其中 Γ 是曲线 $x=t, y=t^2, z=t^3$ 上由 $t_1=0$ 到 $t_2=1$ 的一段弧；

(5) $\int_L(e^x\sin y-2y)\mathrm{d}x+(e^x\cos y-2)\mathrm{d}y$，其中 L 为上半圆周 $(x-a)^2+y^2=a^2, y\geqslant0$ 沿

逆时针方向.

2. 计算对弧长的曲线积分：$\int_L (2x+3y+4)\mathrm{d}s$，其中 L 为圆周 $x^2+y^2=1$ 在第一象限的部分.

3. 计算 $\oint_L (x+y)\mathrm{d}s$，其中 L 是以 $O(0,0)$，$A(1,0)$，$B(0,1)$ 为顶点的三角形的周界.

4. 设 $f(x,y)$ 在区域 D：$\frac{x^2}{4}+y^2\leqslant 1$ 上具有连续的二阶偏导数，L 为 $\frac{x^2}{4}+y^2=1$ 的顺时针方向，计算对坐标的曲线积分：$\oint_L [-3y+f'_x(x,y)]\mathrm{d}x+f'_y(x,y)\mathrm{d}y$.

5. 计算 $\int_L (x^2+y^2)\mathrm{d}x+(x^2-y^2)\mathrm{d}y$，其中 L 为沿曲线 $y=1-|1-x|$ 从点 $O(0,0)$ 到 $B(2,0)$ 一段.

6. 计算 $I=\int_C \frac{x\mathrm{d}y-y\mathrm{d}x}{x^2+y^2}$，其中 C 是沿曲线 $x^2=2(y+2)$ 从点 $A(-2\sqrt{2},2)$ 到点 $B(2\sqrt{2},2)$ 的一段.

7. 设曲线积分 $\int_L xy^2\mathrm{d}x+y\varphi(x)\mathrm{d}y$ 在全平面上与路径无关，其中 $\varphi(x)(-\infty<x<\infty)$ 具有一阶连续导数，且 $\varphi(0)=0$，计算 $\int_{(0,0)}^{(1,1)} xy^2\mathrm{d}x+y\varphi(x)\mathrm{d}y$.

8. 计算曲面积分：

(1) $\iint\limits_{\Sigma} \frac{\mathrm{d}S}{x^2+y^2+z^2}$，其中 Σ 是介于平面 $z=0$ 及 $z=H$ 之间的圆柱面 $x^2+y^2=R^2$；

(2) $\iint\limits_{\Sigma} (y^2-z)\mathrm{d}y\mathrm{d}z+(z^2-x)\mathrm{d}z\mathrm{d}x+(x^2-y)\mathrm{d}x\mathrm{d}y$，其中 Σ 为锥面 $z=\sqrt{x^2+y^2}\,(0\leqslant z\leqslant h)$ 的外侧；

(3) $\iint\limits_{\Sigma} x\mathrm{d}y\mathrm{d}z+y\mathrm{d}z\mathrm{d}x+z\mathrm{d}x\mathrm{d}y$，其中 Σ 为半球面 $z=\sqrt{R-x^2-y^2}$ 的上侧；

(4) $\iint\limits_{\Sigma} \frac{x\mathrm{d}y\mathrm{d}z+y\mathrm{d}z\mathrm{d}x+z\mathrm{d}x\mathrm{d}y}{\sqrt{(x^2+y^2+z^2)^3}}$，其中 Σ 为曲面 $1-\frac{z}{5}=\frac{(x-2)^2}{16}+\frac{(y-1)^2}{9}\,(z\geqslant 0)$ 的上侧；

(5) $\iint\limits_{\Sigma} xyz\,\mathrm{d}x\mathrm{d}y$，其中 Σ 为球面 $x^2+y^2+z^2=1\,(x\geqslant 0,y\geqslant 0)$ 外侧.

9. 设 Σ_1 为 $\begin{cases} x^2+y^2\leqslant a^2 \\ z=0 \end{cases}$ 的下侧，而 Σ_2 是上半球面 $z=\sqrt{a^2-x^2-y^2}$ 的上侧 $(a>0)$，试计算对坐标的曲面积：

(1) $I_1=\iint\limits_{\Sigma_1} ax\mathrm{d}y\mathrm{d}z+(z+a)^2\mathrm{d}x\mathrm{d}y$；

(2) $I_2=\oiint\limits_{\Sigma_1+\Sigma_2} ax\mathrm{d}y\mathrm{d}z+(z+a)^2\mathrm{d}x\mathrm{d}y$；

(3) $I_3=\iint\limits_{\Sigma_2} ax\,\mathrm{d}y\mathrm{d}z+(z+a)^2\,\mathrm{d}x\mathrm{d}y.$

10. 证明$\dfrac{x\mathrm{d}x+y\mathrm{d}y}{x^2+y^2}$在整个 xoy 平面除去 y 的负半轴及原点的区域G 内是某个二元函数的全微分,并求出一个这样的二元函数.

11. 计算$\oint_{\Gamma}(2y+z)\mathrm{d}x+(x-z)\mathrm{d}y+(y-x)\mathrm{d}z$,其中 Γ 为平面 $x+y+z=1$ 与各坐标面的交线,从 z 轴正向看取逆时针方向.

12. 求均匀曲面 $z=\sqrt{a^2-x^2-y^2}$的质心的坐标.

13. 一质点在力:$\boldsymbol{f}=(x^2+y^2)^m(y\boldsymbol{i}-x\boldsymbol{j})$的作用下,在 $y>0$ 内运动,所做的功 W 与路径无关. 试求:

(1)常数 m 的值;

(2)质点沿点 $A(0,1)$到点 $B(1,2)$的任一路径,所做的功 W;

(3)在 $y>0$ 内,使 $du=(x^2+y^2)^m(y\mathrm{d}x-x\mathrm{d}y)$的二元函数 $u=u(x,y)$.

14. 已知一曲面壳 Σ 是柱面 $x^2+y^2=a^2$ 在 $0\leqslant z\leqslant h$ 之间的部分($h>0$),Σ 上任一点 $M(x,y)$处的密度为 $\rho(x,y,z)=4x^2+3y^2+1$,试求 Σ 的质量M.

15. 计算$\iint\limits_{\Sigma}\left(z+2x+\dfrac{4}{3}y\right)\mathrm{d}S$,其中 Σ 为平面$\dfrac{x}{2}+\dfrac{y}{3}+\dfrac{z}{4}=1$ 在第一卦限中的部分.

16. 设 $f(u)$具有连续导函数,计算曲面积分

$I=\oint\!\!\!\oint\limits_{\Sigma} x^3\mathrm{d}y\mathrm{d}z+\left[\dfrac{1}{z}f\left(\dfrac{y}{z}\right)+y^3\right]\mathrm{d}z\mathrm{d}x+\left[\dfrac{1}{y}f\left(\dfrac{y}{z}\right)+z^3\right]\mathrm{d}x\mathrm{d}y$,其中 Σ 为 $x>0$ 的锥面 $x^2=y^2+z^2$ 与球面 $x^2+y^2+z^2=1$,$x^2+y^2+z^2=4$ 所围成立体表面的外侧.

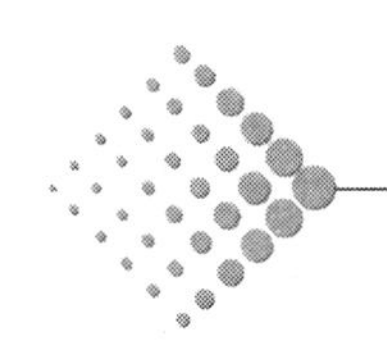

第九章

无穷级数

无穷级数的本质在于对无穷项求和，即对一个数列所有项求和. 它是表示函数、研究函数的性质以及进行数值计算的一种工具. 无穷级数分为常数项级数和函数项级数，常数项级数是函数项级数的特殊情况，是函数项级数的基础.

第一节　常数项级数的概念与性质

一、常数项级数的概念

设给定一个无穷数列 $u_1, u_2, u_3, \cdots, u_n, \cdots$，则表达式

$$u_1+u_2+u_3+\cdots+u_n+\cdots \tag{1}$$

称为**(常数项)无穷级数**，简称**(常数项)级数**，记为 $\sum_{n=1}^{\infty} u_n$，即

$$\sum_{n=1}^{\infty} u_n = u_1+u_2+u_3+\cdots+u_n+\cdots,$$

其中第 n 项 u_n 称为级数的**一般项**或**通项**.

例如，$\sum_{n=1}^{\infty}(2n-1)=1+3+5+\cdots+(2n-1)+\cdots$；

$$\sum_{n=1}^{\infty}(-1)^n=-1+1-1+\cdots+(-1)^n+\cdots;$$

$$\sum_{n=1}^{\infty}\frac{1}{n^p}=1+\frac{1}{2^p}+\frac{1}{3^p}+\cdots+\frac{1}{n^p}+\cdots.$$

都是常数项级数.

等差数列各项的和 $\sum\limits_{n=1}^{\infty}[a_1+(n-1)d]$ 称为算术级数.

等比数列各项的和 $\sum\limits_{n=1}^{\infty}a_1q^{n-1}$ 称为等比级数,也称为几何级数.

级数 $\sum\limits_{n=1}^{\infty}\frac{1}{n^p}$ 称为 p-级数,当 $p=1$ 时,称为调和级数.

设级数(1)的前 n 项和为

$$s_n=\sum_{k=1}^{n}u_k=u_1+u_2+\cdots+u_n.$$

称 s_n 为级数(1)的**部分和**.

当 n 依次取 1,2,3,…时,得到一个新的数列

$$s_1=u_1,s_2=u_1+u_2,\cdots,s_n=u_1+u_2+\cdots+u_n,\cdots$$

数列$\{s_n\}$称为级数 $\sum\limits_{n=1}^{\infty}u_n$ 的部分和数列.

定义 1 如果级数 $\sum\limits_{n=1}^{\infty}u_n$ 的部分和数列$\{s_n\}$有极限 s,即

$$\lim_{n\to\infty}s_n=s(\text{常数}),$$

则称级数 $\sum\limits_{n=1}^{\infty}u_n$ **收敛**,这时极限 s 叫做这级数的**和**,并写成

$$s=u_1+u_2+u_3+\cdots+u_n+\cdots;$$

如果数列$\{s_n\}$没有极限,则称级数 $\sum\limits_{n=1}^{\infty}u_n$ **发散**.

显然,当级数收敛时,其部分和 s_n 是级数的和 s 的近似值,它们之间的差值

$$r_n=s-s_n=u_{n+1}+u_{n+2}+\cdots$$

叫做级数的**余项**.用近似值 s_n 代替和 s 所产生的误差是这个余项的绝对值,即误差是$|r_n|$.

例 1 判别无穷级数 $\sum\limits_{n=1}^{\infty}\frac{1}{n(n+1)}$ 的收敛性.

解 因为

$$s_n=\frac{1}{1\cdot2}+\frac{1}{2\cdot3}+\cdots+\frac{1}{n(n+1)}=(1-\frac{1}{2})+\left(\frac{1}{2}-\frac{1}{3}\right)+\cdots+\left(\frac{1}{n}-\frac{1}{n+1}\right)$$
$$=1-\frac{1}{n+1},$$

$$\lim_{n\to\infty}s_n=\lim_{n\to\infty}\left(1-\frac{1}{n+1}\right)=1.$$

所以这级数收敛,它的和为 1.

例 2 证明级数 $\sum\limits_{n=1}^{\infty}2n$ 是发散的.

证 这级数的部分和为

$$s_n=2+4+6+\cdots+2n=n(n+1).$$

显然,$\lim\limits_{n\to\infty}s_n=\infty$,因此所给级数是发散的.

例3　讨论几何级数 $\sum\limits_{n=1}^{\infty} aq^{n-1}$ 的收敛性，其 $a\neq 0$，q 是公比.

解　如果 $|q|\neq 1$，则部分和

$$s_n=a+aq+\cdots+aq^{n-1}=\frac{a-aq^n}{1-q}=\frac{a}{1-q}-\frac{aq^n}{1-q}.$$

当 $|q|<1$ 时，由于 $\lim\limits_{n\to\infty} q^n=0$，从而 $\lim\limits_{n\to\infty} s_n=\frac{a}{1-q}$，因此级数收敛，其和为 $\frac{a}{1-q}$. 当 $|q|>1$ 时，由于 $\lim\limits_{n\to\infty} q^n=\infty$，从而 $\lim\limits_{n\to\infty} s_n=\infty$，这时级数发散.

如果 $|q|=1$，则当 $q=1$ 时，$s_n=na\to\infty$，因此级数发散；当 $q=-1$ 时，$s_n=\begin{cases}0 & n\text{为偶数}\\ a & n\text{为奇数}\end{cases}$，从而 s_n 的极限不存在，这时级数也发散.

总之，几何级数 $\sum\limits_{n=1}^{\infty} aq^{n-1}$，当 $|q|<1$ 时收敛，$|q|\geqslant 1$ 时发散.

二、收敛级数的性质

由上述级数收敛、发散以及和的定义可知，级数的收敛问题，实际上就是其部分和数列的收敛问题，因此应用数列极限的有关性质，很容易推出常数项级数的下述性质：

性质1　如果级数 $\sum\limits_{n=1}^{\infty} u_n$ 收敛于和 s，则级数 $\sum\limits_{n=1}^{\infty} ku_n$（常数 $k\neq 0$）也收敛，且其和为 ks.

性质2　如果级数 $\sum\limits_{n=1}^{\infty} u_n$、$\sum\limits_{n=1}^{\infty} v_n$ 分别收敛于和 s、σ，则级数 $\sum\limits_{n=1}^{\infty}(u_n\pm v_n)$ 也收敛，且其和为 $s\pm\sigma$.

性质3　在级数中去掉、加上或改变有限项，不会改变级数的收敛性.

性质4　如果级数 $\sum\limits_{n=1}^{\infty} u_n$ 收敛，则对这级数的项任意加括号后所成的级数

$$(u_1+\cdots+u_{n_1})+(u_{n_1+1}+\cdots+u_{n_2})+\cdots+(u_{n_{k-1}+1}+\cdots+u_{n_k})+\cdots \tag{2}$$

仍收敛，且其和不变.

注　一个级数添加括号后收敛，原级数不一定收敛. 例如，级数

$$(1-1)+(1-1)+\cdots$$

收敛于零，但级数

$$1-1+1-1+\cdots$$

却是发散的.

如果加括号后所成的级数发散，则原级数也发散. 事实上，倘若原来级数收敛，则根据性质4知道，加括号后的级数就应该收敛，这是矛盾的.

性质5（级数收敛的必要条件）　如果级数 $\sum\limits_{n=1}^{\infty} u_n$ 收敛，则 $\lim\limits_{n\to\infty} u_n=0$.

证　设级数 $\sum\limits_{n=1}^{\infty} u_n$ 的部分和为 s_n，且 $s_n\to s(n\to\infty)$，则

$$\lim_{n\to\infty} u_n=\lim_{n\to\infty}(s_n-s_{n-1})=\lim_{n\to\infty} s_n-\lim_{n\to\infty} s_{n-1}=s-s=0\ .$$

性质5告诉我们，当考察一个级数是否收敛时，首先应当考察当 $n\to\infty$ 时，这个级数的一

般项 u_n 是否趋于零,如果 u_n 不趋于零,那么立即可以断言,这个级数是发散的. 但要注意,$u_n \to 0(n\to\infty)$的级数不一定收敛,即级数的一般项趋于零,并不是级数收敛的充分条件.

例 4 判定级数 $\sum_{n=1}^{\infty}(-1)^n\frac{n}{n+1}$ 的收敛性.

解 由于 $u_n=(-1)^n\frac{n}{n+1}$ 当 $n\to\infty$时不趋于零,因此级数 $\sum_{n=1}^{\infty}(-1)^n\frac{n}{n+1}$ 是发散的.

例 5 证明调和级数 $\sum_{n=1}^{\infty}\frac{1}{n}$ 是发散的.

证 假设级数 $\sum_{n=1}^{\infty}\frac{1}{n}$ 收敛,设它的部分和为 s_n,且 $s_n\to s(n\to\infty)$. 显然,对级数 $\sum_{n=1}^{\infty}\frac{1}{n}$ 的部分和 s_{2n},也有 $s_{2n}\to s(n\to\infty)$. 于是

$$s_{2n}-s_n\to s-s=0\ (n\to\infty).$$

但另一方面

$$s_{2n}-s_n=\frac{1}{n+1}+\frac{1}{n+2}+\cdots+\frac{1}{2n}>\underbrace{\frac{1}{2n}+\frac{1}{2n}+\cdots+\frac{1}{2n}}_{n\text{项}}=\frac{1}{2}$$

故 $s_{2n}-s_n$ 当 $n\to\infty$时不趋于零,与假设级数 $\sum_{n=1}^{\infty}\frac{1}{n}$ 收敛矛盾. 所以调和级数是发散的.

这说明调和级数 $\sum_{n=1}^{\infty}\frac{1}{n}$,虽然有$\lim\limits_{n\to\infty}u_n=0$,但它是发散的.

习题 9—1

1. 写出下列级数的一般项:

(1)$1+\frac{1}{3}+\frac{1}{5}+\frac{1}{7}+\cdots$;

(2)$-\frac{3}{1}+\frac{4}{4}-\frac{5}{9}+\frac{6}{16}-\frac{7}{25}+\cdots$;

(3)$\frac{1}{1\cdot 4}+\frac{a}{4\cdot 7}+\frac{a^2}{7\cdot 10}+\frac{a^3}{10\cdot 13}+\cdots$;

(4)$\frac{\sqrt{x}}{2}-\frac{x}{4}+\frac{x\sqrt{x}}{6}-\frac{x^2}{8}+\cdots$.

2. 根据级数收敛与发散的定义判别下列级数的收敛性:

(1) $\sum_{n=1}^{\infty}\ln\frac{n+1}{n}$;

(2) $\sum_{n=1}^{\infty}\frac{1}{(2n-1)(2n+1)}$;

(3)$-\frac{3}{4}+\frac{3^2}{4^2}-\frac{3^3}{4^3}+\frac{3^4}{4^4}-\cdots$;

(4)$\frac{1}{2}+\frac{3}{4}+\frac{7}{8}+\cdots+\frac{2^n-1}{2^n}+\cdots$.

3. 判别下列级数的收敛性:

(1) $\sum_{n=1}^{\infty}\frac{1}{3n}$;

(2) $\sum_{n=1}^{\infty}\left(\frac{3}{2^n}+\frac{2}{3^n}\right)$;

(3) $\sum_{n=1}^{\infty}\frac{n}{10n+1}$;

(4) $\sum_{n=1}^{\infty}(-1)^n\frac{1}{100}$.

4. 若级数 $\sum_{n=1}^{\infty}u_n$ 与 $\sum_{n=1}^{\infty}v_n$ 都发散时,级数 $\sum_{n=1}^{\infty}(u_n\pm v_n)$ 的收敛性如何?若其中一个收敛,

一个发散，那么，级数 $\sum_{n=1}^{\infty}(u_n \pm v_n)$ 收敛性又如何？

第二节　正项级数及其审敛法

一、正项级数

设 $u_n \geqslant 0(n=1,2,3,\cdots)$，则级数 $\sum_{n=1}^{\infty} u_n$ 称为**正项级数**.

正项级数比较简单而且重要，在研究其它类型的级数时，常常要用到正项级数的有关结果.

对正项级数，由于 $u_n \geqslant 0$，因而

$$s_{n+1}=s_n+u_{n+1} \geqslant s_n$$

所以正项级数 $\sum_{n=1}^{\infty} u_n$ 的部分和数列 $\{s_n\}$ 必为单调递增数列，若部分和数列 $\{s_n\}$ 有界，则由单调有界数列必有极限，故数列 $\{s_n\}$ 必有极限存在，反之，若正项级数收敛于 s，即 $\lim\limits_{n \to \infty} s_n=s$，则数列 $\{s_n\}$ 必有界. 由此得下面的定理.

定理 1　正项级数 $\sum_{n=1}^{\infty} u_n$ 收敛的充分必要条件是它的部分和数列有界.

二、比较审敛法和根值审敛法

根据定理 1，可得关于正项级数的一个基本的审敛法.

定理 2(比较审敛法)　设 $\sum_{n=1}^{\infty} u_n$ 和 $\sum_{n=1}^{\infty} v_n$ 都是正项级数，且 $u_n \leqslant v_n$，

(1)如果级数 $\sum_{n=1}^{\infty} v_n$ 收敛，则级数 $\sum_{n=1}^{\infty} u_n$ 也收敛；

(2)如果级数 $\sum_{n=1}^{\infty} u_n$ 发散，则级数 $\sum_{n=1}^{\infty} v_n$ 也发散.

由于级数的每一项同乘以不为零的常数 k，以及去掉级数的有限项，不影响级数的收敛性，因此可得如下推论：

推论　设 $\sum_{n=1}^{\infty} u_n$ 和 $\sum_{n=1}^{\infty} v_n$ 都是正项级数，且存在自然数 N，使当 $n \geqslant N$ 时有 $u_n \leqslant k v_n(k>0)$，

(1)如果 $\sum_{n=1}^{\infty} v_n$ 收敛，则 $\sum_{n=1}^{\infty} u_n$ 也收敛；

(2)如果 $\sum_{n=1}^{\infty} u_n$ 发散，则 $\sum_{n=1}^{\infty} v_n$ 也发散.

例 1　证明级数 $\frac{1}{2+k}+\frac{1}{2^2+k}+\frac{1}{2^3+k}+\cdots+\frac{1}{2^n+k}+\cdots\ (k>0)$ 是收敛的.

证　因为 $0<\frac{1}{2^n+k}<\frac{1}{2^n}$，而级数 $\sum_{n=1}^{\infty} \frac{1}{2^n}$ 是收敛的. 根据比较审敛法可知所给级数也是收敛的.

例 2 讨论 p—级数 $\sum\limits_{n=1}^{\infty}\frac{1}{n^p}=1+\frac{1}{2^p}+\frac{1}{3^p}+\cdots+\frac{1}{n^p}+\cdots(p>0)$ 的收敛性.

解 当 $p\leqslant1$ 时,$\frac{1}{n^p}\geqslant\frac{1}{n}$,因为 $\sum\limits_{n=1}^{\infty}\frac{1}{n}$ 发散,所以据比较审敛法知,当 $p\leqslant1$ 时,级数 $\sum\limits_{n=1}^{\infty}\frac{1}{n^p}$ 发散.

当 $p>1$ 时,顺次把 p—级数的第 1 项,第 2 项到第 3 项,4 到 7 项,8 到 15 项,…括在一起,得

$$1+\left(\frac{1}{2^p}+\frac{1}{3^p}\right)+\left(\frac{1}{4^p}+\frac{1}{5^p}+\frac{1}{6^p}+\frac{1}{7^p}\right)+\left(\frac{1}{8^p}+\cdots+\frac{1}{15^p}\right)+\cdots.$$

它的各项显然小于级数

$$1+\left(\frac{1}{2^p}+\frac{1}{2^p}\right)+\left(\frac{1}{4^p}+\cdots+\frac{1}{4^p}\right)+\left(\frac{1}{8^p}+\cdots+\frac{1}{8^p}\right)+\cdots$$
$$=1+\frac{1}{2^{p-1}}+\left(\frac{1}{2^{p-1}}\right)^2+\left(\frac{1}{2^{p-1}}\right)^3+\cdots$$

对应的各项,而所得级数是公比 $q=\frac{1}{2^{p-1}}<1$ 的等比级数,故收敛,于是当 $p>1$ 时级数 $\sum\limits_{n=1}^{\infty}\frac{1}{n^p}$ 收敛.

总之,p—级数 $\sum\limits_{n=1}^{\infty}\frac{1}{n^p}$, 当 $p>1$ 时收敛,$p\leqslant1$ 时发散.

例 3 判别级数 $\sum\limits_{n=1}^{\infty}\frac{1}{(n+1)(n+4)}$ 的收敛性.

解 因为 $0<\frac{1}{(n+1)(n+4)}<\frac{1}{n^2}$,而级数 $\sum\limits_{n=1}^{\infty}\frac{1}{n^2}$ 是 $p=2$ 的 p 级数,它是收敛的. 所以级数 $\sum\limits_{n=1}^{\infty}\frac{1}{(n+1)(n+4)}$ 也是收敛的.

定理 3(比较审敛法的极限形式) 设 $\sum\limits_{n=1}^{\infty}u_n$ 和 $\sum\limits_{n=1}^{\infty}v_n$ 都是正项级数,如果

$$\lim_{n\to\infty}\frac{u_n}{v_n}=l\ (0<l<+\infty)$$

则级数 $\sum\limits_{n=1}^{\infty}u_n$ 和 $\sum\limits_{n=1}^{\infty}v_n$ 同时收敛或同时发散.

例 4 判别级数 $\sum\limits_{n=1}^{\infty}\sin\frac{1}{n}$ 的收敛性.

解 因为

$$\lim_{n\to\infty}\frac{\sin\frac{1}{n}}{\frac{1}{n}}=1.$$

而级数 $\sum\limits_{n=1}^{\infty}\frac{1}{n}$ 是发散的,根据比较审敛法的极限形式知级数 $\sum\limits_{n=1}^{\infty}\sin\frac{1}{n}$ 发散.

上面介绍比较审敛法,它的基本思想是把某个已知收敛性的级数作为比较对象,通过比

较对应项的大小，来判断给定级数的收敛性，但有时不易找到比较的已知级数，这样就提出一个问题，能否从级数本身就能判别级数的收敛性呢？达朗贝尔找到了比值审敛法，柯西找到根值审敛法.

定理 4（比值审敛法，达朗贝尔（D'Alembert）判别法）　设 $\sum\limits_{n=1}^{\infty} u_n$ 是正项级数，并且 $\lim\limits_{n\to\infty}\dfrac{u_{n+1}}{u_n}=\rho$，则

（1）当 $\rho<1$ 时，级数收敛；

（2）当 $\rho>1$（或 $\lim\limits_{n\to\infty}\dfrac{u_{n+1}}{u_n}=\infty$）时，级数发散；

（3）当 $\rho=1$ 时，级数可能收敛，也可能发散.

如果正项级数的一般项中含有幂或阶乘因式时，可试用比值审敛法.

例 5　判别下列级数的收敛性.

（1）$\sum\limits_{n=1}^{\infty}\dfrac{1}{(n-1)!}$；　　　　（2）$\sum\limits_{n=1}^{\infty}\dfrac{3^n}{n^2 2^n}$.

解　（1）因为 $\lim\limits_{n\to\infty}\dfrac{u_{n+1}}{u_n}=\lim\limits_{n\to\infty}\dfrac{(n-1)!}{n!}=\lim\limits_{n\to\infty}\dfrac{1}{n}=0<1$，所以根据比值审敛法级数 $\sum\limits_{n=1}^{\infty}\dfrac{1}{(n-1)!}$ 收敛.

（2）因为 $\lim\limits_{n\to\infty}\dfrac{u_{n+1}}{u_n}=\lim\limits_{n\to\infty}\dfrac{3^{n+1}}{(n+1)^2 2^{n+1}}\cdot\dfrac{n^2 2^n}{3^n}=\lim\limits_{n\to\infty}\dfrac{3n^2}{2(n+1)^2}=\dfrac{3}{2}\lim\limits_{n\to\infty}\left(\dfrac{1}{1+\dfrac{1}{n}}\right)^2=\dfrac{3}{2}>1$，所以根据比值审敛法级数 $\sum\limits_{n=1}^{\infty}\dfrac{3^n}{n^2 2^n}$ 发散.

例 6　判别级数 $\sum\limits_{n=1}^{\infty}\dfrac{1}{2n(2n+1)}$ 的收敛性.

解　$\lim\limits_{n\to\infty}\dfrac{u_{n+1}}{u_n}=\lim\limits_{n\to\infty}\dfrac{2n(2n+1)}{2(n+1)(2n+3)}=1$，这时 $\rho=1$，比值审敛法失效，必须用其它方法来判别这级数的收敛性.

因为 $2n+1>2n>n$，所以 $\dfrac{1}{2n(2n+1)}<\dfrac{1}{n^2}$. 而级数 $\sum\limits_{n=1}^{\infty}\dfrac{1}{n^2}$ 收敛，因此由比较审敛法可知级数 $\sum\limits_{n=1}^{\infty}\dfrac{1}{2n(2n+1)}$ 收敛.

定理 5（根值审敛法，柯西判别法）　设 $\sum\limits_{n=1}^{\infty} u_n$ 是正项级数，并且 $\lim\limits_{n\to\infty}\sqrt[n]{u_n}=\rho$，则

（1）当 $\rho<1$ 时，级数收敛；

（2）当 $\rho>1$（或 $\lim\limits_{n\to\infty}\sqrt[n]{u_n}=+\infty$）时，级数发散；

（3）当 $\rho=1$ 时，级数可能收敛，也可能发散.

例 7　判别级数 $\sum\limits_{n=1}^{\infty}\left(\dfrac{n}{2n+1}\right)^n$ 的收敛性.

解 因为$\lim\limits_{n\to\infty}\sqrt[n]{u_n}=\lim\limits_{n\to\infty}\frac{n}{2n+1}=\frac{1}{2}<1$,由根值审敛法知,级数 $\sum\limits_{n=1}^{\infty}\left(\frac{n}{2n+1}\right)^n$ 收敛.

习题 9—2

1. 用比较审敛法判别下列级数的收敛性:

(1) $\sum\limits_{n=1}^{\infty}\frac{1}{2n-1}$;　　(2) $\sum\limits_{n=1}^{\infty}\frac{(\sin n)^2}{5^n}$;

(3) $\sum\limits_{n=1}^{\infty}\sin\frac{\pi}{2^n}$;　　(4) $\sum\limits_{n=1}^{\infty}\frac{1}{1+a^n}\ (a>0)$.

2. 用比值审敛法判别下列级数的收敛性:

(1) $\sum\limits_{n=1}^{\infty}\frac{n+2}{2^n}$;　　(2) $\sum\limits_{n=1}^{\infty}\frac{n^n}{n!}$;

(3) $\sum\limits_{n=1}^{\infty}\frac{\ln n}{n^{\frac{1}{2}}2^n}$;　　(4) $\sum\limits_{n=1}^{\infty}n\tan\frac{\pi}{2^{n+1}}$.

3. 用根值审敛法判别下列级数的收敛性:

(1) $\sum\limits_{n=1}^{\infty}\left(\frac{n}{3n+1}\right)^n$;　　(2) $\sum\limits_{n=1}^{\infty}\frac{n^{\ln n}}{(\ln n)^n}$;

(3) $\sum\limits_{n=1}^{\infty}\left(\frac{n}{3n-1}\right)^{2n-1}$;　　(4) $\sum\limits_{n=1}^{\infty}\left(\frac{x}{a_n}\right)^n\quad(x>0,\lim\limits_{n\to\infty}a_n=a,a_n>0)$.

4. 判别下列级数的收敛性:

(1) $\sum\limits_{n=1}^{\infty}\frac{3+(-1)^n}{5^n}$;　　(2) $\sum\limits_{n=1}^{\infty}(n+1)^2\sin\frac{\pi}{2^n}$;

(3) $\sum\limits_{n=1}^{\infty}\sqrt{\frac{n}{n+2}}$;　　(4) $\sum\limits_{n=1}^{\infty}\ln(1+\frac{2}{n^2})$.

第三节　任意项级数及其审敛法

一、交错级数及其审敛法

设级数的各项是正、负交错的,即

$$u_1-u_2+u_3-u_4+\cdots$$

或

$$-u_1+u_2-u_3+u_4-\cdots$$

其中 $u_n\geqslant 0(n=1,2,3,\cdots)$,这样的级数称为**交错级数**. 关于交错级数有如下的审敛法.

定理 1(莱布尼茨定理)　如果交错级数 $\sum\limits_{n=1}^{\infty}(-1)^{n-1}u_n(u_n>0,n=1,2,3,\cdots)$ 满足条件:

(1) $u_n\geqslant u_{n+1}\quad(n=1,2,3,\cdots)$;

(2) $\lim\limits_{n\to\infty}u_n=0$.

则级数 $\sum_{n=1}^{\infty}(-1)^{n-1}u_n$ 收敛，且其和 $s\leqslant u_1$，用它的部分和 s_n 作为级数和 s 的近似值，误差 $|s_n-s|\leqslant u_{n+1}$.

证　记交错级数前 $2n$ 项的和为 s_{2n}，并写成

$$s_{2n}=(u_1-u_2)+(u_3-u_4)+\cdots+(u_{2n-1}-u_{2n}).$$

由条件(1)，所有括号中的差都是非负的，因此 $\{s_{2n}\}$ 是单调递增数列，另外 s_{2n} 又可以写成

$$s_{2n}=u_1-(u_2-u_3)-(u_4-u_5)-\cdots-(u_{2n-2}-u_{2n-1})-u_{2n}.$$

其中每个括号中的差也是非负的，因此 $s_{2n}\leqslant u_1$. 所以数列 $\{s_{2n}\}$ 为单调有界数列，因而当 $n\to\infty$ 时，s_{2n} 趋于极限 s，且 $s\leqslant u_1$，即 $\lim\limits_{n\to\infty}s_{2n}=s\leqslant u_1$.

我们再考察 s_{2n+1} 的极限，由于 $s_{2n+1}=s_{2n}+u_{2n+1}$，根据条件(2)得

$$\lim_{n\to\infty}s_{2n+1}=\lim_{n\to\infty}(s_{2n}+u_{2n+1})=s+0=s.$$

这样，交错级数的前偶数项和前奇数项的和都趋于同一个极限 s，即

$$\lim_{n\to\infty}s_n=s\text{，且 }s\leqslant u_1.$$

故交错级 $\sum_{n=1}^{\infty}(-1)^{n-1}u_n$ 收敛.

又因为 $|r_n|=|s_n-s|=u_{n+1}-u_{n+2}+u_{n+3}-\cdots$

也是一个交错级数，且满足条件(1)、(2)，故该级数必收敛，且 $|s_n-s|\leqslant u_{n+1}$.

例 1　判别交错级数 $\sum_{n=1}^{\infty}(-1)^{n-1}\frac{1}{n}$ 的收敛性.

解　交错级数 $\sum_{n=1}^{\infty}(-1)^{n-1}\frac{1}{n}$ 满足条件

(1) $u_n=\frac{1}{n}>\frac{1}{n+1}=u_{n+1}\quad(n=1,2,3,\cdots)$；

(2) $\lim\limits_{n\to\infty}u_n=\lim\limits_{n\to\infty}\frac{1}{n}=0$，

所以级数 $\sum_{n=1}^{\infty}(-1)^{n-1}\frac{1}{n}$ 是收敛的.

级数 $\sum_{n=1}^{\infty}(-1)^{n-1}\frac{1}{n}$ 的和 $s<1$. 如果取前 n 项的和 $s_n=1-\frac{1}{2}+\frac{1}{3}-\frac{1}{4}+\cdots+(-1)^{n-1}\frac{1}{n}$，作为 s 的近似值，所产生的误差 $|r_n|\leqslant\frac{1}{n+1}$.

二、绝对收敛与条件收敛

设级数 $\sum_{n=1}^{\infty}u_n$，其中 $u_n(n=1,2,3,\cdots)$ 为任意实数，称这样的级数为**任意项级数**.

为了判定任意项级数 $\sum_{n=1}^{\infty}u_n$ 的收敛性，通常先考察其各项加绝对值组成的正项级数 $\sum_{n=1}^{\infty}|u_n|$ 的收敛性.

如果级数 $\sum_{n=1}^{\infty}|u_n|$ 收敛，则称级数 $\sum_{n=1}^{\infty}u_n$ **绝对收敛**；如果级数 $\sum_{n=1}^{\infty}u_n$ 收敛，而级数

$\sum\limits_{n=1}^{\infty}|u_n|$ 发散,则称级数 $\sum\limits_{n=1}^{\infty}u_n$ **条件收敛**. 例如级数 $\sum\limits_{n=1}^{\infty}(-1)^{n-1}\frac{1}{n^2}$ 是绝对收敛的,而级数 $\sum\limits_{n=1}^{\infty}(-1)^{n-1}\frac{1}{n}$ 是条件收敛的.

级数绝对收敛与级数收敛有以下重要关系:

定理 2 如果级数 $\sum\limits_{n=1}^{\infty}u_n$ 绝对收敛,则级数 $\sum\limits_{n=1}^{\infty}u_n$ 必定收敛.

证 设级数 $\sum\limits_{n=1}^{\infty}|u_n|$ 收敛. 令

$$v_n=\frac{1}{2}(u_n+|u_n|)\quad(n=1,2,3,\cdots)$$

显然 $v_n\geqslant 0$ 且 $v_n\leqslant|u_n|(n=1,2,3,\cdots)$. 由比较审敛法知道,级数 $\sum\limits_{n=1}^{\infty}v_n$ 收敛,从而级数 $\sum\limits_{n=1}^{\infty}2v_n$ 也收敛. 而 $u_n=2v_n-|u_n|$,由收敛级数的基本性质可知

$$\sum_{n=1}^{\infty}u_n=\sum_{n=1}^{\infty}2v_n-\sum_{n=1}^{\infty}|u_n|,$$

所以级数 $\sum\limits_{n=1}^{\infty}u_n$ 收敛.

注 上述定理的逆定理并不成立. 不能由级数 $\sum\limits_{n=1}^{\infty}u_n$ 收敛,而得出级数 $\sum\limits_{n=1}^{\infty}|u_n|$ 一定收敛. 例 1 中的级数就是条件收敛的.

例 2 判别级数 $\sum\limits_{n=1}^{\infty}\frac{\sin n\alpha}{n^2}$ 的收敛性.

解 因为 $\left|\frac{\sin n\alpha}{n^2}\right|\leqslant\frac{1}{n^2}$,而级数 $\sum\limits_{n=1}^{\infty}\frac{1}{n^2}$ 收敛,所以级数 $\sum\limits_{n=1}^{\infty}\left|\frac{\sin n\alpha}{n^2}\right|$ 收敛. 由定理 2 知,级数 $\sum\limits_{n=1}^{\infty}\frac{\sin n\alpha}{n^2}$ 绝对收敛.

例 3 判别级数 $\frac{1}{\ln 2}-\frac{1}{\ln 3}+\frac{1}{\ln 4}-\frac{1}{\ln 5}+\cdots$ 的收敛性. 如果收敛,是绝对收敛还是条件收敛?

解 级数的一般项 $u_n=(-1)^{n+1}\frac{1}{\ln(1+n)}$,我们利用导数可以证明 $\ln(1+x)<x(x>0)$. 因此 $|u_n|=\frac{1}{\ln(1+n)}>\frac{1}{n}$. 而级数 $\sum\limits_{n=1}^{\infty}\frac{1}{n}$ 是发散的,所以级数 $\sum\limits_{n=1}^{\infty}|u_n|$ 发散,故所给级数不是绝对收敛的.

但所给级数是交错级数,且满足莱布尼茨定理的两个条件

$$\frac{1}{\ln(1+n)}>\frac{1}{\ln[1+(1+n)]},$$

$$\lim_{n\to\infty}\frac{1}{\ln(1+n)}=0,$$

因此所给级数是条件收敛.

习题 9—3

1. 判别下列级数的收敛性：

(1) $\sum\limits_{n=1}^{\infty}(-1)^{n-1}\dfrac{1}{\sqrt{n^2+n}}$；　　(2) $\sum\limits_{n=1}^{\infty}(-1)^{n-1}\dfrac{2n}{\sqrt{n^2+n}}$.

2. 判别下列级数的收敛性. 若收敛，是绝对收敛还是条件收敛：

(1) $\sum\limits_{n=1}^{\infty}(-1)^{n-1}\dfrac{1}{\sqrt{n}}$；　　(2) $\sum\limits_{n=1}^{\infty}(-1)^{n-1}\dfrac{1}{n5^n}$；

(3) $\sum\limits_{n=1}^{\infty}(-1)^{n-1}\ln\dfrac{n+1}{n}$；　　(4) $\sum\limits_{n=1}^{\infty}(-1)^{n-1}\sin\dfrac{1}{n^2}$.

第四节　幂级数

一、函数项级数的概念

如果级数 $u_1(x)+u_2(x)+\cdots+u_n(x)+\cdots$　　(3)

的各项都是定义在区间 I 上的函数，则称级数(3)为定义在区间 I 上的**(函数项)无穷级数**，简称**(函数项)级数**. $u_n(x)$称为**一般项或通项**.

当 x 在区间 I 中取某个确定值 x_0 时，级数(3)就是一个常数项级数

$$u_1(x_0)+u_2(x_0)+\cdots+u_n(x_0)+\cdots \tag{4}$$

这个级数可能收敛也可能发散. 如果级数(4)收敛，则称点 x_0 是函数项级数(3)的**收敛点**；如果级数(4)发散，则称点 x_0 是函数项级数(3)的**发散点**. 函数项级数(3)的所有收敛点的全体称为它的**收敛域**.

对于收敛域内的任意一个数 x，函数项级数成为一个收敛的常数项级数，因而有一个确定的和 s. 这样，在收敛域上函数项级数的和是 x 的函数 $s(x)$，通常称 $s(x)$为函数项级数的**和函数**，这函数的定义域就是级数的收敛域，并写成

$$s(x)=u_1(x)+u_2(x)+\cdots+u_n(x)+\cdots$$

把函数项级数(3)的前 n 项部分和记为 $s_n(x)$，则在收敛域上有

$$\lim_{n\to\infty}s_n(x)=s(x)$$

我们仍把 $r_n(x)=s(x)-s_n(x)$叫做函数项级数的**余项**(当然只有 x 在收敛域上 $r_n(x)$才有意义)，于是有$\lim\limits_{n\to\infty}r_n(x)=0$.

函数项级数中简单而又常见的一类级数就是各项都是幂函数的函数项级数，即所谓幂级数.

二、幂级数及其收敛区间

形如

$$a_0+a_1(x-x_0)+a_2(x-x_0)^2+\cdots+a_n(x-x_0)^n+\cdots \tag{5}$$

的函数项级数，称为 $x-x_0$ **的幂级数**，其中 $a_0,a_1,a_2,\cdots,a_n,\cdots$称为**幂级数的系数**.

当 $x_0=0$ 时,(5)式变为

$$a_0+a_1x+a_2x^2+\cdots+a_nx^n+\cdots \tag{6}$$

称为 x **的幂级数**. 如果做变换 $y=x-x_0$,则级数(5)就变为级数(6). 因此,下面只讨论形如(6)的幂级数.

对于一个给定的幂级数,x 取何值时幂级数收敛,取何值时幂级数发散? 这就是幂级数的收敛性问题.

由于级数(6)的各项可能符号不同,将级数(6)的各项取绝对值,则得到正项级数

$$\sum_{n=0}^{\infty}|a_nx^n|=|a_0|+|a_1x|+|a_2x^2|+\cdots+|a_nx^n|+\cdots$$

设当 n 充分大时,$a_n\neq0$,且

$$\lim_{n\to\infty}\left|\frac{a_{n+1}}{a_n}\right|=\rho$$

则$\lim\limits_{n\to\infty}\left|\frac{u_{n+1}}{u_n}\right|=\lim\limits_{n\to\infty}\left|\frac{a_{n+1}x^{n+1}}{a_nx^n}\right|=\lim\limits_{n\to\infty}\left|\frac{a_{n+1}}{a_n}\right|\cdot|x|=|x|\cdot\rho$. 于是,由比值判别法可知:

当 $\rho\neq0$ 时,若 $|x|\cdot\rho<1$,即 $|x|<\frac{1}{\rho}=R$,则级数(6)收敛;若 $|x|\cdot\rho>1$,即 $|x|>\frac{1}{\rho}=R$,则级数(6)发散.

这个结论表明,只要 $0<\rho<+\infty$,就会有一个对称开区间 $(-R,R)$,在这个区间内幂级数绝对收敛,在这个区间外幂级数发散,当 $x=\pm R$ 时,级数可能收敛也可能发散.

称 $R=\frac{1}{\rho}$ 为幂级数(6)的**收敛半径**.

当 $\rho=0$ 时,$|x|\cdot\rho=0<1$,级数(6)对一切实 x 都绝对收敛,这时规定收敛半径 $R=+\infty$.

如果幂级数仅在 $x=0$ 一点处收敛,则规定收敛半径 $R=0$. 由此可得

定理 1 如果

$$\lim_{n\to\infty}\left|\frac{a_{n+1}}{a_n}\right|=\rho$$

其中 a_n、a_{n+1} 是幂级数 $\sum\limits_{n=1}^{\infty}a_nx^n$ 的相邻两项的系数,则

(1)当 $0<\rho<+\infty$ 时,$R=\frac{1}{\rho}$;

(2)当 $\rho=0$ 时,$R=+\infty$;

(3)当 $\rho=+\infty$ 时,$R=0$.

例 1 求幂级数 $\sum\limits_{n=1}^{\infty}(-1)^{n-1}\frac{x^n}{n}$ 的收敛半径.

解 因为 $\rho=\lim\limits_{n\to\infty}\left|\frac{a_{n+1}}{a_n}\right|=\lim\limits_{n\to\infty}\frac{\frac{1}{n+1}}{\frac{1}{n}}=1$,所以收敛半径 $R=1$.

例 2 求幂级数 $\sum\limits_{n=1}^{\infty}n^nx^n$ 的收敛半径.

解 因为 $\rho=\lim\limits_{n\to\infty}\left|\dfrac{a_{n+1}}{a_n}\right|=\lim\limits_{n\to\infty}\dfrac{(n+1)^{n+1}}{n^n}=\lim\limits_{n\to\infty}\left(1+\dfrac{1}{n}\right)^n(n+1)=+\infty$,所以收敛半径 $R=0$.

例 3 求幂级数 $\sum\limits_{n=0}^{\infty}\dfrac{x^n}{n!}$ 的收敛半径.

解 因为 $\rho=\lim\limits_{n\to\infty}\left|\dfrac{a_{n+1}}{a_n}\right|=\lim\limits_{n\to\infty}\dfrac{n!}{(n+1)!}=\lim\limits_{n\to\infty}\dfrac{1}{n+1}=0$,所以收敛半径 $R=+\infty$.

若幂级数 $\sum\limits_{n=1}^{\infty}a_nx^n$ 的收敛半径为 R,则 $(-R,R)$ 称为幂级数 $\sum\limits_{n=1}^{\infty}a_nx^n$ 的收敛区间,幂级数在收敛区间内绝对收敛.我们把收敛区间的端点 $x=\pm R$ 代入幂级数中,判别常数项级数的收敛性后,就可以得到幂级数的收敛域.

例 4 求下列幂级数的收敛域:

(1) $\sum\limits_{n=1}^{\infty}(-1)^{n-1}\dfrac{x^n}{n}$;　　(2) $\sum\limits_{n=1}^{\infty}n^nx^n$;　　(3) $\sum\limits_{n=0}^{\infty}\dfrac{x^n}{n!}$.

解 (1)由例 1 知,收敛半径 $R=1$,所以该级数的收敛区间为 $(-1,1)$

当 $x=1$ 时,级数成为交错级数 $\sum\limits_{n=1}^{\infty}(-1)^{n-1}\dfrac{1}{n}$,收敛.

当 $x=-1$ 时,级数成为级数 $\sum\limits_{n=1}^{\infty}-\dfrac{1}{n}$,发散.

所以该级数的收敛域为 $(-1,1]$.

(2)由例 2 知,收敛半径 $R=0$,所以级数没有收敛区间,收敛域为 $\{x\,|\,x=0\}$,即级数仅在 $x=0$ 处收敛.

(3)由例 3 知,收敛半径 $R=+\infty$,所以该级数的收敛区间为 $(-\infty,+\infty)$.

例 5 求幂级数 $\sum\limits_{n=1}^{\infty}\dfrac{(x-1)^n}{n\cdot 2^n}$ 的收敛域.

解 令 $t=x-1$,上述级数变为 t 的幂级数 $\sum\limits_{n=1}^{\infty}\dfrac{t^n}{n\cdot 2^n}$,因为

$$\rho=\lim_{n\to\infty}\left|\frac{a_{n+1}}{a_n}\right|=\lim_{n\to\infty}\frac{\dfrac{1}{(n+1)2^{n+1}}}{\dfrac{1}{n\cdot 2^n}}=\lim_{n\to\infty}\frac{n}{2(n+1)}=\frac{1}{2}$$

所以关于 t 幂级数的收敛半径 $R=2$,当 $t=2$ 时,级数成为调和级数 $\sum\limits_{n=1}^{\infty}\dfrac{1}{n}$ 是发散的;当 $t=-2$ 时,级数成为交错级数 $\sum\limits_{n=1}^{\infty}(-1)^n\dfrac{1}{n}$ 是收敛的,所以 t 级数的收敛区域为 $-2\leqslant t<2$,即 $-2\leqslant x-1<2$,或 $-1\leqslant x<3$,所以原级数的收敛区域为 $[-1,3)$.

例 6 求幂级数 $\sum\limits_{n=0}^{\infty}2^nx^{2n-1}$ 的收敛半径.

解 幂级数缺少偶数次幂的项,不属于级数(6)的标准形式,因此不能直接应用定理 1,这时可以根据比值审敛法求其收敛半径:

$$\lim_{n\to\infty}\left|\frac{u_{n+1}}{u_n}\right|=\lim_{n\to\infty}\left|\frac{2^{n+1}x^{2n+1}}{2^n x^{2n-1}}\right|=\lim_{n\to\infty}2|x|^2=2|x|^2$$

当 $2|x|^2<1$,即 $|x|<\frac{\sqrt{2}}{2}$ 时,所给级数绝对收敛;当 $2|x|^2>1$,即 $|x|>\frac{\sqrt{2}}{2}$ 时,所给级数发散. 因此幂级数的收敛半径 $R=\frac{\sqrt{2}}{2}$.

三、幂级数的运算

设有两幂级数

$$\sum_{n=0}^{\infty}a_nx^n = a_0+a_1x+a_2x^2+\cdots+a_nx^n+\cdots$$

$$\sum_{n=0}^{\infty}b_nx^n = b_0+b_1x+b_2x^2+\cdots+b_nx^n+\cdots$$

和函数分别为 $s_1(x)$、$s_2(x)$,收敛半径分别为 R_1、R_2,记 $R=\min\{R_1,R_2\}$,则在 $(-R,R)$ 内有如下运算法则:

1. 加法运算

$$\sum_{n=0}^{\infty}a_nx^n \pm \sum_{n=0}^{\infty}b_nx^n = \sum_{n=0}^{\infty}(a_n\pm b_n)x^n = s_1(x)\pm s_2(x)$$

也就是说,两收敛的幂级数,至少在 $(-R,R)$ 中可以求和(或差),其和(或差)也是幂级数,其系数为原幂级数的系数的和(或差),其和函数为原两幂级数的和函数的和(或差).

2. 乘法运算

$$\begin{aligned}&(\sum_{n=0}^{\infty}a_nx^n)\cdot(\sum_{n=0}^{\infty}b_nx^n)\\&=(a_0+a_1x+a_2x^2+\cdots+a_nx^n+\cdots)(b_0+b_1x+b_2x^2+\cdots+b_nx^n+\cdots)\\&=a_0b_0+(a_0b_1+a_1b_0)x+(a_0b_2+a_1b_1+a_2b_0)x^2+\cdots+\sum_{i=0}^{n}a_ib_{n-i}x^n+\cdots\end{aligned}$$

因而,在区间 $(-R,R)$ 中,两收敛的幂级数的乘积也是一个幂级数,其 x^n 的系数由 $n+1$ 项形如 $a_ib_j(i+j=n)$ 之和构成.

设 $\sum_{n=0}^{\infty}a_nx^n=s(x)$, 收敛半径 R,则在 $(-R,R)$ 内有如下运算法则:

3. 微分运算

$$(\sum_{n=0}^{\infty}a_nx^n)'=\sum_{n=0}^{\infty}(a_nx^n)'=\sum_{n=0}^{\infty}na_nx^{n-1}=s'(x).$$

这就是说,收敛幂级数可以逐项求导,得到仍是幂级数,且其收敛半径不变,其和函数为原级数的和函数的导数.

4. 积分运算

$$\int_0^x(\sum_{n=0}^{\infty}a_nx^n)\mathrm{d}x=\sum_{n=0}^{\infty}\int_0^x(a_nx^n)\mathrm{d}x=\sum_{n=0}^{\infty}\frac{a_n}{n+1}x^{n+1}=\int_0^x s(x)\mathrm{d}x$$

这就是说,收敛幂级数可以逐项积分,得到的仍是幂级数,且其收敛半径不变,其和函数为原级数的和函数的相应区间上的积分.

例 7　求下列级数的和函数：

(1) $\sum\limits_{n=0}^{\infty}\frac{x^{n+1}}{n+1}$；　　(2) $\sum\limits_{n=0}^{\infty}(-1)^n\frac{x^{2n+1}}{2n+1}$.

解　(1)设和函数为 $s(x)$，则 $s(x)=\sum\limits_{n=0}^{\infty}\frac{x^{n+1}}{n+1}$

两端求导，并由 $\frac{1}{1-x}=1+x+x^2+\cdots+x^n+\cdots,x\in(-1,1)$

得　　$s'(x)=\sum\limits_{n=0}^{\infty}\left(\frac{x^{n+1}}{n+1}\right)'=\sum\limits_{n=0}^{\infty}x^n=\frac{1}{1-x}$

对上式从 0 到 x 积分，得 $s(x)=\int_0^x\frac{1}{1-x}\mathrm{d}x=-\ln(1-x)\quad x\in(-1,1)$

当 $x=-1$ 时，$\sum\limits_{n=0}^{\infty}\frac{(-1)^{n+1}}{n+1}$ 收敛，所以

$$\sum_{n=0}^{\infty}\frac{x^{n+1}}{n+1}=-\ln(1-x)\ x\in[-1,1).$$

(2)设和函数为 $s(x)$，则 $s(x)=\sum\limits_{n=0}^{\infty}(-1)^n\frac{x^{2n+1}}{2n+1}$

两端求导得 $s'(x)=\sum\limits_{n=0}^{\infty}(-1)^nx^{2n}=\sum\limits_{n=0}^{\infty}(-x^2)^n=\frac{1}{1+x^2},x\in(-1,1)$.

对上式从 0 到 x 积分，得 $s(x)=\int_0^x\frac{1}{1+x^2}\mathrm{d}x=\arctan x,x\in(-1,1)$.

当 $x=-1$ 时，$\sum\limits_{n=0}^{\infty}(-1)^n\frac{-1}{2n+1}$ 收敛；当 $x=1$ 时，$\sum\limits_{n=0}^{\infty}(-1)^n\frac{1}{2n+1}$ 收敛，所以

$$\sum_{n=0}^{\infty}(-1)^n\frac{x^{2n+1}}{2n+1}=\arctan x,x\in[-1,1].$$

习题 9—4

1. 求下列幂级数的收敛半径和收敛区域：

(1) $\sum\limits_{n=1}^{\infty}nx^n$；　　(2) $\sum\limits_{n=1}^{\infty}(-1)^n\frac{x^n}{n^2}$；

(3) $\sum\limits_{n=1}^{\infty}\frac{1}{n}\left(\frac{x}{5}\right)^n$；　　(4) $\sum\limits_{n=1}^{\infty}\frac{2^n}{n^2+1}x^n$；

(5) $\sum\limits_{n=1}^{\infty}\frac{x^n}{2^n\cdot n!}$；　　(6) $\sum\limits_{n=1}^{\infty}(-1)^{n+1}\frac{x^{2n-1}}{(2n-1)!}$；

(7) $\sum\limits_{n=1}^{\infty}\frac{2n-1}{2^n}x^{2n-2}$；　　(8) $\sum\limits_{n=1}^{\infty}(-1)^{n-1}\frac{(x-1)^n}{n}$.

2. 求下列级数的和函数：

(1) $\sum\limits_{n=1}^{\infty}nx^{n-1}$；　　(2) $\sum\limits_{n=1}^{\infty}\frac{x^{4n+1}}{4n+1}$；

(3) $\sum\limits_{n=1}^{\infty}\dfrac{x^{2n-1}}{2n-1}$；　　　　(4) $\sum\limits_{n=1}^{\infty}\dfrac{x^{n+2}}{(n+1)(n+2)}$.

第五节　函数展开成幂级数

前面讨论中,我们知道幂级数在收敛域内确定了一个和函数.反之,若给定一个函数,是否可以找到以及怎样找到一个幂级数,使它收敛于这个函数.泰勒级数给出函数幂级数展开的一般方法.

一、泰勒级数

在第二章第七节中我们已经看到,若函数 $f(x)$ 在 x_0 的某一邻域内具有直到 $(n+1)$ 阶的导数,则在该邻域内 $f(x)$ 的 n 阶泰勒公式

$$f(x)=f(x_0)+f'(x_0)(x-x_0)+\frac{f''(x_0)}{2!}(x-x_0)^2+\cdots+\frac{f^{(n)}(x_0)}{n!}(x-x_0)^n+R_n(x) \tag{7}$$

成立,其中 $R_n(x)$ 为拉格朗日型余项：

$$R_n(x)=\frac{f^{(n+1)}(\xi)}{(n+1)!}(x-x_0)^{n+1}$$

ξ 是 x 与 x_0 之间的某个值,这时在该邻域内 $f(x)$ 可以用 n 次多项式

$$p_n(x)=f(x_0)+f'(x_0)(x-x_0)+\frac{f''(x_0)}{2!}(x-x_0)^2+\cdots+\frac{f^{(n)}(x_0)}{n!}(x-x_0)^n \tag{8}$$

来近似表达,并且误差等于余项的绝对值 $|R_n(x)|$.显然,如果 $|R_n(x)|$ 随着 n 的增大而减小,那么就可以用增加多项式(8)的项数的办法来提高精确度.

如果 $f(x)$ 在点 x_0 的某邻域内具有各阶导数 $f'(x),f''(x),\cdots,f^{(n)}(x),\cdots$,这时我们可以设想多项式(8)的项数趋于无穷而成为幂级数

$$f(x_0)+f'(x_0)(x-x_0)+\frac{f''(x_0)}{2!}(x-x_0)^2+\cdots+\frac{f^{(n)}(x_0)}{n!}(x-x_0)^n+\cdots \tag{9}$$

幂级数(9)称为函数 $f(x)$ 的**泰勒级数**.显然,当 $x=x_0$ 时,$f(x)$ 的泰勒级数收敛于 $f(x_0)$,但除了 $x=x_0$ 外,它是否一定收敛？如果它收敛,它是否一定收敛于 $f(x)$？这些问题,有下列定理.

定理　设函数 $f(x)$ 在点 x_0 的某邻域 $U(x_0)$ 内具有各阶导数,则 $f(x)$ 在该邻域内能展开成泰勒级数的充分必要条件是 $f(x)$ 的泰勒公式中的余项 $R_n(x)$,当 $n\to\infty$ 时的极限为零,即　　$\lim\limits_{n\to\infty}R_n(x)=0\quad(x\in U(x_0))$.

证　必要性　设 $f(x)$ 在 $U(x_0)$ 内能展开为泰勒级数,即

$$f(x)=f(x_0)+f'(x_0)(x-x_0)+\frac{f''(x_0)}{2!}(x-x_0)^2+\cdots+\frac{f^{(n)}(x_0)}{n!}(x-x_0)^n+\cdots \tag{10}$$

对一切 $x\in U(x_0)$ 成立.我们把 n 阶泰勒公式(7)写成

$$f(x)=s_{n+1}(x)+R_n(x) \tag{11}$$

其中 $s_{n+1}(x)$ 是 $f(x)$ 的泰勒级数(9)的前 $(n+1)$ 项之和,因为由(10)式有

$$\lim_{n\to\infty}s_{n+1}(x)=f(x)$$

所以　$\lim\limits_{n\to\infty}R_n(x)=\lim\limits_{n\to\infty}[f(x)-s_{n+1}(x)]=f(x)-f(x)=0$

因此条件是必要的.

充分性　设$\lim\limits_{n\to\infty}R_n(x)=0\ x\in U(x_0)$). 由 $f(x)$的 n 阶泰勒公式(11)有

$$s_{n+1}(x)=f(x)-R_n(x)$$

$$\lim_{n\to\infty}s_{n+1}(x)=\lim_{n\to\infty}[f(x)-R_n(x)]=f(x)$$

即 $f(x)$的泰勒级数(9)在 $U(x_0)$内收敛,并且收敛于 $f(x)$. 因此条件是充分的.

在(9)中取 $x_0=0$,得

$$f(0)+f'(0)x+\frac{f''(0)}{2!}x^2+\cdots+\frac{f^{(n)}(0)}{n!}x^n+\cdots \tag{12}$$

称级数(12)为函数 $f(x)$的**麦克劳林级数**.

函数 $f(x)$的麦克劳林级数是 x 的幂级数,如果 $f(x)$能展开成 x 的幂级数,那么这种展开式是唯一的,它一定与 $f(x)$的麦克劳林级数(12)一致.

事实上,如果 $f(x)$在 $x_0=0$ 的某邻域$(-R,R)$内能展开成 x 的幂级数,即

$$f(x)=a_0+a_1x+a_2x^2+\cdots+a_nx^n+\cdots \tag{13}$$

对一切 $x\in(-R,R)$成立,那么根据幂级数在收敛区间内可以逐项求导,有

$$f'(x)=a_1+2a_2x+3a_3x^2+\cdots+na_nx^{n-1}+\cdots$$

$$f''(x)=2!\ a_2+3\cdot 2a_3x+\cdots+n(n-1)a_nx^{n-2}+\cdots$$

$$f'''(x)=3!\ a_3+\cdots+n(n-1)(n-2)a_nx^{n-3}+\cdots$$

……

$$f^{(n)}=n!\ a_n+(n+1)n(n-1)\cdots 2a_{n+1}x+\cdots$$

……

把 $x=0$ 代入以上各式,得

$$a_0=f(0),a_1=f'(0),a_2=\frac{f''(0)}{2!},\cdots,a_n=\frac{f^{(n)}(0)}{n!},\cdots$$

也就是说(13)式中幂级数的系数恰是麦克劳林级数的系数,这就证明了 $f(x)$关于 x 的幂级数展开式的唯一性.

下面将具体讨论把函数 $f(x)$展开为 x 的幂级数的方法.

二、函数展开成幂级数

1. 直接展开法

欲把 $f(x)$展开为 x 的幂级数,步骤如下(展开为 $x-x_0$ 的幂级数的步骤类似):

第一步　求 $f'(x),f''(x),\cdots,f^{(n)}(x)$及 $f(0),f'(0),f''(0),\cdots,f^{(n)}(0)$,如果在 $x=0$ 处某阶导数不存在,就停止进行,例如在 $x=0$ 处,$f(x)=x^{\frac{7}{3}}$的三阶导数不存在,它就不能展开为 x 的幂级数.

第二步　写出幂级数

$$f(0)+f'(0)x+\frac{f''(0)}{2!}x^2+\cdots+\frac{f^{(n)}(0)}{n!}x^n+\cdots$$

并求出收敛半径 R.

第三步　考察当 x 在区间$(-R,R)$内时余项 $R_n(x)$的极限,如果

$$\lim_{n\to\infty}R_n(x)=\lim_{n\to\infty}\frac{f^{(n+1)}(\xi)}{(n+1)!}x^{n+1}=0 \quad (\xi 在 0 与 x 之间)$$

则函数 $f(x)$ 在 $(-R,R)$ 内幂级数展开式为

$$f(x)=f(0)+f'(0)x+\frac{f''(0)}{2!}x^2+\cdots+\frac{f^{(n)}(0)}{n!}x^n+\cdots \quad (-R<x<R)$$

如果极限不为 0,则上面求得的幂级数不是它的幂级数展开式.

例 1 将函数 $f(x)=e^x$ 展开成 x 的幂级数.

解 因 $f^{(n)}(x)=e^x(n=1,2,3,\cdots)$,所以 $f^{(n)}(0)=1(n=1,2,3,\cdots)$,而 $f(0)=1$. 于是得级数

$$1+x+\frac{x^2}{2!}+\cdots+\frac{x^n}{n!}+\cdots$$

它的收敛半径 $R=+\infty$.

对于任何有限的数 x、ξ (ξ 在0 与 x 之间),余项的绝对值为

$$|R_n(x)|=\left|\frac{e^{\xi}}{(n+1)!}x^{n+1}\right|<e^{|x|}\cdot\frac{|x|^{n+1}}{(n+1)!}$$

因 $e^{|x|}$ 有限,而 $\frac{|x|^{n+1}}{(n+1)!}$ 是收敛级数 $\sum\limits_{n=0}^{\infty}\frac{|x|^{n+1}}{(n+1)!}$ 的一般项,所以当 $n\to\infty$ 时,有 $|R_n(x)|\to 0$.

于是得展开式 $e^x=1+x+\frac{x^2}{2!}+\cdots+\frac{x^n}{n!}+\cdots \quad (-\infty<x<+\infty)$.

例 2 将函数 $f(x)=\sin x$ 展开成 x 的幂级数.

解 因为 $f^{(n)}(x)=\sin(x+n\cdot\frac{\pi}{2})(n=1,2,3,\cdots)$,所以 $f^{(n)}(0)$ 顺序循环地取 $1,0,-1,0\cdots(n=1,2,3,\cdots)$ 而 $f(0)=0$. 于是得级数

$$x-\frac{x^3}{3!}+\frac{x^5}{5!}-\cdots+(-1)^{n-1}\frac{x^{2n-1}}{(2n-1)!}+\cdots$$

它的收敛半径 $R=+\infty$.

对于任何有限的数 x、ξ (ξ 在0 与 x 之间),余项的绝对值当 $n\to\infty$ 时的极限为零:

$$|R_n(x)|=\left|\frac{\sin\left[\xi+\frac{(n+1)\pi}{2}\right]}{(n+1)!}x^{n+1}\right|\leqslant\frac{|x|^{n+1}}{(n+1)!}\to 0(n\to\infty)$$

因此得展开式

$$\sin x=x-\frac{x^3}{3!}+\frac{x^5}{5!}-\cdots+(-1)^{n-1}\frac{x^{2n-1}}{(2n-1)!}+\cdots \quad (-\infty<x<+\infty).$$

用同样的方法可以推出牛顿二项展开式

$$(1+x)^m=1+mx+\frac{m(m-1)}{2!}x^2+\cdots+\frac{m(m-1)\cdots(m-n+1)}{n!}x^n+\cdots$$

$$(-1<x<1)$$

这里 m 为任意实数. 当 m 为正整数时,就是中学所学的二项式定理.

2. 间接展开法

用直接方法将函数展开成幂级数,往往比较麻烦,因为首先要求出函数的高阶导数,除

了一些简单函数外，一个函数的 n 阶导数的表达式很难归纳出来. 其次要考察余项 $R_n(x)$ 是否趋向于零，这也不是件容易的事. 由于函数的幂级数展开式是唯一的，我们可以利用已知函数展开式及幂级数的运算，将所给函数展开成幂级数，这种间接展开的方法往往比较简单.

例 3　将函数 $f(x)=\cos x$ 展开成 x 的幂级数.

解　因为 $\sin x$ 的展开式为

$$\sin x=x-\frac{x^3}{3!}+\frac{x^5}{5!}-\cdots+(-1)^{n-1}\frac{x^{2n-1}}{(2n-1)!}+\cdots\quad(-\infty<x<+\infty)$$

上式逐项求导，得

$$\cos x=1-\frac{x^2}{2!}+\frac{x^4}{4!}-\cdots+(-1)^n\frac{x^{2n}}{(2n)!}+\cdots\quad(-\infty<x<+\infty).$$

例 4　将函数 $f(x)=\ln(1+x)$ 展开成 x 的幂级数.

解　因为 $f'(x)=\frac{1}{1+x}$，而 $\frac{1}{1+x}$ 是收敛的等比级数 $\sum\limits_{n=0}^{\infty}(-1)^n x^n(-1<x<1)$ 的和函数：

$$\frac{1}{1+x}=1-x+x^2-x^3+\cdots+(-1)^n x^n+\cdots\quad(-1<x<1)$$

所以将上式从 0 到 x 逐项积分，得

$$\ln(1+x)=x-\frac{x^2}{2}+\frac{x^3}{3}-\frac{x^4}{4}+\cdots+(-1)^n\frac{x^{n+1}}{n+1}+\cdots\quad(-1<x\leqslant 1)$$

上式展开式对 $x=1$ 也成立，这是因为上式右端的幂级数当 $x=1$ 时收敛，而 $\ln(1+x)$ 在 $x=1$ 处有定义且连续.

$\frac{1}{1-x}$、e^x、$\sin x$、$\cos x$、$\ln(1+x)$ 和 $(1+x)^m$ 的幂级数展开式以后可以直接引用.

例 5　将函数 $f(x)=e^{-x^2}$ 展开成 x 的幂级数.

解　因为 $e^x=\sum\limits_{n=0}^{\infty}\frac{x^n}{n!}\quad(-\infty<x<+\infty)$

则 $e^{-x^2}=\sum\limits_{n=0}^{\infty}\frac{(-x^2)^n}{n!}=\sum\limits_{n=0}^{\infty}\frac{(-1)^n x^{2n}}{n!}\quad(-\infty<x<+\infty).$

例 6　将函数 $f(x)=\frac{1}{3-x}$ 展开成 $(x-1)$ 的幂级数.

解　因 $\frac{1}{3-x}=\frac{1}{2-(x-1)}=\frac{1}{2}\cdot\frac{1}{1-\frac{x-1}{2}}$，由 $\frac{1}{1-x}=\sum\limits_{n=0}^{\infty}x^n\quad(-1<x<1)$，得

$$\frac{1}{3-x}=\frac{1}{2}\sum_{n=0}^{\infty}\left(\frac{x-1}{2}\right)^n=\sum_{n=0}^{\infty}\frac{1}{2^{n+1}}(x-1)^n\quad -1<\frac{x-1}{2}<1,-1<x<3.$$

例 7　将函数 $f(x)=\sin x$ 展开成 $(x-\frac{\pi}{4})$ 的幂级数.

解　因为 $\sin x=\sin\left[\frac{\pi}{4}+\left(x-\frac{\pi}{4}\right)\right]$

$$=\sin\frac{\pi}{4}\cos\left(x-\frac{\pi}{4}\right)+\cos\frac{\pi}{4}\sin\left(x-\frac{\pi}{4}\right)$$

$$=\frac{1}{\sqrt{2}}\left[\cos\left(x-\frac{\pi}{4}\right)+\sin\left(x-\frac{\pi}{4}\right)\right]$$

由

$$\cos(x-\frac{\pi}{4})=1-\frac{(x-\frac{\pi}{4})^2}{2!}+\frac{(x-\frac{\pi}{4})^4}{4!}-\cdots \quad (-\infty<x<+\infty)$$

$$\sin(x-\frac{\pi}{4})=(x-\frac{\pi}{4})-\frac{(x-\frac{\pi}{4})^3}{3!}+\frac{(x-\frac{\pi}{4})^5}{5!}-\cdots \quad (-\infty<x<+\infty)$$

所以

$$\sin x=\frac{\sqrt{2}}{2}\left[1+\left(x-\frac{\pi}{4}\right)-\frac{1}{2!}\left(x-\frac{\pi}{4}\right)^2-\frac{1}{3!}\left(x-\frac{\pi}{4}\right)^3+\frac{1}{4!}\left(x-\frac{\pi}{4}\right)^4\right.$$

$$\left.+\frac{1}{5!}\left(x-\frac{\pi}{4}\right)^5-\cdots\right] \quad (-\infty<x<+\infty).$$

三、幂级数的应用

函数展开成幂级数,从形式上看,似乎复杂化了,其实不然,因为幂级数的部分和是个多项式,它在进行数值计算时比较简便,所以经常用这样的多项式来近似表达复杂的函数.这样产生的误差可以用余项来估计.

例 8 计算 e 的近似值,精确到10^{-10}.

解 e 的值就是 e^x 的展开式在 $x=1$ 的函数值,即

$$e=\sum_{n=0}^{\infty}\frac{1}{n!}=1+1+\frac{1}{2!}+\cdots+\frac{1}{n!}+\cdots\approx 1+1+\frac{1}{2!}+\cdots+\frac{1}{n!}$$

则误差

$$|R_n|=\frac{1}{(n+1)!}+\frac{1}{(n+2)!}+\cdots+\frac{1}{(n+k)!}+\cdots$$

$$<\frac{1}{(n+1)!}+\frac{1}{(n+1)!\ (n+1)}+\cdots+\frac{1}{(n+1)!\ (n+1)^{k-1}}+\cdots$$

$$=\frac{1}{(n+1)!}\left[1+\frac{1}{n+1}+\frac{1}{(n+1)^2}\cdots+\frac{1}{(n+1)^{k-1}}+\cdots\right]$$

$$=\frac{1}{(n+1)!}\frac{1}{1-\frac{1}{n+1}}=\frac{1}{n!n}$$

要精确度到10^{-10},只需$\frac{1}{n!n}<10^{-10}$,即 $n!n>10^{10}$,由于 $13!\cdot 13>10^{10}$,所以取 $n=13$,即

$$e=1+1+\frac{1}{2!}+\cdots+\frac{1}{13!}$$

在计算机上求得 $e\approx 2.718\,281\,828\,5$.

例 9 计算 ln2 的近似值,要求误差不超过 0.000 1.

解 在展开式

$$\ln(1+x)=x-\frac{x^2}{2}+\frac{x^3}{3}-\frac{x^4}{4}+\cdots+(-1)^n\frac{x^{n+1}}{n+1}+\cdots \quad (-1<x\leqslant 1)$$

中,设 $x=1$,得 $\ln 2=1-\frac{1}{2}+\frac{1}{3}-\frac{1}{4}+\cdots+(-1)^n\frac{1}{n+1}+\cdots$

为了保证误差不超过10^{-4}，须取 $n=10\,000$ 项进行计算. 这样做计算量太大了，我们必须用收敛较快的级数代替它.

把展开式 $\ln(1+x)=x-\dfrac{x^2}{2}+\dfrac{x^3}{3}-\dfrac{x^4}{4}+\cdots+(-1)^n\dfrac{x^{n+1}}{n+1}+\cdots\quad(-1<x\leqslant 1)$

中 x 换成 $-x$，得 $\ln(1-x)=-x-\dfrac{x^2}{2}-\dfrac{x^3}{3}-\dfrac{x^4}{4}-\cdots-\dfrac{x^{n+1}}{n+1}-\cdots\quad(-1<x\leqslant 1)$

两式相减，得到不含偶次幂展开式：

$$\ln\frac{1+x}{1-x}=\ln(1+x)-\ln(1-x)=2\left(x+\frac{x^3}{3}+\frac{x^5}{5}+\cdots\right)\quad(-1<x<1)$$

令$\dfrac{1+x}{1-x}=2$，解出 $x=\dfrac{1}{3}$，以 $x=\dfrac{1}{3}$代入上式，得

$$\ln 2=2\left(\frac{1}{3}+\frac{1}{3}\cdot\frac{1}{3^3}+\frac{1}{5}\cdot\frac{1}{3^5}+\frac{1}{7}\cdot\frac{1}{3^7}+\cdots\right)$$

如果取前四项的和作为 ln2 的近似值，则误差

$$|R_4|=2\left(\frac{1}{9}\cdot\frac{1}{3^9}+\frac{1}{11}\cdot\frac{1}{3^{11}}+\frac{1}{13}\cdot\frac{1}{3^{13}}+\cdots\right)<\frac{2}{3^{11}}\left[1+\frac{1}{9}+\left(\frac{1}{9}\right)^2+\cdots\right]$$

$$=\frac{2}{3^{11}}\cdot\frac{1}{1-\frac{1}{9}}=\frac{1}{4\cdot 3^9}=\frac{1}{78\,732}<\frac{1}{2}\times 10^{-4}<10^{-4}$$

于是有　$\ln 2\approx 2\left(\dfrac{1}{3}+\dfrac{1}{3}\cdot\dfrac{1}{3^3}+\dfrac{1}{5}\cdot\dfrac{1}{3^5}+\dfrac{1}{7}\cdot\dfrac{1}{3^7}\right)$.

取五位小数进行计算，得 $\ln 2\approx 2(0.333\,33+0.012\,35+0.000\,82+0.000\,07)\approx 0.693\,1$.

例 10　计算定积分 $\dfrac{2}{\sqrt{\pi}}\displaystyle\int_0^{\frac{1}{2}}e^{-x^2}\,dx$ 的近似值，要求误差不超过 0.000 1$\left(取\dfrac{1}{\sqrt{\pi}}\approx 0.564\,19\right)$.

解　由例 5 得

$$e^{-x^2}=\sum_{n=0}^{\infty}\frac{(-x^2)^n}{n!}=\sum_{n=0}^{\infty}\frac{(-1)^n x^{2n}}{n!}(-\infty<x<+\infty)$$

于是，根据幂级数在收敛区间内逐项可积，得

$$\frac{2}{\sqrt{\pi}}\int_0^{\frac{1}{2}}e^{-x^2}\,dx=\frac{2}{\sqrt{\pi}}\int_0^{\frac{1}{2}}\left[\sum_{n=0}^{\infty}\frac{(-1)^n x^{2n}}{n!}\right]dx$$

$$=\frac{2}{\sqrt{\pi}}\sum_{n=0}^{\infty}\frac{(-1)^n}{n!}\int_0^{\frac{1}{2}}x^{2n}\,dx$$

$$=\frac{1}{\sqrt{\pi}}\left(1-\frac{1}{2^2\cdot 3}+\frac{1}{2^4\cdot 5\cdot 2!}-\frac{1}{2^6\cdot 7\cdot 3!}+\cdots\right)$$

取前四项的和作近似值，其误差为

$$|R_4|\leqslant\frac{1}{\sqrt{\pi}}\frac{1}{2^8\cdot 9\cdot 4!}<\frac{1}{90\,000}$$

所以 $\dfrac{2}{\sqrt{\pi}}\displaystyle\int_0^{\frac{1}{2}}e^{-x^2}\,dx\approx\dfrac{1}{\sqrt{\pi}}\left(1-\dfrac{1}{2^2\cdot 3}+\dfrac{1}{2^4\cdot 5\cdot 2!}-\dfrac{1}{2^6\cdot 7\cdot 3!}\right)\approx 0.520\,5$.

习题 9—5

1. 写出函数 $x\ln(1+x)$ 的麦克劳林级数.

2. 将下列函数展开成 x 的幂级数,并求展开式成立的区间.

(1) 5^x;　　(2) $\dfrac{1}{x^2+3x+2}$;

(3) $\dfrac{1}{(2-x)^2}$;　　(4) $\ln(1+x-2x^2)$;

(5) $\sin^2 x$;　　(6) $\arcsin x$;

(7) $(x-\tan x)\cos x$;　　(8) $\dfrac{x}{\sqrt{1+x^2}}$.

3. 将函数 $f(x)=\lg x$ 展开成 $(x-1)$ 的幂级数,并求展开式成立的区间.

4. 将函数 $f(x)=\dfrac{1}{x^2+5x+6}$ 展开成 $(x-2)$ 的幂级数.

5. 将函数 $f(x)=\cos x$ 展开成 $(x+\dfrac{\pi}{3})$ 的幂级数.

6. 将函数 $f(x)=\dfrac{1}{x^2}$ 展开成 $(x+4)$ 的幂级数.

7. 利用函数幂级数展开式求下列各数的近似值:

(1) $\sqrt[5]{240}$ (误差不超过 0.000 1);　　(2) $\cos 2^\circ$ (误差不超过 0.000 1).

8. 利用被积函数的幂级数展开式求下列定积分的近似值:

(1) $\int_0^1 \dfrac{\sin x}{x}\mathrm{d}x$ (误差不超过 0.000 1);　　(2) $\int_0^{0.5} \dfrac{1}{1+x^4}\mathrm{d}x$ (误差不超过 0.000 1).

第六节　傅里叶级数

法国数学家傅里叶(Fourier)发现,任何周期函数都可以用正弦函数和余弦函数构成的无穷级数来表示(选择正弦函数与余弦函数作为基函数是因为它们是正交的),后世称为傅里叶级数.它在数学、物理以及工程中都具有重要的应用.

一、三角级数、三角函数系的正交性

函数列

$$1, \cos x, \sin x, \cos 2x, \sin 2x, \cdots, \cos nx, \sin nx, \cdots \tag{14}$$

称为**三角函数系**. 2π 是三角函数系(14)中每个函数的周期.因此,讨论三角函数系(14)只需在长是 2π 的一个区间上即可.通常选取区间 $[-\pi,\pi]$.

三角函数系具有下列性质: m 与 n 是任意非负整数,有

$$\int_{-\pi}^{\pi} \sin mx \sin nx \,\mathrm{d}x = \begin{cases} 0, & m \neq n, \\ \pi, & m = n \neq 0, \end{cases}$$

$$\int_{-\pi}^{\pi} \sin mx \cos nx \,\mathrm{d}x = 0,$$

$$\int_{-\pi}^{\pi}\cos mx\cos nx\,\mathrm{d}x=\begin{cases}0, & m\neq n,\\ \pi, & m=n,\end{cases}$$

即三角函数系(14)中任意两个不同函数之积在$[-\pi,\pi]$的定积分是0,而每个函数的平方在$[-\pi,\pi]$的定积分不是0.因为函数之积的积分可以视为有限维空间中内积概念的推广,所以三角函数系(14)的这个性质称为**正交性**.三角函数系的正交性是三角函数系优越性的源泉.以三角函数系(14)为基础作成的函数项级数

$$\frac{a_0}{2}+a_1\cos x+b_1\sin x+a_2\cos 2x+b_2\sin 2x+\cdots+a_n\cos nx+b_n\sin nx+\cdots,$$

简写为 $\frac{a_0}{2}+\sum_{n=1}^{\infty}(a_n\cos nx+b_n\sin nx)$　　(15)

称为**三角级数**,其中 $a_0,a_n,b_n(n=1,2,\cdots)$都是常数.

二、函数展开成傅里叶级数

如果函数 $f(x)$在区间$[-\pi,\pi]$能展成三角级数(9—15),或三角级数(15)在区间$[-\pi,\pi]$收敛于函数 $f(x)$,即

$$f(x)=\frac{a_0}{2}+\sum_{n=1}^{\infty}(a_n\cos nx+b_n\sin nx)\tag{16}$$

那么级数(16)的系数 $a_0,a_n,b_n(n=1,2,\cdots)$与其和函数 $f(x)$有什么关系呢?为了讨论这个问题,不妨假设级数(16)在区间$[-\pi,\pi]$可逐项积分,并且乘以 $\sin mx$ 或 $\cos mx$ 之后仍可逐项积分.

先求 a_0.对(16)式从$-\pi$到π逐项积分.由三角函数系(14)的正交性,有

$$\begin{aligned}\int_{-\pi}^{\pi}f(x)\mathrm{d}x&=\frac{a_0}{2}\int_{-\pi}^{\pi}\mathrm{d}x+\sum_{n=1}^{\infty}\left(a_n\int_{-\pi}^{\pi}\cos nx\,\mathrm{d}x+b_n\int_{-\pi}^{\pi}\sin nx\,\mathrm{d}x\right)\\&=a_0\pi\end{aligned}$$

于是得　$a_0=\frac{1}{\pi}\int_{-\pi}^{\pi}f(x)\mathrm{d}x$

其次求 a_k.用 $\cos kx$ 乘(16)式两端,再从$-\pi$到π逐项积分.由三角函数系(14)的正交性,有

$$\int_{-\pi}^{\pi}f(x)\cos kx\,\mathrm{d}x=\frac{a_0}{2}\int_{-\pi}^{\pi}\cos kx\,\mathrm{d}x+\sum_{n=1}^{\infty}\left[a_n\int_{-\pi}^{\pi}\cos kx\cos nx\,\mathrm{d}x+b_n\int_{-\pi}^{\pi}\cos kx\sin nx\,\mathrm{d}x\right]$$

于是得　$a_k=\frac{1}{\pi}\int_{-\pi}^{\pi}f(x)\cos kx\,\mathrm{d}x\quad(k=1,2,\cdots)$

类似地,用 $\sin kx$ 乘(16)式两边,再逐项积分可得

$$b_k=\frac{1}{\pi}\int_{-\pi}^{\pi}f(x)\sin kx\,\mathrm{d}x\quad(k=1,2,\cdots)$$

由此可见,如果函数 $f(x)$在区间$[-\pi,\pi]$能展成三角级数(16),其系 a_0,a_n,b_n $(n=1,2,\cdots)$将由函数 $f(x)$确定.

定义1　若函数 $f(x)$在区间$[-\pi,\pi]$可积,则称

$$a_n=\frac{1}{\pi}\int_{-\pi}^{\pi}f(x)\cos nx\,\mathrm{d}x\quad(n=0,1,\cdots),\tag{17}$$

$$b_n = \frac{1}{\pi}\int_{-\pi}^{\pi} f(x)\sin nx\,\mathrm{d}x \quad (n = 1,2,\cdots) \tag{18}$$

是函数 $f(x)$的**傅里叶系数**.

以函数 $f(x)$的傅里叶系数为系数的三角级数

$$\frac{a_0}{2} + \sum_{n=1}^{\infty}(a_n\cos nx + b_n\sin nx) \tag{19}$$

称为函数 $f(x)$的**傅里叶级数**.

一个定义在$(-\infty,+\infty)$上周期为 2π 的函数 $f(x)$,如果它在一个周期上可积,则一定可以作出 $f(x)$的傅里叶系数.然而,函数 $f(x)$的傅里叶级数是否一定收敛?如果它收敛,它是否一定收敛于函数 $f(x)$?一般说,这两个问题答案都不是肯定的.那么,函数 $f(x)$在什么样的条件下,它的傅里叶级数不仅收敛,而且收敛于 $f(x)$?也就是说,$f(x)$满足什么条件可以展开成傅里叶级数?下面叙述一个收敛定理(不加证明),它给出关于上述问题的一个重要结论.

定理 1(收敛定理,狄利克雷(Dirichlet)充分条件) 设 $f(x)$是周期为 2π 的周期函数,如果它满足:

(1)在一个周期内连续或只有有限个第一类间断点;

(2)在一个周期内只有有限个极值点,

则 $f(x)$的傅里叶级数收敛,且有

$$\frac{a_0}{2} + \sum_{n=1}^{\infty}(a_n\cos nx + b_n\sin nx) = \begin{cases} f(x), & x \text{ 为 } f(x) \text{ 连续点} \\ \dfrac{f(x^+)+f(x^-)}{2}, & x \text{ 为 } f(x) \text{ 间断点} \end{cases} \tag{20}$$

其中 a_n,b_n 为 $f(x)$的傅里叶系数 .

收敛定理告诉我们:只要函数 $f(x)$在区间$[-\pi,\pi]$上至多只有有限个第一类间断点,并且不作无限次振动,函数 $f(x)$的傅里叶级数就会在函数的连续点处收敛于该点的函数值,在函数的间断点处收敛于该点处的函数的左极限与右极限的算术平均值.由此可见,函数展开成傅里叶级数的条件要比函数展开成幂级数的条件低得多.

记 $C=\left\{x \mid f(x)=\frac{1}{2}[f(x^-)+f(x^+)]\right\}$,在 C 上就成立 $f(x)$的傅里叶级数展开式

$$f(x) = \frac{a_0}{2} + \sum_{n=1}^{\infty}(a_n\cos nx + b_n\sin nx) \quad (x \in C).$$

例 1 设 $f(x)$是周期为 2π 的周期函数,它在$[-\pi,\pi)$上的表达式为

$$f(x)=\begin{cases} -1, & -\pi\leqslant x<0 \\ 1, & 0\leqslant x<\pi \end{cases}$$

将 $f(x)$展成傅里叶级数.

解 所给函数满足收敛定理的条件,它在点 $x=k\pi(k=0,\pm1,\pm2,\cdots)$处不连续,在其他点处连续,从而由收敛定理知道 $f(x)$的傅里叶级数收敛,并且当 $x=k\pi$ 时级数收敛于 $\frac{-1+1}{2}=0$,当 $x\neq k\pi$ 时级数收敛于 $f(x)$.和函数的图形如图 9—1 所示

计算傅里叶系数如下:

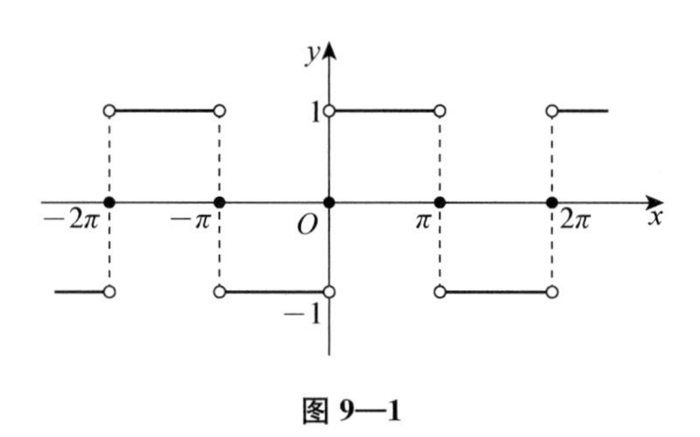

图 9—1

$$a_n = \frac{1}{\pi}\int_{-\pi}^{\pi} f(x)\cos nx\,\mathrm{d}x$$
$$= \frac{1}{\pi}\int_{-\pi}^{0}(-1)\cos nx\,\mathrm{d}x + \frac{1}{\pi}\int_{0}^{\pi}1\cdot\cos nx\,\mathrm{d}x = 0 \quad (n=0,1,2,\cdots)$$
$$b_n = \frac{1}{\pi}\int_{-\pi}^{\pi} f(x)\sin nx\,\mathrm{d}x = \frac{1}{\pi}\int_{-\pi}^{0}(-1)\sin nx\,\mathrm{d}x + \frac{1}{\pi}\int_{0}^{\pi}1\cdot\sin nx\,\mathrm{d}x$$
$$= \frac{1}{\pi}\left[\frac{\cos nx}{n}\right]_{-\pi}^{0} + \frac{1}{\pi}\left[-\frac{\cos nx}{n}\right]_{0}^{\pi} = \frac{2}{n\pi}[1-\cos n\pi]$$
$$= \frac{2}{n\pi}[1-(-1)^n] = \begin{cases}\dfrac{4}{n\pi}, & \text{当 } n=1,3,5,\cdots \\ 0, & \text{当 } n=2,4,6,\cdots\end{cases},$$

所以 $f(x)$ 的傅里叶级数展开式为

$$f(x)=\frac{4}{\pi}\left[\sin x+\frac{1}{3}\sin 3x+\cdots+\frac{1}{2k-1}\sin(2k-1)x+\cdots\right]$$
$$(-\infty<x<+\infty, x\neq 0, \pm\pi, \pm 2\pi, \cdots)$$

如果把例 1 中的函数理解为矩形波的波形函数，则 $f(x)$ 的展开式表明：矩形波是由一系列不同频率的正弦波叠加而成.

根据收敛定理，为求函数 $f(x)$ 的傅里叶级数展开式的和函数，并不需要求出函数 $f(x)$ 的傅里叶级数.

例 2　设 $f(x)$ 是周期为 2π 的周期函数，它在 $(-\pi,\pi]$ 上的表达式为

$$f(x)=\begin{cases}-1, & -\pi<x\leqslant 0 \\ 1+x^2, & 0<x\leqslant\pi\end{cases},$$

试写出 $f(x)$ 的傅里叶级数展开式在区间 $(-\pi,\pi]$ 上的和函数 $s(x)$ 的表达式.

解　此题只求 $f(x)$ 的傅里叶级数展开式的和函数，因此不需要求出 $f(x)$ 的傅里叶级数.

因为函数 $f(x)$ 满足收敛定理的条件，在 $(-\pi,\pi]$ 上的第一类间断点为 $x=0,\pi$，在其余点处均连续. 故由收敛定理知，在间断点 $x=0$ 处，和函数

$$s(x)=\frac{f(0^-)+f(0^+)}{2}=\frac{-1+1}{2}=0,$$

在间断点 $x=\pi$ 处，和函数

$$s(x)=\frac{f(\pi^-)+f(-\pi^+)}{2}=\frac{(1+\pi^2)+(-1)}{2}=\frac{\pi^2}{2}.$$

因此，所求和函数

$$s(x)=\begin{cases}-1, & -\pi<x<0 \\ 0, & x=0 \\ 1+x^2, & 0<x<\pi \\ \frac{\pi^2}{2}, & x=\pi\end{cases}.$$

应该注意,如果函数 $f(x)$ 只在函数 $[-\pi,\pi]$ 上有定义,并且满足收敛定理的条件,那么 $f(x)$ 也可以展开成傅里叶级数.事实上,我们可在 $[-\pi,\pi)$ 或 $(-\pi,\pi]$ 外补充函数 $f(x)$ 的定义,使它拓广成周期为函数 2π 的周期函数函数 $F(x)$.按这种方式拓广函数的定义域的过程称为**周期延拓**.再将 $F(x)$ 展开成傅里叶级数.最后限制 x 在区间 $(-\pi,\pi)$ 内,此时 $F(x)\equiv f(x)$,这样便得到 $f(x)$ 的傅里叶级数展开式.根据收敛定理,这级数在区间端点 $x=\pm\pi$ 处收敛于 $\frac{f(\pi^-)+f(-\pi^+)}{2}$.

例 3 将函数 $f(x)=\begin{cases}-x, & -\pi\leqslant x<0 \\ x, & 0\leqslant x\leqslant\pi\end{cases}$,展成傅里叶级数.

解 所给函数在区间 $[-\pi,\pi]$ 上满足收敛定理的条件,并且将 $f(x)$ 拓广为以 2π 为周期的函数 $F(x)$,它在每一点 x 处都连续见(见图 9—2),因此拓广的周期函数的傅理叶级数在 $[-\pi,\pi]$ 上收敛于 $f(x)$

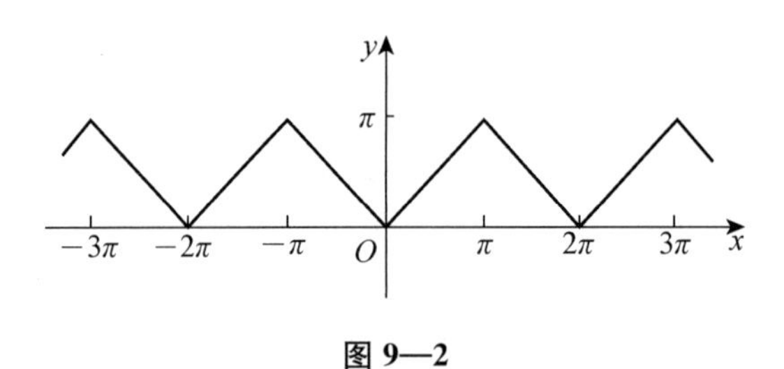

图 9—2

计算傅理叶系数如下:

$$a_0=\frac{1}{\pi}\int_{-\pi}^{\pi}F(x)\mathrm{d}x=\frac{1}{\pi}\int_{-\pi}^{\pi}f(x)\mathrm{d}x=\frac{2}{\pi}\int_0^{\pi}x\mathrm{d}x=\frac{2}{\pi}\left[\frac{x^2}{2}\right]_0^{\pi}=\pi,$$

$$\begin{aligned}a_n&=\frac{1}{\pi}\int_{-\pi}^{\pi}F(x)\cos nx\,\mathrm{d}x=\frac{1}{\pi}\int_{-\pi}^{\pi}f(x)\cos nx\,\mathrm{d}x\\&=\frac{2}{\pi}\int_0^{\pi}x\cos nx\,\mathrm{d}x=\frac{2}{\pi}\left[\frac{x\sin nx}{n}+\frac{\cos nx}{n^2}\right]_0^{\pi}\\&=\frac{2}{n^2\pi}(\cos n\pi-1)=\begin{cases}-\frac{4}{n^2\pi}, n=1,3,5,\cdots \\ 0, n=2,4,6,\cdots\end{cases};\end{aligned}$$

$$\begin{aligned}b_n&=\frac{1}{\pi}\int_{-\pi}^{\pi}F(x)\sin nx\,\mathrm{d}x\\&=\frac{1}{\pi}\int_{-\pi}^{\pi}f(x)\sin nx\,\mathrm{d}x\\&=\frac{1}{\pi}\int_{-\pi}^{0}(-x)\sin nx\,\mathrm{d}x+\frac{1}{\pi}\int_0^{\pi}x\sin nx\,\mathrm{d}x\end{aligned}$$

$$=-\frac{1}{\pi}\left[-\frac{x\cos nx}{n}+\frac{\sin nx}{n^2}\right]_{-\pi}^{0}+\frac{1}{\pi}\left[-\frac{x\cos nx}{n}+\frac{\sin nx}{n^2}\right]_{0}^{\pi}$$

$$=0\quad(n=1,2,3,\cdots)$$

将求得的系数代入(6)式，得到 $f(x)$ 的傅里叶级数展开式为

$$f(x)=\frac{\pi}{2}-\frac{4}{\pi}\left(\cos x+\frac{1}{3^2}\cos 3x+\frac{1}{5^2}\cos 5x+\cdots\right)\quad(-\pi\leqslant x\leqslant\pi).$$

利用此展式可求出几个特殊的级数的和.

当 $x=0$ 时，$f(0)=0$，得

$$\frac{\pi^2}{8}=1+\frac{1}{3^2}+\frac{1}{5^2}+\cdots+\frac{1}{(2n-1)^2}+\cdots.$$

设 $\sigma=1+\frac{1}{2^2}+\frac{1}{3^2}+\frac{1}{4^2}+\cdots$，$\sigma_1=1+\frac{1}{3^2}+\frac{1}{5^2}+\frac{1}{7^2}+\cdots$，

$$\sigma_2=\frac{1}{2^2}+\frac{1}{4^2}+\frac{1}{6^2}+\cdots,\qquad \sigma_3=1-\frac{1}{2^2}+\frac{1}{3^2}-\frac{1}{4^2}+\cdots.$$

已知 $\sigma_1=\frac{\pi^2}{8}$.

因为 $\sigma_2=\frac{\sigma}{4}=\frac{\sigma_1+\sigma_2}{4}$，所以 $\sigma_2=\frac{\sigma_1}{3}=\frac{\pi^2}{24}$.

又 $\sigma=\sigma_1+\sigma_2=\frac{\pi^2}{8}+\frac{\pi^2}{24}=\frac{\pi^2}{6}$，

$$\sigma_3=\sigma_1-\sigma_2=\frac{\pi^2}{8}-\frac{\pi^2}{24}=\frac{\pi^2}{12}.$$

三、正弦级数和余弦级数

一般地，一个函数的傅里叶级数既含有正弦函数，又含有余弦函数，但是也有一些函数的傅里叶级数只含有正弦项(如例1)或者只含有常数项和余弦项(如例3)，导致这种现象的原因与所给函数的奇偶性有关，事实上，根据在对称区间上奇偶函数的积分性质(奇函数在对称区间上的积分为零，偶函数在对称区间上的积分等于半区间上积分的两倍)，可得到下列结论：

设 $f(x)$ 是周期为 2π 的周期函数，则

(1)当 $f(x)$ 为奇函数，其傅里叶系数为

$$a_n=0\quad(n=0,1,2,\cdots),$$

$$b_n=\frac{2}{\pi}\int_0^{\pi}f(x)\sin nx\,\mathrm{d}x\quad(n=1,2,3,\cdots),\tag{21}$$

即奇函数的傅里叶级数是只含有正弦项的**正弦级数**

$$\sum_{n=1}^{\infty}b_n\sin nx\tag{22}$$

(2)当 $f(x)$ 为偶函数，其傅里叶系数为

$$a_n=\frac{2}{\pi}\int_0^{\pi}f(x)\cos nx\,\mathrm{d}x\quad(n=0,1,2,\cdots),$$

$$b_n=0\quad(n=1,2,3,\cdots),\tag{23}$$

即偶函数的傅里叶级数是只含有余弦项的**余弦级数**

$$\frac{a_0}{2}+\sum_{n=1}^{\infty}a_n\cos nx. \tag{24}$$

例 4 设 $f(x)$是周期为 2π 的周期函数,它在$[-\pi,\pi)$上的表达式为 $f(x)=x$,将 $f(x)$展开成傅里叶级数.

解 所给函数满足收敛定理的条件,它在点 $x=(2k+1)\pi$,$(k=0,\pm1,\pm2,\cdots)$处不连续,因此 $f(x)$的傅里叶级数. 在点 $x=(2k+1)\pi$ 处收敛于

$$\frac{f(\pi^-)+f(-\pi^+)}{2}=\frac{\pi+(-\pi)}{2}=0,$$

在连续点 $x(x\neq(2k+1)\pi)$处收敛于 $f(x)$,和函数的图形如图 9—3 所示.

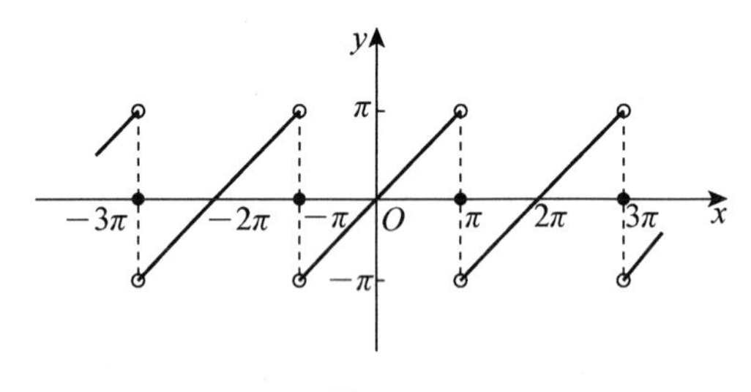

图 9—3

若不计 $x=(2k+1)\pi(k=0,\pm1,\pm2,\cdots)$,则 $f(x)$是周期为 2π 的奇函数,显然,公式(21)仍成立,从而有,

$$a_n=0\quad(n=0,1,2,\cdots)$$

$$\begin{aligned}b_n&=\frac{2}{\pi}\int_0^{\pi}f(x)\sin nx\,\mathrm{d}x\\&=\frac{2}{\pi}\int_0^{\pi}x\sin nx\,\mathrm{d}x=\frac{2}{\pi}\left[-\frac{x\cos nx}{n}+\frac{\sin nx}{n^2}\right]_0^{\pi}\\&=-\frac{2}{n}\cos n\pi=\frac{2}{n}(-1)^{n+1}(n=1,2,3,\cdots)\end{aligned}$$

将求得的 b_n 代入正弦级数(22),得 $f(x)$的傅里叶级数展开式为

$$f(x)=2\sum_{n=1}^{\infty}\frac{(-1)^{n+1}}{n}\sin nx=2\left(\sin x-\frac{1}{2}\sin 2x+\frac{1}{3}\sin 3x-\cdots\right)$$

$$(-\infty<x<+\infty,x\neq(2k+1)\pi,k=0,\pm1,\cdots).$$

例 5 将周期函数 $f(x)=|\sin x|$展开成傅里叶级数.

解 所给函数满足收敛定理的条件,它在整个数轴上连续(见图 9—4),因此 $f(x)$的傅里叶级数处处收敛于 $f(x)$.

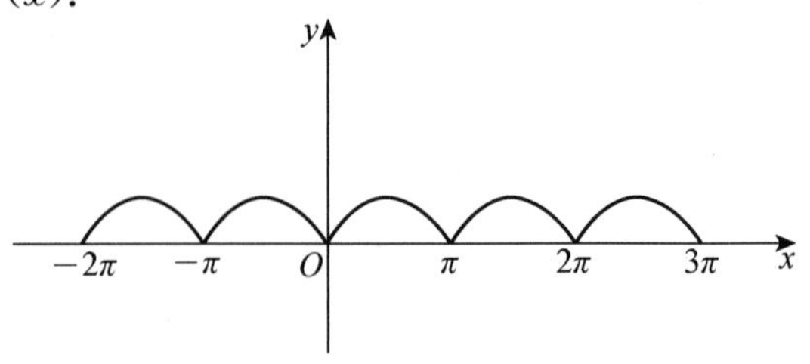

图 9—4

因为 $f(x)=|\sin x|$ 是周期为 2π 的偶函数，由公式(23)有

$$b_n=0 \quad (n=1,2,\cdots);$$

$$a_0=\frac{2}{\pi}\int_0^{\pi}f(x)\mathrm{d}x=\frac{2}{\pi}\int_0^{\pi}\sin x\mathrm{d}x=\frac{4}{\pi}$$

$$\begin{aligned}a_n&=\frac{2}{\pi}\int_0^{\pi}f(x)\cos nx\,\mathrm{d}x=\frac{2}{\pi}\int_0^{\pi}\sin x\cos nx\,\mathrm{d}x\\&=\frac{1}{\pi}\int_0^{\pi}(\sin(n+1)x-\sin(n-1)x)\mathrm{d}x\\&=\begin{cases}-\dfrac{4}{(4k^2-1)\pi}, n=2k\\0, \qquad n=2k+1\end{cases}\quad(k=1,2,3,\cdots)\end{aligned}$$

$$a_1=\frac{1}{\pi}\int_0^{\pi}\sin 2x\mathrm{d}x=0$$

将求得的 a_n 代入余弦级数(24)，得 $f(x)$ 的傅里叶级数展开式为

$$\begin{aligned}f(x)&=\frac{2}{\pi}-\frac{4}{\pi}\sum_{k=1}^{\infty}\frac{1}{4k^2-1}\cos 2kx\\&=\frac{4}{\pi}\left(\frac{1}{2}-\frac{1}{3}\cos 2x-\frac{1}{15}\cos 4x-\frac{1}{35}\cos 6x-\cdots\right)(-\infty<x<+\infty).\end{aligned}$$

当 $x=0$ 时，由上式得

$$\frac{1}{2}=\frac{1}{1\cdot 3}+\frac{1}{3\cdot 5}+\cdots+\frac{1}{(2m-1)(2m+1)}+\cdots$$

在实际应用中，有时还需要把 $[0,\pi]$ 的函数 $f(x)$ 展开为正弦级数或余弦级数. 这个问题可按如下方法解决.

设函数 $f(x)$ 定义在区间 $[0,\pi]$ 上且满足收敛定理的条件. 我们先把函数 $f(x)$ 的定义延拓到区间距 $(-\pi,0]$ 上，得到定义在 $(-\pi,\pi]$ 上的函数 $F(x)$，根据实际的需要，常采用以下两种延拓方式：

(1)奇延拓

令 $F(x)=\begin{cases}f(x), & 0<x\leqslant\pi\\0, & x=0\\-f(-x), & -\pi<x<0\end{cases}$，则 $F(x)$ 是定义在 $(-\pi,\pi]$ 上的奇函数，将 $F(x)$ 在 $(-\pi,\pi]$ 上展开成傅里叶级数，所得级数必是正弦级数. 再限制 x 在 $(0,\pi]$ 上，就得到 $f(x)$ 的正弦级数展开式.

(2)偶延拓

令 $F(x)=\begin{cases}f(x), & 0\leqslant x\leqslant\pi\\f(-x), & -\pi<x<0\end{cases}$，则 $F(x)$ 是定义在 $(-\pi,\pi]$ 上的偶函数，将 $F(x)$ 在 $(-\pi,\pi]$ 上展开成傅里叶级数，所得级数必是余弦级数. 再限制 x 在 $(0,\pi]$ 上，就得到 $f(x)$ 的余弦级数展开式.

例 6 将函数 $f(x)=\begin{cases}1, & 0<x\leqslant\dfrac{\pi}{2}\\0, & \dfrac{\pi}{2}<x\leqslant\pi\end{cases}$ 分别展开成正弦级数与余弦级数.

解 先求正弦级数.为此对函数 $f(x)$ 进行奇延拓(见图 9—5),按公式(21)有

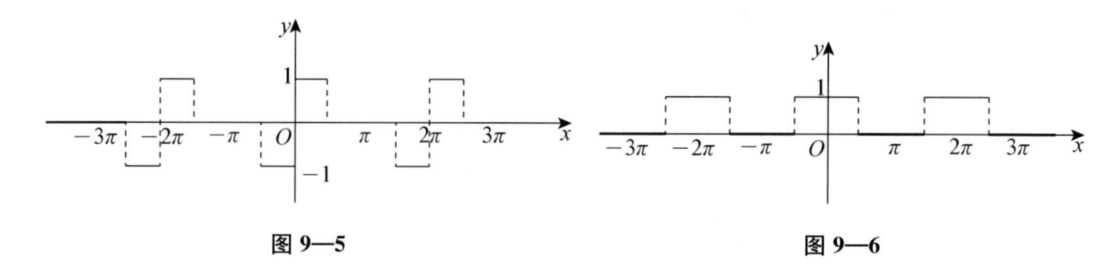

图 9—5　　图 9—6

$$a_n=0(n=0,1,2\cdots),$$

$$b_n=\frac{2}{\pi}\int_0^{\pi}f(x)\sin nx\,dx=\frac{2}{\pi}\int_0^{\frac{\pi}{2}}1\cdot\sin nx\,dx+\int_{\frac{\pi}{2}}^{\pi}0\cdot\sin nx\,dx$$

$$=\frac{2}{n\pi}\left(1-\cos\frac{n\pi}{2}\right)\quad(n=1,2,\cdots)$$

将求得的 b_n 代入正弦级数(22),得

$$f(x)=\frac{2}{\pi}\left[\sin x+\sin 2x+\frac{1}{3}\sin 3x+\frac{1}{5}\sin 5x+\cdots\right]\quad\left(0<x\leqslant\pi\text{ 且 }x\neq\frac{\pi}{2}\right).$$

在 $x=\frac{\pi}{2}$ 处,级数的和为 $\frac{1}{2}$,它不代表原来函数 $f(x)$ 的值.

再求余弦级数.为此对 $f(x)$ 进行偶延拓(见图 9—6).按公式(23)有

$$a_0=\frac{2}{\pi}\int_0^{\pi}f(x)dx=\frac{2}{\pi}\int_0^{\frac{\pi}{2}}dx=1,$$

$$a_n=\frac{2}{\pi}\int_0^{\pi}f(x)\cos nx\,dx=\frac{2}{\pi}\int_0^{\frac{\pi}{2}}1\cdot\cos nx\,dx+\int_{\frac{\pi}{2}}^{\pi}0\cdot\cos nx\,dx=\frac{2}{n\pi}\sin\frac{n\pi}{2}$$

$(n=1,2,\cdots)$.

将求得的 a_n 代入余弦级数(24)得

$$f(x)=\frac{1}{2}+\sum_{n=1}^{\infty}\frac{2}{n\pi}\sin\frac{n\pi}{2}\cos nx=\frac{1}{2}\frac{2}{\pi}\left[\cos x-\frac{1}{3}\cos 3x+\frac{1}{5}\cos 5x+\cdots\right]$$

$$\left(0<x\leqslant\pi\text{ 且 }x\neq\frac{\pi}{2}\right).$$

在 $x=\frac{\pi}{2}$ 处,级数的和为 $\frac{1}{2}$,与给定函数 $f(x)$ 的值不同 .

四、一般周期函数的傅里叶级数

到现在为止,我们所讨论的周期函数都是以 2π 为周期的.但在实际问题中,我们常常会遇到周期不是 2π 的周期函数,下面我们将要讨论这样一类周期函数的傅里叶级数的展开问题.根据前面讨论的结果,只需经适当的变量替换,就可以得到下面定理.

定理 2　设周期为 $2L$ 的周期函数 $f(x)$ 满足收敛定理条件,则它的傅里叶展开式为

$$f(x)=\frac{a_0}{2}+\sum_{n=1}^{\infty}\left(a_n\cos\frac{n\pi x}{l}+b_n\sin\frac{n\pi x}{l}\right)(x\in C)\tag{25}$$

其中

$$\begin{cases} a_n = \dfrac{1}{l}\displaystyle\int_{-l}^{l} f(x)\cos\dfrac{n\pi x}{l}\mathrm{d}x(n=0,1,2,\cdots) \\ b_n = \dfrac{1}{l}\displaystyle\int_{-l}^{l} f(x)\sin\dfrac{n\pi x}{l}\mathrm{d}x(n=1,2,3,\cdots) \end{cases} \tag{26}$$

$$C=\left\{x\,\middle|\, f(x)=\frac{1}{2}[f(x^-)+f(x^+)]\right\}$$

当 $f(x)$ 为奇函数时，

$$f(x)=\sum_{n=1}^{\infty} b_n \sin\frac{n\pi x}{l}(x\in C), \tag{27}$$

其中 $$b_n=\frac{2}{l}\int_0^l f(x)\sin\frac{n\pi x}{l}\mathrm{d}x(n=1,2,3,\cdots). \tag{28}$$

当 $f(x)$ 为偶函数时，

$$f(x)=\frac{a_0}{2}+\sum_{n=1}^{\infty} a_n \cos\frac{n\pi x}{l}(x\in C), \tag{29}$$

其中 $a_n=\dfrac{2}{l}\displaystyle\int_0^l f(x)\cos\dfrac{n\pi x}{l}\mathrm{d}x(n=0,1,2,\cdots).$ (30)

证　令 $z=\dfrac{\pi x}{l}$，则 $x\in[-l,l]$ 变成 $z\in[-\pi,\pi]$，

$F(z)=f(x)=f\left(\dfrac{lz}{\pi}\right)$，则

$$F(z+2\pi)=f\left(\frac{l(z+2\pi)}{\pi}\right)=f\left(\frac{lz}{\pi}+2l\right)=f\left(\frac{lz}{\pi}\right)=F(z)$$

所以 $F(z)$ 是以 2π 为周期的周期函数，且它满足收敛定理条件，将它展成傅里叶级数：

$$F(z)=\frac{a_0}{2}+\sum_{n=1}^{\infty}(a_n\cos nz+b_n\sin nz)$$

其中 $$a_n=\frac{1}{\pi}\int_{-\pi}^{\pi}F(z)\cos nz\,\mathrm{d}z(n=0,1,2,\cdots)$$

$$b_n=\frac{1}{\pi}\int_{-\pi}^{\pi}F(z)\sin nz\,\mathrm{d}z(n=1,2,3,\cdots)$$

令 $z=\dfrac{\pi x}{l}$，并且 $F(z)=f(x)$，于是有

$$f(x)=\frac{a_0}{2}+\sum_{n=1}^{\infty}\left(a_n\cos\frac{n\pi x}{l}+b_n\sin\frac{n\pi x}{l}\right)\quad(x\in C)$$

而且 $$a_n=\frac{1}{l}\int_{-l}^{l}f(x)\cos\frac{n\pi x}{l}\mathrm{d}x(n=0,1,2,\cdots),$$

$$b_n=\frac{1}{l}\int_{-l}^{l}f(x)\sin\frac{n\pi x}{l}\mathrm{d}x(n=1,2,3,\cdots).$$

定理的其余部分容易证得.

例 7　设 $f(x)$ 是周期为 6 的周期函数，它在 $[-3,3)$ 上的表达式为

$$f(x)=\begin{cases}2x+1, & -3\leqslant x<0\\ 1, & 0\leqslant x<3\end{cases},$$

试将 $f(x)$ 展开成傅里叶级数.

解 函数 $f(x)$的半周期 $l=3$,按公式(26)有

$$a_0=\frac{1}{3}\int_{-3}^{3}f(x)\mathrm{d}x=\frac{1}{3}\left[\int_{-3}^{0}(2x+1)\mathrm{d}x+\int_{0}^{3}\mathrm{d}x\right]=-1;$$

$$a_n=\frac{1}{3}\int_{-3}^{3}f(x)\cos\frac{n\pi x}{3}\mathrm{d}x=\frac{1}{3}\left[\int_{-3}^{0}(2x+1)\cos\frac{n\pi x}{3}\mathrm{d}x+\int_{0}^{3}\cos\frac{n\pi x}{3}\mathrm{d}x\right]$$

$$=\frac{6}{n^2\pi^2}[1-(-1)^n](n=1,2,3,\cdots);$$

$$b_n=\frac{1}{3}\int_{-3}^{3}f(x)\sin\frac{n\pi x}{3}\mathrm{d}x=\frac{1}{3}\left[\int_{-3}^{0}(2x+1)\sin\frac{n\pi x}{3}\mathrm{d}x+\int_{0}^{3}\sin\frac{n\pi x}{3}\mathrm{d}x\right]$$

$$=\frac{6}{n\pi}(-1)^{n+1}(n=1,2,3,\cdots).$$

因 $f(x)$满足收敛定理的条件,其间断点为 $x=3(2k+1)$,$k\in Z$,故由公式(25)有

$$f(x)=-\frac{1}{2}+\sum_{n=1}^{\infty}\left\{\frac{6}{n^2\pi^2}[1-(-1)^n]\cos\frac{n\pi x}{3}+(-1)^{n+1}\frac{6}{n\pi}\sin\frac{n\pi x}{3}\right\},$$

$$x\in R\backslash\{3(2k+1)\mid k\in Z\}$$

例 8 将函数 $f(x)=10-x(5<x<15)$展开成傅里叶级数.

解 令 $z=x-10$,设 $F(z)=f(x)=f(z+10)=-z\quad(-5<z<5)$

将 $F(z)$ 延拓成周期为 10 的周期函数,则它满足收敛定理条件.

由于 $F(z)$是奇函数,故

$$a_n=0\quad(n=0,1,2,\cdots)$$

$$b_n=\frac{2}{5}\int_{0}^{5}-z\sin\frac{n\pi z}{5}\mathrm{d}z=(-1)^n\frac{10}{n\pi}$$

$$F(z)=\frac{10}{\pi}\sum_{n=1}^{\infty}\frac{(-1)^n}{n}\sin\frac{n\pi z}{5}(-5<z<5)$$

所以 $10-x=\dfrac{10}{\pi}\sum\limits_{n=1}^{\infty}\dfrac{(-1)^n}{n}\sin\dfrac{n\pi x}{5}(5<x<15)$.

习题 9—6

1. 设 $f(x)$是周期为 2π 的周期函数,它在$[-\pi,\pi)$上的表达式为

$$f(x)=\begin{cases}x, & -\pi\leqslant x<0\\0, & 0\leqslant x<\pi\end{cases}$$

将 $f(x)$展成傅里叶级数.

2. 下列周期函数 $f(x)$的周期为 2π,试将 $f(x)$展开成傅里叶级数,如果 $f(x)$在$[-\pi,\pi)$上的表达式为:

(1) $f(x)=3x^2+1(-\pi\leqslant x<\pi)$;

(2) $f(x)=\begin{cases}1, & -\pi<x\leqslant 0\\ \dfrac{1}{\pi}x, & 0<x\leqslant\pi\end{cases}$.

3. 将下列函数 $f(x)$展开成傅里叶级数:

(1)$f(x)=2\sin\dfrac{x}{3}(-\pi\leqslant x\leqslant\pi)$；

(2)$f(x)=\begin{cases}\pi+x & -\pi\leqslant x\leqslant 0\\ \pi-x, & 0<x<\pi\end{cases}$.

4.设周期函数 $f(x)$的周期为 2π,证明 $f(x)$的傅里叶系数为

$$a_n=\frac{1}{\pi}\int_0^{2\pi}f(x)\cos nx\,\mathrm{d}x\quad(n=0,1,2,\cdots),$$

$$b_n=\frac{1}{\pi}\int_0^{2\pi}f(x)\sin nx\,\mathrm{d}x\quad(n=0,1,2,\cdots).$$

5.将 $f(x)=x^2$ 在$(0,2\pi]$展成傅里叶级数.

6.将函数 $f(x)=|x|$在$[-\pi,\pi]$展开成傅里叶级数.

7.将函数 $f(x)=x+1(0\leqslant x\leqslant\pi)$分别展成正弦级数与余弦级数 .

8.将函数 $f(x)=\dfrac{\pi-x}{2}(0\leqslant x\leqslant\pi)$展开成正弦级数.

9.设 $f(x)$是周期为 2 的周期函数,$f(x)$在一个周期$[-1,1]$上的表达式为

$$f(x)=\begin{cases}x^2-1, & -1\leqslant x\leqslant 0\\ 2x, & 0<x\leqslant\dfrac{1}{2}\\ -x+1, & \dfrac{1}{2}<x\leqslant 1\end{cases}$$

写出 $f(x)$的傅里叶级数的和函数 $s(x)$,并求 $s\left(\dfrac{1}{2}\right)$,$s\left(\dfrac{17}{4}\right)$及 $s\left(\dfrac{19}{2}\right)$.

10.将下列各周期函数展开成傅里叶级数(给出一个周期内函数的表达式):

(1)$f(x)=1-x^2\quad\left(-\dfrac{1}{2}\leqslant x<\dfrac{1}{2}\right)$;

(2)$f(x)=\begin{cases}0, & -2\leqslant x<0\\ k, & 0\leqslant x<2\end{cases}$(常数 $k\neq 0$).

总复习题九

1.单项选择题

(1)下列各级数中收敛的是(　　).

A. $\sum\limits_{n=1}^{\infty}n\sin\dfrac{3}{n}$;　　B. $\sum\limits_{n=1}^{\infty}\dfrac{2n^n}{(1+n)^n}$;　　C. $\sum\limits_{n=1}^{\infty}\ln\dfrac{n}{n^2+1}$;　　D. $\sum\limits_{n=2}^{\infty}\dfrac{2}{n^2-1}$.

(2)若级数 $\sum\limits_{n=1}^{\infty}u_n(u_n\neq 0)$ 收敛,则必有(　　).

A. $\sum\limits_{n=1}^{\infty}\left(u_n+\dfrac{1}{n}\right)$ 收敛;　　B. $\sum\limits_{n=1}^{\infty}|u_n|$收敛;

C. $\sum\limits_{n=1}^{\infty}(-1)^n u_n$ 收敛;　　D. $\sum\limits_{n=1}^{\infty}\dfrac{1}{u_n}$ 发散.

(3)设 $u_n=(-1)^n\ln\left(1+\frac{1}{\sqrt{n}}\right)$,则级数(　　).

A. $\sum\limits_{n=1}^{\infty}u_n$ 与 $\sum\limits_{n=1}^{\infty}u_n^2$ 均收敛；

B. $\sum\limits_{n=1}^{\infty}u_n$ 与 $\sum\limits_{n=1}^{\infty}u_n^2$ 均发散；

C. $\sum\limits_{n=1}^{\infty}u_n$ 收敛而 $\sum\limits_{n=1}^{\infty}u_n^2$ 发散；

D. $\sum\limits_{n=1}^{\infty}u_n$ 发散而 $\sum\limits_{n=1}^{\infty}u_n^2$ 收敛.

(4)下列级数绝对收敛的是(　　).

A. $\sum\limits_{n=1}^{\infty}(-1)^n\frac{\sin\sqrt{n}}{n^{\frac{3}{2}}}$；

B. $\sum\limits_{n=1}^{\infty}\frac{(-1)^{n-1}}{\ln(n+1)}$；

C. $\sum\limits_{n=1}^{\infty}(-1)^n\frac{n}{(n+1)^2}$；

D. $\sum\limits_{n=1}^{\infty}\frac{\cos(n\pi)}{\sqrt{n}}$.

(5)设幂级数 $\sum\limits_{n=1}^{\infty}a_nx^n$ 在 $x=-2$ 处收敛,则该幂级数在 $x=\frac{3}{2}$ 处必定(　　).

A. 发散；

B. 条件收敛；

C. 绝对收敛；

D. 收敛性不能确定.

(6)若将函数

$$f(x)=\begin{cases}-x,0\leqslant x\leqslant\frac{1}{2}\\2-x,\frac{1}{2}<x<1\end{cases}$$

展开成周期为 2 的正弦级数,则和函数 $S(x)$ 在 $x=-\frac{5}{2}$ 处的值为(　　).

A. 0；　　B. $\frac{1}{2}$；　　C. $-\frac{1}{2}$；　　D. 1.

2. 填空题

(1)若级数 $\sum\limits_{n=1}^{\infty}u_n$ 收敛于 s,则级数 $\sum\limits_{n=1}^{\infty}(u_n+u_{n+2})$ 收敛于________.

(2)级数 $\sum\limits_{n=1}^{\infty}\frac{(-1)^n}{n^{2p}}$ 当________时,绝对收敛,当________时条件敛.

(3)幂级数 $\sum\limits_{n=1}^{\infty}\frac{2^n+3^n}{n}x^n$ 的收敛半径为________.

(4)函数 $a^{3x}(a>0,a\neq1)$展开成 x 的幂级数是________.

(5)函数 $f(x)=\frac{1}{x^2-3x+2}$展开成$(x-3)$的幂级数是________.

(6)设函数 $f(x)=\pi x+x^2(-\pi<x<\pi)$的傅里叶级数展开式为

$$\frac{a_0}{2}+\sum_{n=1}^{\infty}(a_n\cos nx+b_n\sin nx),$$ 则其中系数 $b_3=$________

3. 判别下列级数的收敛性：

(1) $\sum\limits_{n=1}^{\infty}\frac{1}{\sqrt{n+1}+\sqrt{n}}$；

(2) $\sum\limits_{n=1}^{\infty}\frac{e^n\cdot n!}{n^n}$；

(3) $\sum_{n=1}^{\infty} 2^{-n-(-1)^n}$；　　(4) $\sum_{n=1}^{\infty} \dfrac{1}{\int_0^n \sqrt[4]{1+x^4}\,dx}$.

4.求下列幂级数的收敛半径和收敛区域：

(1) $\sum_{n=1}^{\infty} \dfrac{1}{3^n+(-2)^n}\dfrac{x^n}{n}$；　　(2) $\sum_{n=1}^{\infty} \dfrac{(x-2)^{2n}}{3n^2+1}$.

5.求下列幂级数的和函数：

(1) $\sum_{n=1}^{\infty} n(n+1)x^n$；　　(2) $\sum_{n=1}^{\infty} n(x-1)^n$.

6.将函数 $f(x)=\arctan 2x$ 展开成 x 的幂级数.

7.将函数 $f(x)=\dfrac{1}{(x-1)^2}$展开成$(x-2)$的幂级数.

8. 设 $f(x)$是周期为 2π 的周期函数，它在$[-\pi,\pi)$上的表达式为

$$f(x)=\begin{cases} x, & -\pi\leqslant x<0 \\ 1, & x=0 \\ x+2, & 0<x<\pi \end{cases}$$

将 $f(x)$展成傅里叶级数.

9.将 $f(x)=x-1(0\leqslant x\leqslant 2)$展开成周期为 4 的余弦级数.

参考文献

[1] 同济大学应用数学系．高等数学．北京：高等教育出版社，2002.

[2] 同济大学数学系．高等数学（第六版）．北京：高等教育出版社，2012.

[3] 吴传生．经济数学——微积分．北京：高等教育出版社，2003.

[4] 吴传生．微积分．北京：高等教育出版社，2009.

[5] 南开大学数学科学学院刘光旭，张效成，赖学坚．高等数学．北京：高等教育出版社，2008.

[6]《微积分》编写组．微积分．北京：北京邮电大学出版社：2009.

[7] 陈克东．高等数学．北京：中国铁道出版社，2008.

[8] 吴赣昌．高等数学．北京：中国人民大学出版社，2008.

[9] 刘长文等．高等数学．北京：中国农业出版社，2004.

[10] 刘玉琏等．数学分析（第四版）．北京：高等教育出版社，2007.

[11] 陈纪修等．数学分析（第二版）．北京：高等教育出版社，2008.

[12] 吴良大．高等数学教程．北京：清华大学出版社，2007 年.

[13] 萧树铁，廖志明编著．微积分．北京：清华大学出版社，2007 年.

[14] 北京联合大学数学教研室编．高等数学．北京：清华大学出版社，2008 年.